大学物理（下）

王 越
刘宇星
主 编

丁晓红
王代殊
江少林
刘凤艳
刘敏蔷
杨红卫
徐劳立
韩守振
副主编

清华大学出版社
北 京

内容简介

本书根据教育部颁布的“大学物理课程教学基本要求”，为配合研究型教学而编写。全书分上、下册，共20章，上册讲述质点力学、刚体力学、狭义相对论、振动和波、气体动理论、热力学基础，下册讲述静电场、静电场中的导体与电介质、稳恒电流的磁场、电磁感应、麦克斯韦方程组、波动光学和量子物理基础等方面的内容。

本书在编写过程中，力求概念简明清晰，讲述深入浅出，难度适中，可作为大专院校非物理类理工科学生学习大学物理课程的辅助教材，也可供大中专院校物理教师参考。

图书在版编目(CIP)数据

大学物理. 下/王越，刘宇星主编. —北京：清华大学出版社，2018(2024.12 重印)
ISBN 978-7-302-50486-3

Ⅰ. ①大… Ⅱ. ①王… ②刘… Ⅲ. ①物理学－高等学校－教材 Ⅳ. ①O4

中国版本图书馆 CIP 数据核字(2018)第 131733 号

责任编辑：朱红莲
封面设计：傅瑞学
责任校对：赵丽敏
责任印制：曹婉颖

出版发行：清华大学出版社
网 址：https://www.tup.com.cn，https://www.wqxuetang.com
地 址：北京清华大学学研大厦 A 座　　邮 编：100084
社 总 机：010-83470000　　邮 购：010-62786544
投稿与读者服务：010-62776969，c-service@tup. tsinghua. edu. cn
质量反馈：010-62772015，zhiliang@tup. tsinghua. edu. cn
印 装 者：三河市龙大印装有限公司
经 销：全国新华书店
开 本：185mm×260mm　　**印 张**：9.25　　**字 数**：221 千字
版 次：2018 年 8 月第 1 版　　**印 次**：2024 年 12 月第 8 次印刷
定 价：26.00 元

产品编号：052419-01

前言

FOREWORD

大学物理是高等院校的一门重要的公共基础课，它不仅能对学生进行较全面的物理知识教育，而且能对学生进行较系统的科学方法教育和思维能力训练，使学生在知识、素质和能力各方面得到协调发展。

本教材分上、下两册，共有20章。编者的初衷是结合我校实际，兼顾一般院校工科大学本科生，提供一套简明清晰、难度适中、深入浅出、易教易学的大学物理教材。全书上册为力学、振动和波及热学，下册为静磁学、波动光学和量子物理基础。本教材另配有《大学物理练习与思考》提供各章习题及其提要。

本书在编写中力求体现教育部颁布的“大学物理课程教学基本要求”的精神。在编写过程中，江少林教授、陈信义教授给予了多次指导，并提供了大量宝贵意见。参加本书编写工作的教师，大学物理授课经验都在10年以上。江少林编写了第1章，刘凤艳编写了第2、3、4章，王越编写了第5、8章，刘敏蔷编写了第6、7章，刘宇星编写了第9、10章，徐劳立编写了第11、12章，韩守振编写了第13章，王代殊编写了第14章，丁晓红编写了第15、16、17章，杨红卫编写了第18、19、20章。

由于编者水平有限，不当之处，在所难免，敬请同行专家不吝指正。

编者在编写过程中，得到领导和同事们的关心、支持和帮助，在此谨致谢忱！

编者

2018年5月

目录

CONTENTS

第11章

静　电　场

法国物理学家库仑(Charles Augustin de Coulomb,1736—1806)开创性地运用现代科学的研究方式,实验观察和科学描述了电荷间的相互作用性质。从静电学的实验和理论研究开始,此后的200多年中科学家们逐步认识到电与磁之间的内在联系,一步一步地发展完善了电磁学理论;从场的角度对电磁现象所作的理论研究预见到电磁波的存在;在20世纪初,通过探究电磁学的相对性,爱因斯坦提出了狭义相对论,重新构造了现代物理科学的基础。

当今世界的高新技术中处处融合着电磁学理论的结晶。本章将介绍静电场的基本实验规律和性质,这是进一步了解电磁学理论的基础,也有助于我们在更广泛的层面上理解物质的结构、材料的性质和各种作用力的本源。

11.1　电荷

1. 电荷

电荷是微观粒子的一种内禀属性。1897年,英国物理学家汤姆孙(J. J. Thomson)发现了电子,验证了电子带负电,并直接测量了电子电量。后来人们又发现了质子和中子,质子带正电,中子不带电,一个质子和一个电子所带电量的绝对值相等。通常物体上的正、负电荷是等量的,物体呈电中性,也可以说成物体不带电;当物体有了多余的电子时,物体带负电;当物体的电子不足时,物体带正电。

2. 电荷的量子化

电量的绝对值总是一个基本电荷电量的整数倍,这称为电荷的量子化。1913年,美国物理学家密立根(R. A. Millikan)在他的油滴实验中发现,油滴上的电量总是某一基本电荷的电量的整数倍,验证了电荷的量子化。油滴携带一定数量的电子,因此基本电荷的电量就是电子电量的绝对值。在计算中,基本电荷的电量一般取

$$e = 1.602 \times 10^{-19}\,\mathrm{C} \tag{11.1}$$

其中C代表电量的单位:库[仑]。

1964年,盖耳曼(M. Gell-Mann)等提出,一些粒子是由被称为夸克和反夸克的更小的粒子组成的,这些更小粒子的电量为$\pm e/3$或$\pm 2e/3$。但是粒子物理理论预言,自然界中不

存在单个的自由夸克。即使存在自由夸克,也不会改变电荷的量子化特征,只是基本电荷的电量有所变化。

带电的几何点,称为点电荷。在现实中,如果一个带电物体的线度,比起它到其他带电物体的距离小得多,就可以不考虑该带电物体的形状和电荷分布的影响,而把它看成是一个点电荷。点电荷只是一个物理模型,实际上是不存在的。

近代物理实验证实,电子的半径小于 10^{-18} m,可以把电子看成点电荷。电子内部是否有结构,为什么电荷 e 能集中在这么小的范围内而保持稳定,目前的实验研究尚未深入到这一尺度。

3. 电荷守恒定律

实验表明,带电物体的电量与物体的运动速度无关,即在不同惯性系中观测,同一带电物体的电量相同。此外,在已经发现的一切宏观过程和微观过程中,孤立系统的总电量保持不变。这一实验规律,称为电荷守恒定律。

4. 电荷具有相对论不变性

狭义相对论指出,时空的测量和物体质量的测量与观测者运动情况有关。在粒子加速实验中,当电子或者质子的质量随着运动速度的增加而增大时,它们的带电量却没有任何变化。这表明物体的电荷量与观测者的运动无关。

11.2 库仑定律与叠加原理

1. 库仑定律

1785 年,库仑用他发明的电扭秤,通过实验发现:两个静止点电荷在真空中的相互作用力的大小,与两个点电荷电量的乘积成正比,与它们之间的距离平方成反比;同号电荷相斥,异号电荷相吸。这称为库仑定律。静止电荷之间的作用力,叫做库仑力。

如图 11.1 所示,在国际单位制中,点电荷 q_1 作用在点电荷 q_2 上的库仑力可表示为

$$\vec{F}_{21}=\frac{q_1q_2}{4\pi\varepsilon_0 r^2}\hat{r}_{21}=-\vec{F}_{12} \tag{11.2}$$

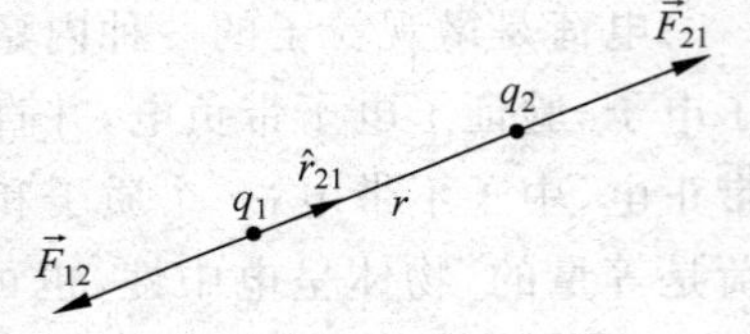

图 11.1 库仑定律示意图

式中 r 为 q_1 与 q_2 之间的距离,$\hat{r}_{21}$ 为由 $q_1\sim q_2$ 方向的单位矢量;而 $\vec{F}_{12}$ 是 q_2 作用在 q_1 上的力,它与 $\vec{F}_{21}$ 大小相等、方向相反;ε_0 称为真空介电常量或真空电容率,计算中一般取

$$\varepsilon_0=8.85\times10^{-12}\,\mathrm{C^2/(N\cdot m^2)} \tag{11.3}$$

实验表明,距离在 $10^{-17}\sim10^{7}$ m 范围内库仑定律精确成立。

2. 库仑力的叠加原理

实验表明,两个或两个以上静止的点电荷对一个点电荷 q_0 的库仑力,等于各个点电荷单独存在时对该点电荷库仑力的矢量和,即

$$\vec{F}=\sum_{i=1}^{n}\vec{F}_i=\sum_{i=1}^{n}\frac{q_0q_i}{4\pi\varepsilon_0 r_{0i}^2}\hat{r}_{0i} \tag{11.4}$$

式中$\vec{F}_i$是第 i 个点电荷对 q_0 的库仑力，r_{0i}是 q_0 与 q_i 之间的距离，$\hat{r}_{0i}$是由 $q_i \sim q_0$ 方向的单位矢量。式(11.4)称为电力叠加原理。只要给定电荷分布，原则上用库仑定律和电力叠加原理就可以解决全部静电学问题。

3. 静电力与万有引力的比较

在氢原子中，电子与原子核(质子)之间的平均距离为 5.3×10^{-11} m，按式(11.2)可以算出它们之间的库仑力为 8.1×10^{-8} N，而万有引力仅为 3.7×10^{-47} N。可见维系电子和原子核形成原子的是库仑力，而不是万有引力。库仑力还是原子构成分子，分子构成固体、液体等凝聚态物质的主要相互作用。

11.3　静电场与电场强度

1. 静电场

英国物理学家法拉第(M. Faraday)首先提出：电荷在它的周围产生一种特殊形态的物质，其基本特征是，对处于其中的任何其他电荷都有作用力。电荷周围的这种物质，称为电场。相对观察者静止的电荷所产生的电场，称为静电场。在后续内容中将会看到，变化的磁场也能激发电场，这种电场称为感生电场，它不是静电场。

电场对电荷的作用力，称为电场力或电力。静电场对电荷的作用力称为静电力。

近代物理学证实，场的观点是正确的，相互作用由场以有限速度传播。电磁场是物质的一种形态，虽然它不像实物那样由电子、质子和中子构成，但是它和实物一样具有能量、动量等物质的基本属性。对研究静止电荷之间的相互作用而言，场的引入似乎只是一种描述方式。但是在电磁波的发射和接收中，电磁场的实在性就明显地表现出来了。

2. 电场强度

通过测量一个静止在电场中不同地点(场点)的检验电荷 q_0 所受的作用力，可以定量地描述电场。为了逐点地描述电场，要求电荷 q_0 的线度要足够小，可以看成点电荷。还要求电荷 q_0 的电量要足够小，不致改变产生原来电场的电荷分布。让检验电荷保持静止，是为了使作用在电荷上的力只是电场力。因为空间还可能存在磁场，但磁场对静止电荷没有作用力。

实验表明，无论在大小上还是在方向上，检验电荷 q_0 所受作用力$\vec{F}$与 q_0 的比值$\vec{F}/q_0$都是一个只与场点 P 的位置有关，而与检验电荷 q_0 无关的矢量，它反映了电场本身的强弱和方向。我们把这一矢量定义为在场点 P 的电场强度，简称场强。用$\vec{E}$表示，则有

$$\vec{E} = \frac{\vec{F}}{q_0} \tag{11.5}$$

这表明，电场中某点的电场强度的大小，等于静止于该点的单位正电荷所受的作用力，其方向与正电荷在该点受力的方向相同。对于其他各类电场，其场强也都可以通过静止检验电荷的受力，按照式(11.5)定义。电场强度的单位是 N/C 或 V/m。

根据式(11.5)，如果电场中某点的场强为$\vec{E}$，则静止于该点的点电荷 q 所受电场力为

$$\vec{F} = q\vec{E} \tag{11.6}$$

上式也适用于运动电荷,即电场力与受力电荷的运动速度无关。

3. 点电荷的电场

根据电场强度的定义和库仑定律,静止点电荷 q 的场强为

$$\vec{E}=\frac{q}{4\pi\varepsilon_0 r^2}\hat{r} \tag{11.7}$$

式中 r 是场点与点电荷 q 之间的距离,$\hat{r}$ 是由 q 到场点方向的单位矢量。式(11.7)表明,静止点电荷 q 的场强是以电荷为中心的球对称分布;场强的大小与电量 q 成正比,与场点到电荷的距离的平方成反比;方向沿半径向外($q>0$)或向内($q<0$)。

4. 场强的叠加原理

由于库仑力满足叠加原理,而静止电荷的场强就是单位正电荷所受的库仑力,所以多个静止电荷在 P 点的合场强,等于各个电荷单独存在时在 P 点的场强的矢量和。这称为场强叠加原理。设有 n 个静止的电荷 $q_1,q_2,\cdots,q_n$,其中第 i 个电荷 q_i 单独存在时在 P 点的场强为 $\vec{E}_i$,则它们在 P 点的合场强为

$$\vec{E}=\vec{E}_1+\vec{E}_2+\cdots+\vec{E}_n=\sum_{i=1}^{n}\vec{E}_i \tag{11.8}$$

场强叠加原理不仅适用于静电场,也适用于其他各类电场。由于电场的物质性,场强叠加原理要比电力叠加原理更为基本。

对于一个电荷连续分布的带电体 Q,如图 11.2 所示,可先将其分割成无数的电荷微元 $\mathrm{d}q$,此时电荷微元 $\mathrm{d}q$ 可看成点电荷,其在 P 点的电场强度为

$$\mathrm{d}\vec{E}=\frac{\mathrm{d}q}{4\pi\varepsilon_0 r^2}\hat{r}_0 \tag{11.9}$$

那么,带电体 Q 在 P 点的电场强度为

$$\vec{E}=\int_Q \mathrm{d}\vec{E}=\int_Q \frac{\mathrm{d}q}{4\pi\varepsilon_0 r^2}\hat{r}_0 \tag{11.10}$$

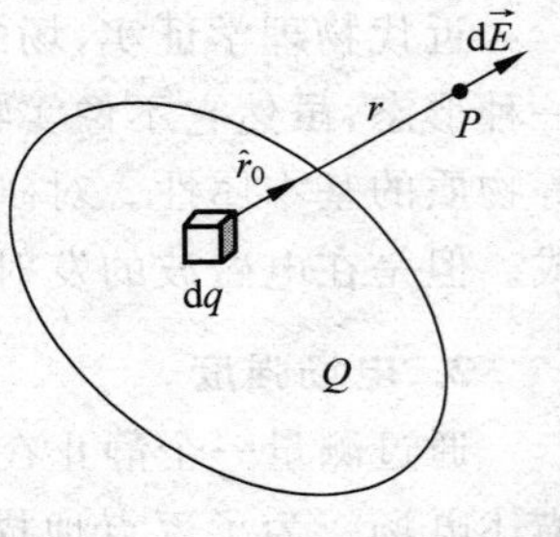

图 11.2 场源电荷连续分布的电场

式中 $\hat{r}_0$ 的方向由场源电荷微元 $\mathrm{d}q$ 指向场点 P。

5. 静电场中电场强度的计算

对于各种特定的静电荷空间分布,可以运用静电场场强的叠加原理来计算其周围的静电场。

(1) 电偶极子的场强

在工程技术应用分析中,电偶极子是天线辐射和接收电磁波的基本模型。电偶极子由一对等量异号距离较近的点电荷构成,如图 11.3 所示。电偶极子的电矩定义为

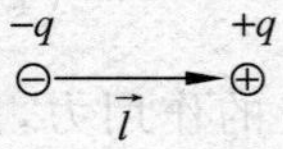

$$\vec{p}=q\vec{l} \tag{11.11}$$

图 11.3 电偶极子

其大小为正点电荷带电量与两个点电荷之间距离的乘积,方向从电偶极子的负电荷指向正电荷。下面我们讨论一下电偶极子中垂线上各点的静电场场强。

电偶极子的两个点电荷在场点 P 的场强的叠加如图 11.4 所示,可见中垂线上的合成

电场$\vec{E}$的大小为

$$E = 2E_+ \cos\theta = \frac{ql}{4\pi\varepsilon_0 r_+^3}$$

其方向与电偶极子的电矩$\vec{p}$方向相反，可表示为矢量式

$$\vec{E} = -\frac{\vec{p}}{4\pi\varepsilon_0 r_+^3}$$

当场点 P 远离电偶极子，$r \gg l, r \approx r_+$，则有

$$\vec{E} \approx -\frac{\vec{p}}{4\pi\varepsilon_0 r^3}$$

类似求出在电偶极矩方向上，离电偶极子中心 r 远处的场强为

$$\vec{E} \approx \frac{2\vec{p}}{4\pi\varepsilon_0 r^3}$$

从图 11.5 可见电偶极子在均匀外电场中受到电场力的合力为零，但电偶极子受到的合力矩一般不为零。当水在微波炉中被加热时，水分子电矩在交变电磁场的作用下高频率转动，水的温度升高。

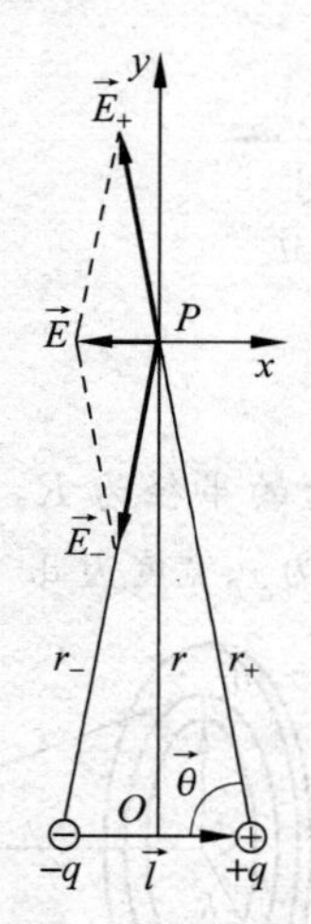

图 11.4 电偶极子的场强

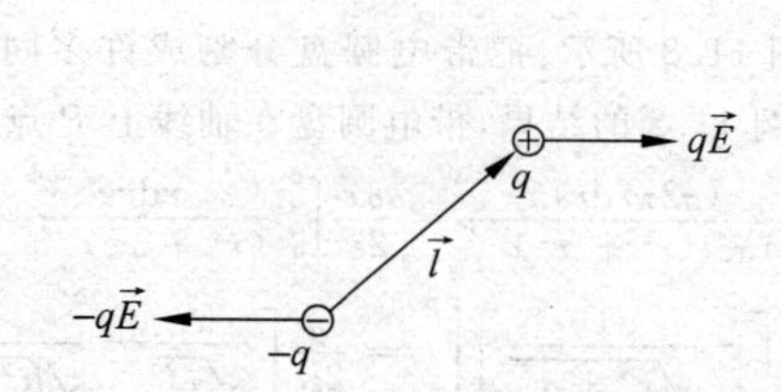

图 11.5 电偶极子在外电场中

(2) 连续分布电荷的场强

例 11.1 一均匀带电细棒的电荷线密度为 λ，长度为 L，求其延长线上且与棒右端相距为 a 的 P 点的电场强度。

解 建立坐标系，如图 11.6 所示。将均匀带电细棒分割成无数的电荷微元 dq，在 x 处电荷元的电量 $dq = \lambda dx$，它到 P 点的距离为 $r = L + a - x$，则 dq 在 P 点的电场强度大小为

L a O x x+dx P x

图 11.6 例 11.1 用图

$$dE = \frac{dq}{4\pi\varepsilon_0 r^2} = \frac{\lambda dx}{4\pi\varepsilon_0 (L + a - x)^2}$$

其方向沿 x 轴向右。由于细棒上每一个电荷元在 P 点电场强度方向一致，因此，均匀带电细棒在 P 点的电场强度为

$$E = \int_0^L \frac{\lambda dx}{4\pi\varepsilon_0 (L + a - x)^2} = \frac{\lambda}{4\pi\varepsilon_0}\left(\frac{1}{a} - \frac{1}{a + L}\right)$$

例 11.2 电荷均匀分布在半径为 R 的圆环线上,总电量为 Q,求圆环线电荷的轴线上 P 点的电场强度。

解 如图 11.7 所示,把圆环的轴线取为 x 轴。电荷元在坐标为 x 的 P 点场强的大小为

$$\mathrm{d}E=\frac{\mathrm{d}q}{4\pi\varepsilon_0 r^2}$$

由于电场具有绕 x 轴的对称性,所以垂直分量 $\mathrm{d}E_\perp$ 相互抵消,只需对 x 轴分量 $\mathrm{d}E_x$ 积分,即

$$E=E_x=\int\mathrm{d}E_x=\int_0^Q\frac{\mathrm{d}q}{4\pi\varepsilon_0 r^2}\cos\theta=\frac{Q}{4\pi\varepsilon_0 r^2}\cos\theta$$

将 $\cos\theta=x/r$ 和 $r=(R^2+x^2)^{1/2}$ 代入可得

$$E=\frac{qx}{4\pi\varepsilon_0(R^2+x^2)^{3/2}}$$

此即均匀带电细圆环在轴线上的场强。在 $x=0$ 处,$E=0$,这说明圆环中心处场强为零。对于 $x\gg R$,有

$$E\approx\frac{q}{4\pi\varepsilon_0 x^2}$$

带电圆环可视为点电荷。

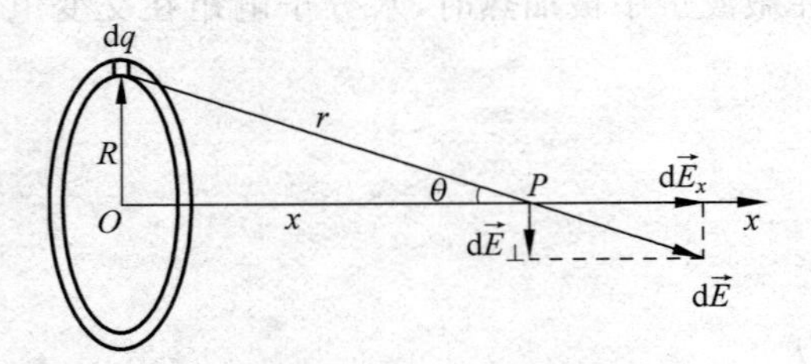

图 11.7 例 11.2 用图

例 11.3 求均匀带电薄圆盘在轴线上的电场强度。圆盘的半径为 R,面电荷密度为 σ。

解 如图 11.8 所示,把带电圆盘分割成许多同心细圆环,半径为 r、宽度为 $\mathrm{d}r$ 的细圆环的电量为 $\sigma 2\pi r\mathrm{d}r$。利用例 11.2 的结果,带电圆盘在轴线上 P 点的场强

$$E=\int_0^R\frac{(\sigma 2\pi r\mathrm{d}r)x}{4\pi\varepsilon_0(r^2+x^2)^{3/2}}=\frac{\sigma x}{2\varepsilon_0}\int_0^R\frac{r\mathrm{d}r}{(r^2+x^2)^{3/2}}$$

$$=\frac{\sigma x}{2\varepsilon_0}\left[-\frac{1}{\sqrt{r^2+x^2}}\right]\Bigg|_0^R=\frac{\sigma}{2\varepsilon_0}\left[\frac{x}{\sqrt{x^2}}-\frac{x}{\sqrt{R^2+x^2}}\right]$$

在圆盘右半部轴线上,$x>0$,场强为

$$E=\frac{\sigma}{2\varepsilon_0}\left[1-\frac{x}{\sqrt{R^2+x^2}}\right]$$

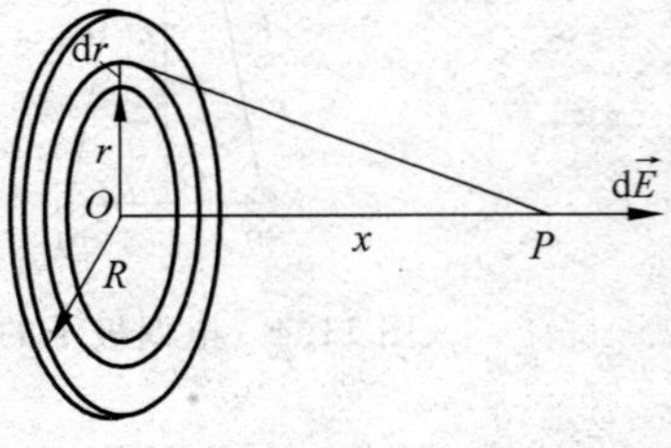

图 11.8 例 11.3 用图

如果 $x\ll R$,则有

$$E\approx\frac{\sigma}{2\varepsilon_0}$$

在后面的学习中将会看到,上述结果正是无限大均匀带电平板外部的场强。在研究均匀带电圆盘中心附近的电场时,只要场点到圆盘的距离远小于圆盘的半径,就可以把它看成无限大均匀带电平板。

例 11.4 一段无限长均匀带电直线,电荷线密度为 λ,求其周围电场强度的空间分布。

解 如图 11.9 所示,把棒的轴线取为 y 轴,垂直于棒的方向取为 r 轴。电荷元 $\lambda\mathrm{d}y$ 在离轴线 r 处 P 点场强的大小为

$$\mathrm{d}E=\frac{\lambda\mathrm{d}y}{4\pi\varepsilon_0 r'^2}$$

由于棒无限长,坐标原点 O 可看成是棒的中点,所以电场关于过原点 O 且垂直于 y 轴的平面是上、下对称

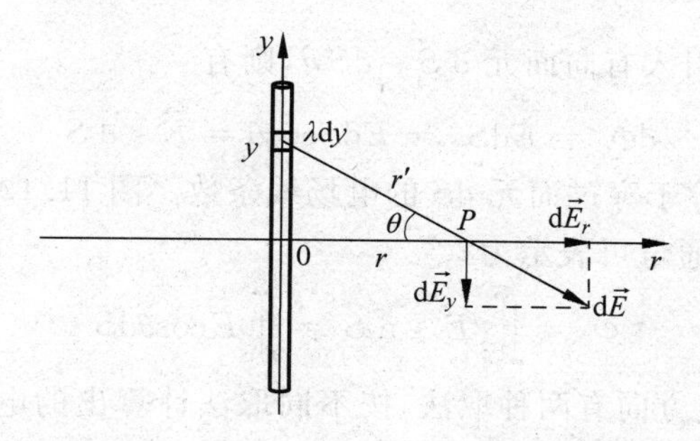

图 11.9　例 11.4 用图

的，沿 y 轴的分量相互抵消。因此 P 点的场强只有沿 r 方向的分量，只需对 r 方向分量 dE_r 积分。即

$$E = E_r = \int dE_r = \int dE\cos\theta = \int_{-\infty}^{\infty} \frac{\lambda\cos\theta dy}{4\pi\varepsilon_0 r'^2} = \int_{-\infty}^{\infty} \frac{\lambda\cos^3\theta dy}{4\pi\varepsilon_0 r^2}$$

式中用到 $r'=r/\cos\theta$。为把积分变量换成 θ，由 $y=r\tan\theta$，得 $dy=rd\theta/\cos^2\theta$，注意当 $y\to\pm\infty$ 时，$\theta=\pm\pi/2$，则有

$$E = \frac{\lambda}{4\pi\varepsilon_0 r}\int_{-\pi/2}^{\pi/2}\cos\theta d\theta = \frac{\lambda}{2\pi\varepsilon_0 r}$$

这就是均匀带电无限长细棒周围的场强。

11.4　电场线与电通量

为了揭示静电场的一个重要性质，下面首先引入电场线和电通量的概念。

1. 电场线

电场线是用于形象描述电场分布的有向曲线。图 11.10 给出几种典型电荷分布的电场线形态。电场线上某点有向线元的方向为该点电场强度的方向，与当地场强 E 垂直的单位面积上穿过的电场线条数表示该点场强$\vec{E}$的大小。静电场电场线的特点反映了静电场的基本性质。电场线起始于正电荷或无穷远，终止于负电荷或无穷远，无电荷处不中断，电场线不闭合，两条电场线不能相交。

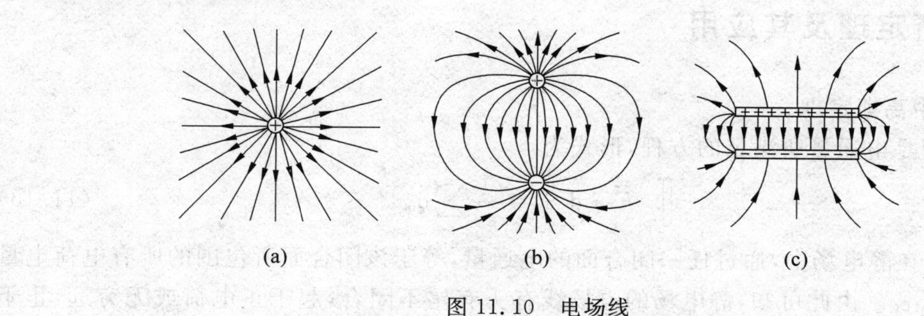

图 11.10　电场线

(a) 正电荷；(b) 电偶极子；(c) 正负带电板

2. 电通量

如图 11.11 所示，在匀强电场中作一面元 dS，其法线方向单位矢量$\hat{n}$与该处场强$\vec{E}$的夹角为 θ，dS 在垂直于$\vec{E}$的面上的投影为 $dS_\perp=dS\cos\theta$。我们把 E 与 $dS_\perp$ 的乘积，定义为通过

面元 dS 的电通量 $\mathrm{d}\Phi_e$。引入有向面元 $\mathrm{d}\vec{S}=\mathrm{d}S\hat{n}$，则有

$$\mathrm{d}\Phi_e = E\mathrm{d}S_\perp = E\mathrm{d}S\cos\theta = \vec{E}\cdot\mathrm{d}\vec{S} \tag{11.12}$$

按照电场线的定义，$\mathrm{d}\Phi_e$ 等于穿过面元 dS 的电场线条数。图 11.12 中的 S 表示电场中的任一曲面，通过该曲面的电通量可表示为

$$\Phi_e = \iint_S \vec{E}\cdot\mathrm{d}\vec{S} = \iint_S E\cos\theta\mathrm{d}S \tag{11.13}$$

一个有向面元的法线方向有两种取法，按不同取法计算出的电通量的符号相反。在一个不闭合的曲面上，各面元的法线应取在曲面的同一侧。

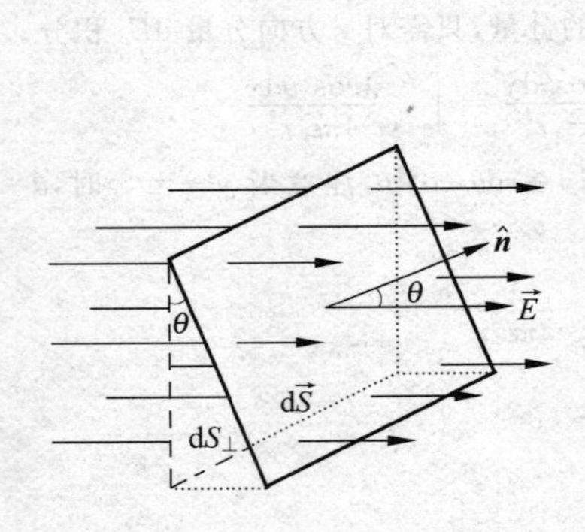

图 11.11　通过面元的电通量

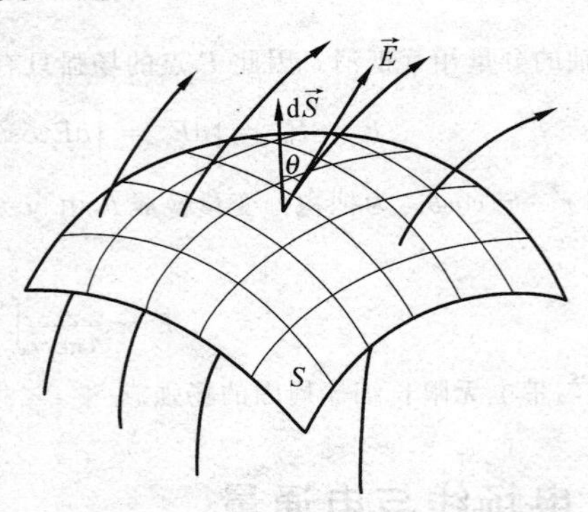

图 11.12　通过曲面的电通量

如图 11.13 所示，通过电场中闭合面 S 的电通量为

$$\Phi_e = \oint\!\!\!\oint_S \vec{E}\cdot\mathrm{d}\vec{S} = \oint\!\!\!\oint_S E\cos\theta\mathrm{d}S \tag{11.14}$$

对于闭合面，总是把指向该闭合面外部的方向取为面元 $\mathrm{d}\vec{S}$ 的法线方向。因此，$\Phi_e>0$ 和 $\Phi_e<0$ 分别表示电通量“流出”和“流入”该闭合面。

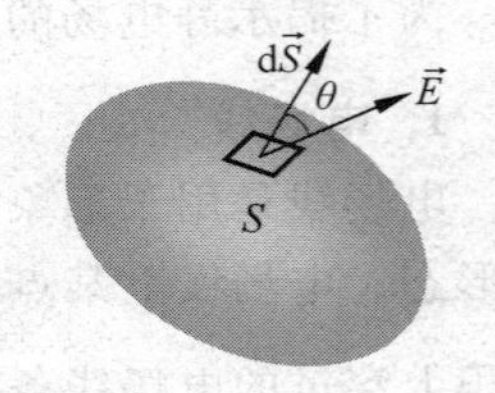

图 11.13　通过闭合面的电通量

11.5　高斯定理及其应用

1. 真空中高斯定理

高斯定理是电通量所满足的方程，形式为

$$\oint\!\!\!\oint_S \vec{E}\cdot\mathrm{d}\vec{S} = \frac{1}{\varepsilon_0}\sum q_{in} \tag{11.15}$$

它可表述为：在静电场中，通过任一闭合面的电通量，等于该闭合面所包围的所有电荷电量的代数和除以 ε_0。由此可知，静电场的电场线有头有尾不闭合，起于正电荷或无穷远，止于负电荷或无穷远；穿过电场中任一闭合面的电场线条数只与该闭合面内电荷电量代数和有关。静电场是有源场，电荷就是静电场的源。

通常把闭合面 S 称为高斯面。虽然电通量与高斯面外的电荷无关，但面上各点的电场 $\vec{E}$ 却是由面内、外全部电荷共同产生的。

由库仑定律和场强叠加原理，可以归纳出高斯定理。

(1) 通过包围点电荷 q 的任意闭合面的电通量都等于 q/ε_0

如图 11.14(a)所示,点电荷 q 被一个任意的闭合面 S 包围。为计算通过 S 面的电通量,以 q 为球心在 S 面的外部作一半径为 r 的球面 S'。因点电荷的电场具有球对称性,则在球面 S' 上各点场强的大小相等,方向沿半径。因此通过球面 S' 的电通量为

$$\oint\!\!\oint_{S'} \vec{E}\cdot \mathrm{d}\vec{S} = \frac{q}{4\pi\varepsilon_0 r^2}\oint\!\!\oint_{S'} \mathrm{d}S = \frac{q}{4\pi\varepsilon_0 r^2}4\pi r^2 = \frac{q}{\varepsilon_0} \tag{11.16}$$

这说明电通量与 r 无关,点电荷 q 发出的通过以 q 为球心的任何球面的电通量都相等,即穿过这些球面的电场线的条数都相等。由此并注意到球对称性,就可得出结论:点电荷的电场线连续,在没有电荷的地方电场线不会中断。因此通过包围点电荷 q 的闭合面 S 的电通量,与通过球面 S' 的相等,都等于 q/ε_0。

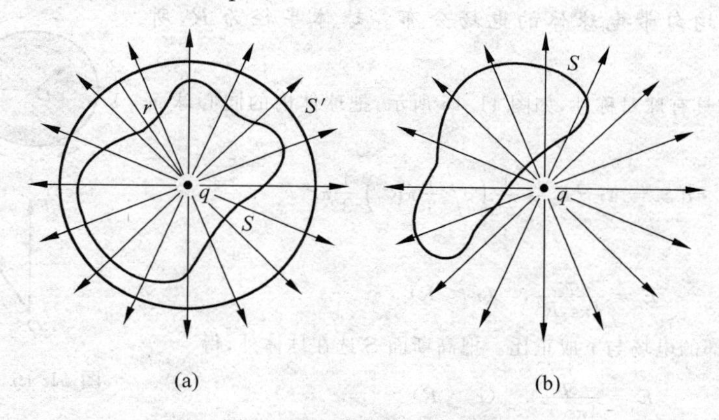

图 11.14　高斯定理的推导

(2) 通过不包围点电荷的任意闭合面的电通量都等于零

如图 11.14(b)所示,点电荷 q 处于任意闭合面 S 外。由于电场线连续,从 S 面一侧穿入的电场线条数一定等于从另一侧穿出的电场线条数,因此通过闭合面 S 的电通量为零。

(3) 对于点电荷系的静电场,其中的每一个点电荷的分电场都可以用上述方式说明其符合高斯定理,又根据场强叠加原理,可知点电荷系的静电场同样符合高斯定理。

实验表明,高斯定理不仅适用于静电场,还适用于其他任何随时间变化的电场,因此高斯定理是关于电场的普遍规律。

2. 用高斯定理求电场

给定电荷分布,由库仑定律和场强叠加原理可以求空间各点的电场,但计算往往比较复杂。当电荷分布具有充分的对称性时,恰当地选取高斯面,就可用高斯定理简单地求电场分布。

例 11.5　求均匀带电球面的电场分布。球面半径为 R,所带电量为 q。

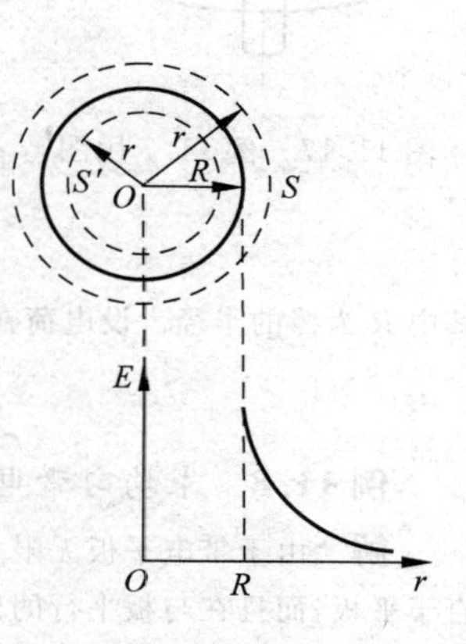

图 11.15　例 11.5 用图

解　由电荷分布的球对称性可知,电场分布是球对称的,即在与带电球面同心的任一球面上,各点场强的大小相等,方向沿半径。如图 11.15 所示,在球面内选取同心球面 S' 作为高斯面,因 S' 面内无电荷,则按高斯定理

$$\oint\!\!\oint \vec{E}\,\mathrm{d}\vec{S} = \oint\!\!\oint E\mathrm{d}S = E\oint\!\!\oint \mathrm{d}S = 4\pi r^2 E = 0$$

得

$$E = 0, \quad (r < R)$$

即均匀带电球面内的电场为零。把高斯面 S 选在带电球面外，S 面包围电荷 q，有

$$\oiint \vec{E} \cdot \mathrm{d}\vec{S} = 4\pi r^2 E = \frac{q}{\varepsilon_0}$$

由此得

$$E = \frac{q}{4\pi\varepsilon_0 r^2}, \quad (r > R)$$

因此均匀带电球面外部的场强，相当于是把全部电量集中在球心的点电荷的场强。

图 11.15 给出了均匀带电球面内、外场强的分布情形。图中 $r=R$ 处强度不连续，是由于假设带电球面没有厚度，而实际上总是有一定厚度的。

例 11.6 求均匀带电球体的电场分布。球体半径为 R，所带电量为 q。

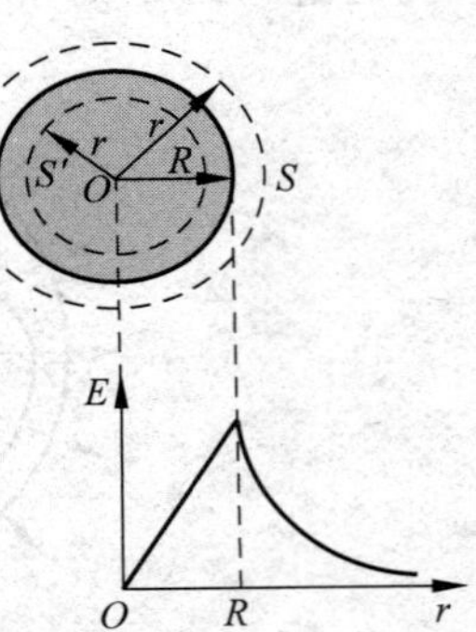

图 11.16 例 11.6 用图

解 电场分布具有球对称性，如图 11.16 所示，把球体内的同心球面 S' 取成高斯面，有

$$\oiint \vec{E} \cdot \mathrm{d}\vec{S} = 4\pi r^2 E = \frac{1}{\varepsilon_0}\left(q\middle/\frac{4}{3}\pi R^3\right)\frac{4}{3}\pi r^3$$

得

$$E = \frac{qr}{4\pi\varepsilon_0 R^3}, \quad (r \leqslant R)$$

即均匀带电球体内部的电场与 r 成正比。把高斯面 S 选在球体外，得

$$E = \frac{q}{4\pi\varepsilon_0 r^2}, \quad (r > R)$$

因此均匀带电球体外部的场强，相当于是把全部电量集中在球心的点电荷的场强。

例 11.7 求均匀带电无限长圆柱棒外部的场强分布。设带电棒的线电荷密度为 λ，半径为 R。

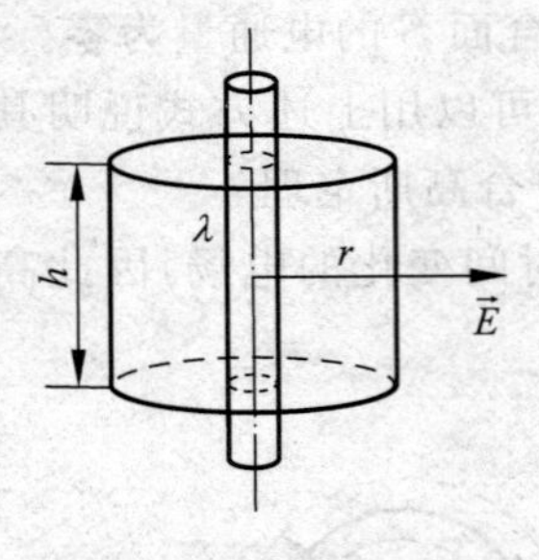

图 11.17 例 11.7 用图

解 由电荷分布的轴对称性可知，电场分布是轴对称的，在以带电棒的轴线为轴的任一圆柱面上，各点场强的大小相等。由于棒无限长，所以场强的方向沿半径。如图 11.17 所示，取以带电棒的轴线为轴、半径为 r、高度为 h 的圆柱体的表面为高斯面。在圆柱体侧面上各点场强 $\vec{E}$ 的大小相等，方向垂直于侧面，因此电通量为 $2\pi rhE$。由于圆柱体的上、下底面的法线方向与场强方向垂直，所以这两部分的电通量为零。按照高斯定理

$$\oiint \vec{E} \cdot \mathrm{d}\vec{S} = \iint_{下底} \vec{E} \cdot \mathrm{d}\vec{S} + \iint_{上底} \vec{E} \cdot \mathrm{d}\vec{S} + \iint_{侧面} \vec{E} \cdot \mathrm{d}\vec{S} = 2\pi rhE = \frac{\lambda h}{\varepsilon_0}$$

得带电棒外部的场强

$$E = \frac{\lambda}{2\pi\varepsilon_0 r}, \quad (r > R)$$

其中 R 为棒的半径。设电荷在棒的横截面上也均匀分布，则可求出带电棒内部的场强

$$E = \frac{\lambda r}{2\pi\varepsilon_0 R^2}, \quad (r \leqslant R)$$

例 11.8 求均匀带电无限大平板外部的电场分布。带电平板的面电荷密度为 σ。

解 由于带电平板无限大，所以板外任何一点到板上的垂足都可看成是板的中心，因此场强方向垂直于平板，而且在与板平行的任一平面上，各点场强大小相等。如图 11.18 所示，选一个侧面与带电平板垂直、两个底面与板的距离相等的圆柱体的表面为高斯面。设柱体的底面积为 S，在两底面处场强的大小

都是 E，则通过两底面的电通量为 $2ES$。因场强方向垂直于平板，则通过柱体侧面的电通量为零。按照高斯定理

$$\oint\!\!\!\oint \vec{E}\cdot \mathrm{d}\vec{S}=\iint_{\text{左底}}\vec{E}\cdot \mathrm{d}\vec{S}+\iint_{\text{右底}}\vec{E}\cdot \mathrm{d}\vec{S}+\iint_{\text{侧面}}\vec{E}\cdot \mathrm{d}\vec{S}=2ES=\frac{\sigma S}{\varepsilon_0}$$

由此得

$$E=\frac{\sigma}{2\varepsilon_0}$$

这表明，均匀带电无限大平板两侧的电场是匀强电场。

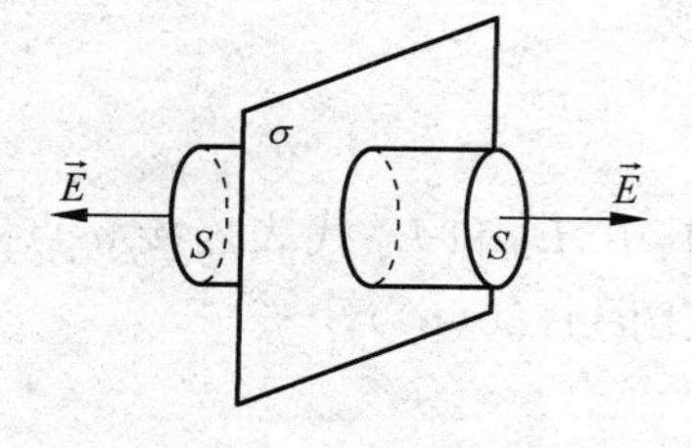

图 11.18　例 11.8 用图

由例 11.8 的结果和场强叠加原理可知，如果平行放置两个面电荷密度分别为 $\pm\sigma$ 的均匀带电无限大平板，则两板之间的场强大小为 σ/ε_0，方向由正电板指向负电板；两板外侧的场强为零。这就是理想的平行板电容器的电场分布。

11.6　静电场的环路定理

1. 静电场的保守性

先看一个点电荷的静电场。如图 11.19 所示，在静止点电荷 q 的电场 $\vec{E}$ 中，检验电荷 q_0 沿路径 L 从 a 点运动到 b 点。在这一过程中，静电力 $\vec{F}=q_0\vec{E}$ 对 q_0 做的功为

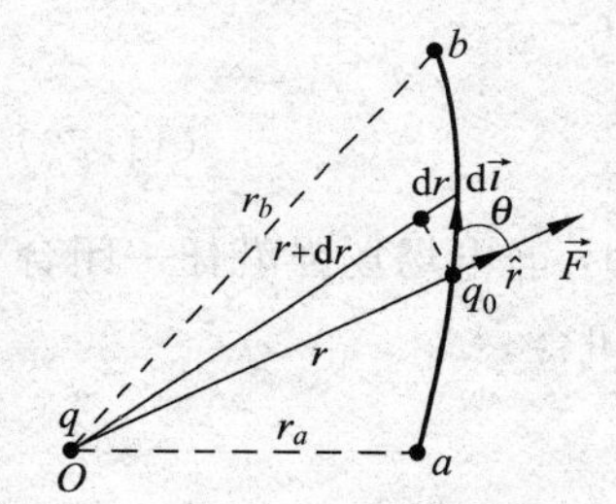

图 11.19　静电力的功

$$A=\int_{a(L)}^{b}\vec{F}\cdot \mathrm{d}\vec{l}=\int_{a(L)}^{b}q_0\vec{E}\cdot \mathrm{d}\vec{l}=\int_{a(L)}^{b}\frac{q_0 q}{4\pi\varepsilon_0 r^2}\hat{r}\cdot \mathrm{d}\vec{l}$$

$$=\int_{r_a}^{r_b}\frac{q_0 q}{4\pi\varepsilon_0 r^2}\mathrm{d}r=\frac{q_0 q}{4\pi\varepsilon_0}\left(\frac{1}{r_a}-\frac{1}{r_b}\right)\tag{11.17}$$

用 q_0 除上式，得

$$\int_{a(L)}^{b}\vec{E}\cdot \mathrm{d}\vec{l}=\frac{q}{4\pi\varepsilon_0}\left(\frac{1}{r_a}-\frac{1}{r_b}\right)\tag{11.18}$$

这表明，在静止点电荷 q 的电场中，静电力对单位正电荷做功与路径无关，只取决于单位正电荷的初、末位置与电荷 q 的相对距离 r_a 和 r_b，即场强的线积分与路径无关。因此，静止点电荷的电场力是一种保守力，点电荷的静电场是一种保守力场。

再考虑由 n 个静止点电荷 $q_1, q_2, \cdots, q_n$ 组成的电荷系统。根据场强叠加原理

$$\int_{a(L)}^{b}\vec{E}\cdot \mathrm{d}\vec{l}=\int_{a(L)}^{b}\left(\sum_{i=1}^{n}\vec{E}_{\mathrm{i}}\right)\cdot \mathrm{d}\vec{l}=\sum_{i=1}^{n}\int_{a}^{b}\vec{E}_{\mathrm{i}}\cdot \mathrm{d}\vec{l}\tag{11.19}$$

其中 $\vec{E}$ 为电荷系统的总场强，$\vec{E}_{\mathrm{i}}$ 为电荷 q_i 的场强。由于式(11.19)右边求和中的每个积分都与路径无关，所以 $\vec{E}$ 的线积分也与路径无关。任何带电系统都可看成由点电荷组成，由此得出结论：任何电荷系统的静电场都是保守力场。

由于一对力的功可以用其中一个力沿相对路径所做的功表示，所以用一个力的做功性质也可以定义保守力：如果力所做的功与路径无关，或者沿任一闭合回路，力所做的功都等于零，这种力就称为保守力。

在数学上，保守力的性质可以用线积分与路径无关来表达：

$$\int_{a(L_1)}^{b}\vec{f}\cdot \mathrm{d}\vec{l}=\int_{a(L_2)}^{b}\vec{f}\cdot \mathrm{d}\vec{l}\tag{11.20}$$

或

$$\oint_L \vec{f}\cdot d\vec{l}=0 \tag{11.21}$$

其中,L_1 和 L_2 代表连接 a 点和 b 点的两个任意路径(图 11.20(a)),L 代表任一闭合回路(图 11.20(b))。

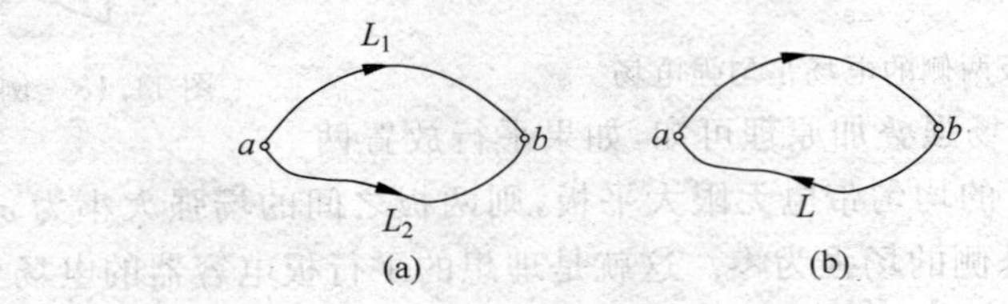

图 11.20 做功的路径

反之,如果力所做的功与路径有关,或者沿任一闭合回路,力所做的功不等于零,这种力就叫非保守力。

2. 静电场的环路定理

静电场的保守性,即场强的线积分与路径无关的性质可表示为

$$\oint_L \vec{E}\cdot d\vec{l}=0 \tag{11.22}$$

其中 L 为静电场中的任一闭合回路。上式称为静电场的环路定理:静电场场强沿任一闭合回路的线积分(环流)都等于零。因此静电场是无旋场,电场线不闭合。

至此,我们得到真空中静电场所满足的两个基本方程:

$$\oiint_S \vec{E}\cdot d\vec{S}=\frac{1}{\varepsilon_0}\sum q_{in}\quad(\text{高斯定理}) \tag{11.23}$$

$$\oint_L \vec{E}\cdot d\vec{l}=0\quad(\text{环路定理,静电场}) \tag{11.24}$$

静电场是有源、无旋场,电场线不闭合。

3. 电势

由静电场的保守性可以引入电势的概念。静电场中 a、b 两点之间的电势差,等于把单位正电荷从 a 点移到 b 点过程中静电力所做的功,即场强沿任意路径由 a 点到 b 点的线积分:

$$\varphi_a-\varphi_b=\int_a^b \vec{E}\cdot d\vec{l} \tag{11.25}$$

实际上,电势差就是单位正电荷的静电势能之差。在电路中,通常把电势差叫做电压。

如果选取 P_0 点为电势零点或电势参考点,即规定 $\varphi_{P_0}=0$,则 P 点的电势可表示为

$$\varphi=\int_P^{P_0} \vec{E}\cdot d\vec{l} \tag{11.26}$$

这说明,计算静电场中某点的电势,就是把场强由该点到电势零点沿任意路径作线积分。改变电势零点,各点电势的值将随之变化,但两点之间的电势差与参考点的选择无关。往往把大地取为参考点,用金属导线把导体接地,就意味着该导体的电势等于零。电势和电势差的

单位都是 V(伏[特])。

对于电荷分布在有限区域内的带电系统，通常把电势零点选在无穷远，即规定 $r\to\infty$ 时，$\varphi=0$，这时 P 点的电势为

$$\varphi=\int_P^\infty \vec{E}\cdot \mathrm{d}\vec{l} \tag{11.27}$$

就是把单位正电荷从该点沿任意路径移到无穷远过程中静电力所做的功。

如果电荷延伸到无穷远，例如对于无限长带电直线和无限大带电平板，再把电势零点 P_0 选在无穷远，式(11.26)的积分就可能不收敛，因此不能把参考点选在无穷远。

对于一个由 n 个带电体组成的带电系统，电场中 P 点的电势可表示为

$$\varphi=\int_P^{P_0}\vec{E}\cdot \mathrm{d}\vec{l}=\int_P^{P_0}\left(\sum_{i=1}^n \vec{E}_\mathrm{i}\right)\cdot \mathrm{d}\vec{l}=\sum_{i=1}^n\int_P^{P_0}\vec{E}_\mathrm{i}\cdot \mathrm{d}\vec{l}=\sum_{i=1}^n\varphi_i \tag{11.28}$$

这称为电势叠加原理：一个电荷系统的电场中某点的电势，等于各带电体单独存在时该点电势的代数和。但应注意，各带电体的电势参考点必须是同一点。

把无穷远取为参考点，点电荷 q 的电场中的电势为

$$\varphi=\int_P^\infty \frac{q}{4\pi\varepsilon_0 r^2}\mathrm{d}r=\frac{q}{4\pi\varepsilon_0 r} \tag{11.29}$$

当 $q>0$ 时，电势为正；$q<0$ 时，电势为负。按照电势叠加原理，点电荷系统的电势为

$$\varphi=\sum_{i=1}^n \frac{q_i}{4\pi\varepsilon_0 r_i} \tag{11.30}$$

其中，r_i 是场点到点电荷 q_i 的距离。对于有限空间连续带电的物体，求和换成积分，即

$$\varphi=\iiint_V \frac{\rho \mathrm{d}V}{4\pi\varepsilon_0 r} \tag{11.31}$$

式中，ρ 代表带电体的电荷密度，r 为场点到电荷元 $\rho\mathrm{d}V$ 的距离，积分遍及整个带电体。

按照电势的定义，如果点电荷 q 所在处的电势为 φ，则该点电荷所在系统的静电势能

$$W_\mathrm{e}=q\varphi \tag{11.32}$$

4. 电势的计算

例 11.9　求半径为 R、电量为 q 的均匀带电球面的电势。

解　均匀带电球面的电场强度

$$E=\begin{cases}0, & r<R\\ \dfrac{q}{4\pi\varepsilon_0 r^2}, & r>R\end{cases}$$

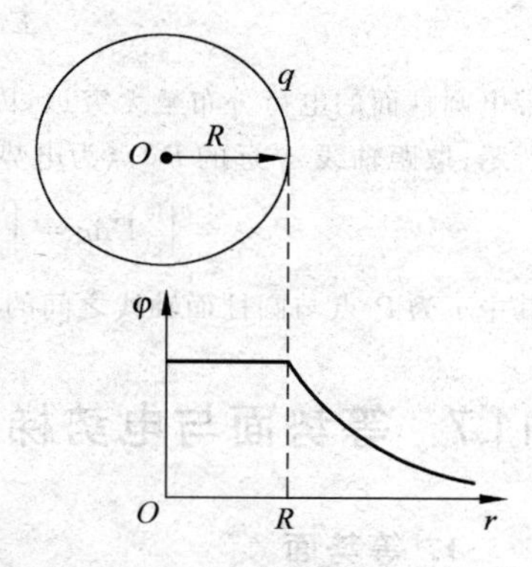

图 11.21　例 11.9 用图

取无穷远为电势零点，则在 $r\leqslant R$ 区域

$$\varphi=\int_r^\infty E\mathrm{d}r=\int_r^R 0\mathrm{d}r+\int_R^\infty E\mathrm{d}r=\int_R^\infty \frac{q}{4\pi\varepsilon_0 r^2}\mathrm{d}r=\frac{q}{4\pi\varepsilon_0 R},\quad (r\leqslant R)$$

在 $r>R$ 区域

$$\varphi=\int_r^\infty E\mathrm{d}r=\int_r^\infty \frac{q}{4\pi\varepsilon_0 r^2}\mathrm{d}r=\frac{q}{4\pi\varepsilon_0 r},\quad (r>R)$$

因此，如图 11.21 所示，均匀带电球面内各点的电势相等，都等于球面上的电势；球面外各点的电势与电荷集中在球心上的点电荷的电势相同。

例 11.10 如图 11.22 所示，两均匀带电球面同心放置，其半径、所带电量分别为 R_1、q_1 和 R_2、q_2。求电势。

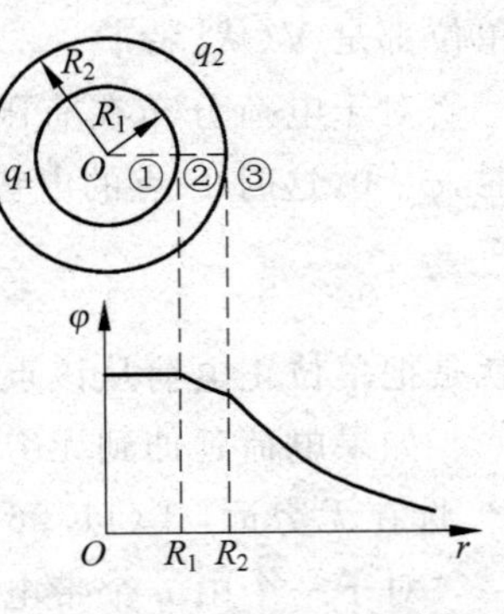

图 11.22 例 11.10 用图

解 根据电势叠加原理，图 11.22 中①②③区各点的电势等于两均匀带电球面单独存在时该点电势的代数和。均匀带电球面的电势已在例 11.9 中求出。

在①区

$$\varphi_1=\frac{q_1}{4\pi\varepsilon_0 R_1}+\frac{q_2}{4\pi\varepsilon_0 R_2},\quad (r\leqslant R_1)$$

在②区

$$\varphi_2=\frac{q_1}{4\pi\varepsilon_0 r}+\frac{q_2}{4\pi\varepsilon_0 R_2},\quad (R_1<r<R_2)$$

在③区

$$\varphi_3=\frac{q_1}{4\pi\varepsilon_0 r}+\frac{q_2}{4\pi\varepsilon_0 r}=\frac{q_1+q_2}{4\pi\varepsilon_0 r},\quad (r\geqslant R_2)$$

例 11.11 求半径为 R、电量为 q 的均匀带电细圆环轴线上的电势。

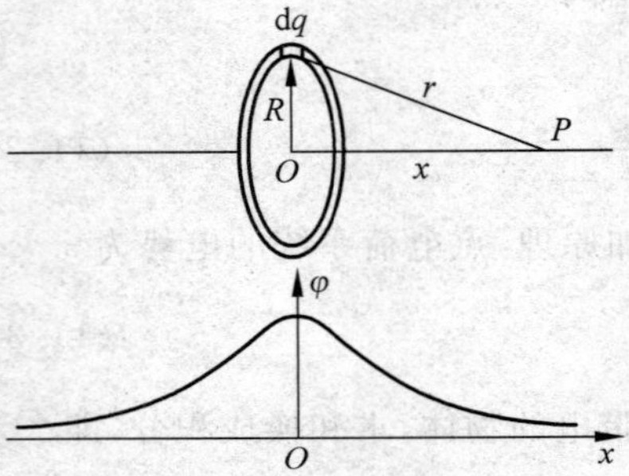

图 11.23 例 11.11 用图

解 在例 11.2 中，已求出均匀带电细圆环轴线上的场强

$$E=\frac{qx}{4\pi\varepsilon_0 (R^2+x^2)^{3/2}}$$

如图 11.23 所示，按照电势的定义，P 点的电势为

$$\varphi=\int_x^{\infty}E\,\mathrm{d}x=\int_x^{\infty}\frac{qx}{4\pi\varepsilon_0 (R^2+x^2)^{3/2}}\mathrm{d}x=-\frac{q}{4\pi\varepsilon_0\sqrt{R^2+x^2}}\bigg|_x^{\infty}$$

$$=\frac{q}{4\pi\varepsilon_0\sqrt{R^2+x^2}}$$

也可用电势叠加计算。对电荷元 $\mathrm{d}q$ 在 P 点的电势作积分，得

$$\varphi=\int\mathrm{d}\varphi=\int\frac{\mathrm{d}q}{4\pi\varepsilon_0 r}=\frac{q}{4\pi\varepsilon_0 r}=\frac{q}{4\pi\varepsilon_0\sqrt{R^2+x^2}}$$

例 11.12 求均匀带电无限长圆柱面外部的电势。带电圆柱面的线电荷密度为 λ。

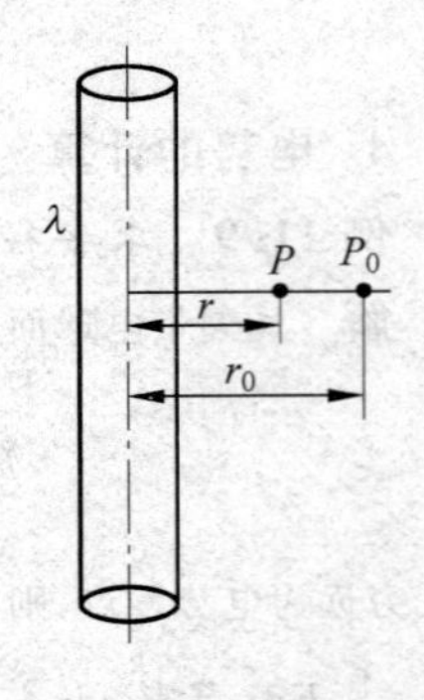

图 11.24 例 11.12 用图

解 由高斯定理可知，圆柱面内部场强为零，外部场强为

$$E=\frac{\lambda}{2\pi\varepsilon_0 r}$$

带电圆柱面的电荷分布至无穷远，因此不能取无穷远为参考点。如图 11.24 所示，取距轴线 r_0 远的 P_0 点为电势零点，则圆柱面外部任意一点 P 的电势为

$$\varphi=\int_r^{r_0}E\,\mathrm{d}r=\int_r^{r_0}\frac{\lambda}{2\pi\varepsilon_0 r}\mathrm{d}r=\frac{\lambda}{2\pi\varepsilon_0}\ln\frac{r_0}{r}$$

其中 r 为 P 点与圆柱面轴线之间的距离。

11.7 等势面与电势梯度

1. 等势面

电场线描述了电场强度的空间分布，而等势面形象地给出电势的空间分布。电势 φ 相等的点构成的面为等势面。电场强度在等势面上的投影为零，即等势面上的电场强度 E 与等势面垂直。图 11.25 给出了电场线(实线)与等势面(虚线)的关系实例。

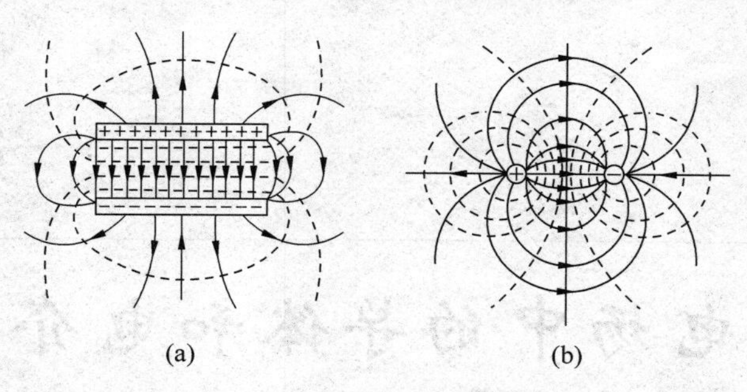

图 11.25　电场线和等势面示意图

(a) 等量异号平行面电荷；(b) 等偶极子

2. E 与 φ 的微分关系——电场强度等于电势的负梯度

我们已经知道,电场空间中 a 和 b 两点之间的电势差的大小取决于单位正电荷在静电场中从 a 点移动到 b 点时电场力所做的功,为

$$\varphi_a-\varphi_b=\int_a^b \vec{E}\cdot \mathrm{d}\vec{l} \tag{11.33}$$

当 b 点趋近于 a 点,得到上式的微分

$$-\mathrm{d}\varphi=\vec{E}\cdot \mathrm{d}\vec{l} \tag{11.34}$$

式中的负号反映了电场强度总是指向电势降落的方向,式(11.34)左端可写为

$$-\mathrm{d}\varphi=-\frac{\partial\varphi}{\partial x}\mathrm{d}x-\frac{\partial\varphi}{\partial y}\mathrm{d}y-\frac{\partial\varphi}{\partial z}\mathrm{d}z \tag{11.35}$$

而式(11.34)右端可写为

$$\vec{E}\cdot \mathrm{d}\vec{l}=E_x\mathrm{d}x+E_y\mathrm{d}y+E_z\mathrm{d}z \tag{11.36}$$

两式对照,可得

$$\begin{cases}E_x=-\partial\varphi/\partial x\\ E_y=-\partial\varphi/\partial y\\ E_z=-\partial\varphi/\partial z\end{cases} \tag{11.37}$$

上式的矢量式为

$$\vec{E}=-\nabla\varphi \tag{11.38}$$

式(11.38)给出了电场强度和电势的微分关系：电场强度是电势的负梯度,其中的∇是电磁学分析中常使用的矢量算符

$$\nabla=\frac{\partial}{\partial x}\vec{i}+\frac{\partial}{\partial y}\vec{j}+\frac{\partial}{\partial z}\vec{k} \tag{11.39}$$

对于球坐标系,式(11.38)的径向分量为

$$E_r=-\partial\varphi/\partial r \tag{11.40}$$

例 11.13　根据点电荷的电势分布函数,求点电荷的电场强度分布。

解　已知点电荷 q 的电势空间分布为 $\varphi=\frac{q}{4\pi\varepsilon_0 r}$,根据式(11.38),电场强度为

$$E_r=-\frac{\partial\varphi}{\partial r}=\frac{q}{4\pi\varepsilon_0 r^2}$$

第12章

静电场中的导体和电介质

导电性能较好的材料称为导体,例如常温下铜的电阻率仅为 $0.017\times10^{-6}\Omega\cdot m$。几乎完全不具有导电性的材料称为绝缘体或者电介质,例如绝缘纸的电阻率高达 $10^{7}\sim10^{10}\Omega\cdot m$。常用的导体和电介质的导电性相差约 10^{22} 倍。导体和电介质的微观结构不同,它们与电场的相互影响情形有明显的差别。提高导体的导电性和改善电介质的绝缘性在现代科技应用中具有重要意义。本章讨论电场中导体的静电平衡和电介质的极化,导出有介质时电场的高斯定理,介绍静电场的能量特征。

12.1 导体的静电平衡条件

金属中原子的价电子受原子核的束缚很弱,大量的价电子就像气体一样可以在金属中自由运动。在没有电场时自由电子只作无序运动(热运动),而无定向运动。由于金属表面层对电子的束缚,自由电子一般不能脱离金属表面。

把导体放进外电场中,在电场力的作用下导体内的自由电子作定向运动,导体上的电荷重新分布,这称为静电感应。在静电感应中,导体表面不同部分出现的正、负电荷叫做感应电荷。感应电荷所产生的附加电场,在导体内与外电场的方向相反。当附加电场与外电场达到平衡时,导体内部的场强处处为零,自由电子不再作定向运动,导体上的电荷分布不再随时间变化。导体的这种状态,称为静电平衡。由于电子的质量很小,且导体内自由电子数目巨大,所以电子从开始移动到静电平衡所经时间极短,约为 10^{-14} s。

导体的静电平衡条件是:导体内部场强处处为零,即$\vec{E}_{内}=0$。因为只要导体内部某处场强不为零,则该处自由电子受电场力作用作定向运动,就不是静电平衡。

导体内部任意两点 a、b 之间的电势差 $\varphi_{ab}=\int_a^b\vec{E}\cdot d\vec{l}$,积分路径可任意选取。把积分路径取在导体内部,则有 $\varphi_{ab}=\int_a^b\vec{E}_{内}\cdot d\vec{l}=0$。这说明,静电平衡导体是等势体,其表面是等势面。

12.2 静电平衡导体上的电荷分布

静电平衡导体内部不存在电荷，电荷只分布在导体表面上。这里所说的电荷是指宏观电荷，即宏观足够小体积内的微观电荷电量的代数和。如图 12.1 所示，在导体内部任取一点 P，包围 P 点作一很小的闭合面 S。因 S 面上各点场强为零，则通过 S 面的电通量为零，由高斯定理可知 S 面内净电荷为零。

上述证明不适用于导体表面上的点，因为包围导体表面上的点所作闭合面再小也总有一部分在导体外部，而导体外部的场强可以不为零，因此导体上的电荷 Q 只能分布在导体表面上。

对于一个导体空腔，腔内没有带电体时，电荷只能分布在空腔的外表面上。如果腔内有带电体，则电荷可以分布在空腔的内、外表面上。图 12.2 表示一个包围带电体的导体空腔，带电体的电荷为 q。在导体内部包围空腔内表面作一闭合面 S，因导体内部场强为零，通过 S 面的电通量为零，则面内电荷电量的代数和为零，空腔内表面上必有 $-q$ 的感应电荷。如果导体空腔的净电荷为 Q，则外表面上的电荷为 $(Q+q)$。

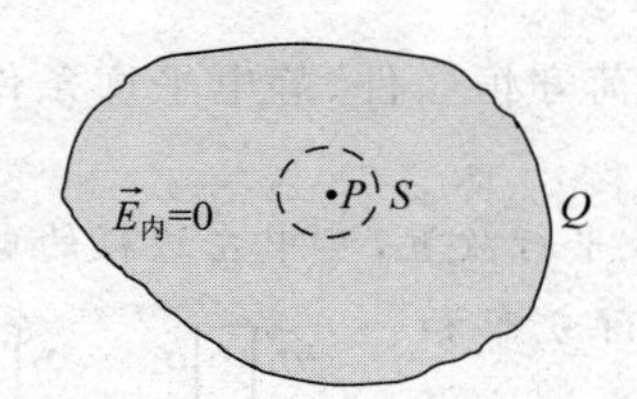

图 12.1　导体上的电荷分布

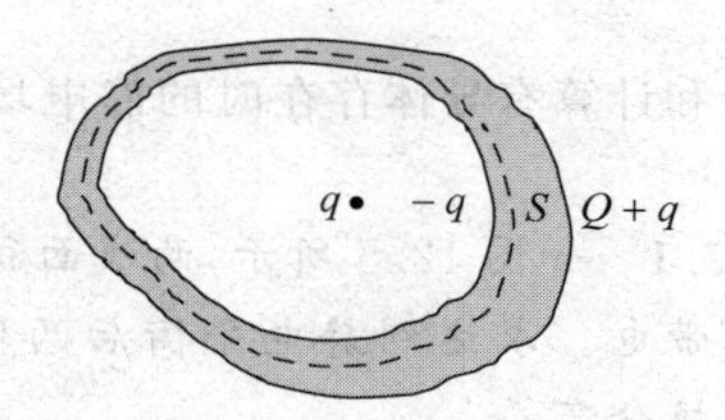

图 12.2　导体空腔内有带电体

12.3 静电平衡导体表面附近的电场

静电平衡导体的表面是等势面，因此导体表面附近的场强 $\vec{E}$ 的方向与导体表面垂直，其大小与导体表面对应点附近的面电荷密度 σ 成正比。即

$$\vec{E} = \frac{\sigma}{\varepsilon_0}\hat{n} \tag{12.1}$$

其中 $\hat{n}$ 为导体表面外法线方向单位矢量。

如图 12.3 所示，P 点在导体表面外紧靠表面，其附近的面电荷密度为 σ，场强为 $\vec{E}$。过 P 点作一个与导体表面平行的小面元 ΔS，以 ΔS 为底作一个薄柱体，其侧面垂直于导体表面，另一底在导体内部。因场强 $\vec{E}$ 与面元 ΔS 垂直，则通过 ΔS 的电通量为 $E\Delta S$；导体内部场强为零，导体内底面的电通量为零；场强方向平行于柱体侧面，柱体侧面的电通量也为零。按照高斯定理

$$E\Delta S = \frac{\sigma \Delta S}{\varepsilon_0} \tag{12.2}$$

得 $E=\sigma/\varepsilon_0$，写成矢量形式就是式(12.1)。应该注意，式(12.1)中的场强 $\vec{E}$ 并非只由 P 点附近

导体表面电荷产生,而是由导体表面全部电荷,以及导体之外其余带电体所带电荷共同产生。

实验表明,在一般情况下孤立带电导体表面曲率大(凸出而尖锐)的地方面电荷密度大,曲率小(平坦)的地方面电荷密度小,曲率为负(凹进去)的地方面电荷密度更小。

图 12.4 表示一个有尖端的导体表面电荷分布的情形。尖端分布的电荷密度大,附近的场强很强。当场强超过空气的击穿场强时,空气被电离而形成正、负离子流,这种现象叫做尖端放电。为避免尖端放电,高压电器设备上的电极一般都做成球状。尖端放电也可以利用,避雷针就是通过与带电的雷云发生尖端放电,把强大的雷击电流引入大地而保护建筑物不受损坏。

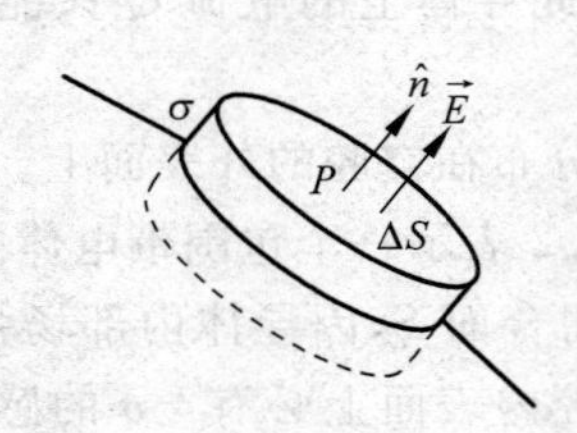

图 12.3 场强和面电荷密度

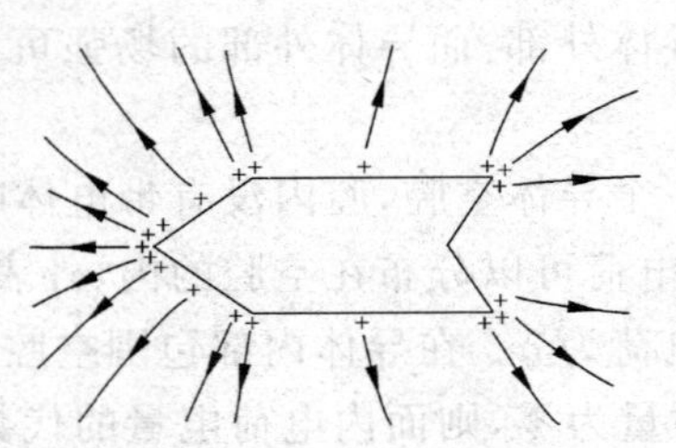

图 12.4 电荷分布与曲率的关系

分析和计算有导体存在时的静电场,通常要用到电荷守恒条件、静电平衡条件和高斯定理。

例 12.1 如图 12.5 所示,两块面积为 S 的大金属板平行放置,其中左边板的电荷为 q,右边板不带电。求达到静电平衡后两块金属板上的电荷分布和周围的电场分布。

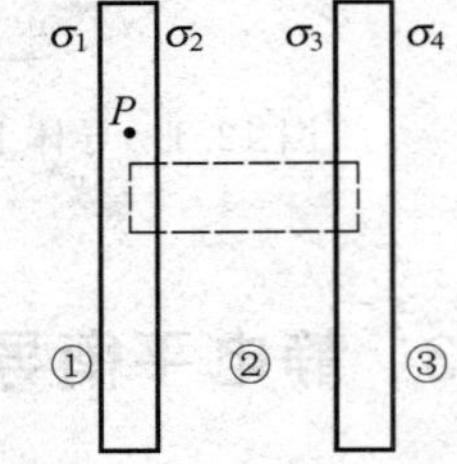

图 12.5 例 12.1 用图

解 忽略边缘效应。静电平衡时电荷只分布在两块金属板的四个表面上,其面电荷密度设为 σ_1、σ_2、σ_3、σ_4。由电荷守恒可知

$$\sigma_1+\sigma_2=\frac{q}{S},\quad \sigma_3+\sigma_4=0$$

作一柱体,其侧面垂直于金属板,底面分别在两板内部。由于板内场强为零,且板间电场方向与板面垂直,所以通过此柱体两底面和侧面的电通量都为零。按照高斯定理

$$\sigma_2+\sigma_3=0$$

把垂直于板面向右的方向取成正方向。金属板内任一点 P 的场强为零,这是由四个带电面的电场叠加的结果。即

$$\frac{\sigma_1}{2\varepsilon_0}-\frac{\sigma_2}{2\varepsilon_0}-\frac{\sigma_3}{2\varepsilon_0}-\frac{\sigma_4}{2\varepsilon_0}=0$$

$$\sigma_1-\sigma_2-\sigma_3-\sigma_4=0$$

联立求解,得

$$\sigma_1=\frac{q}{2S},\quad \sigma_2=\frac{q}{2S},\quad \sigma_3=-\frac{q}{2S},\quad \sigma_4=\frac{q}{2S}$$

按照场强叠加原理,①②③区的电场为

$$E_1=\frac{-\sigma_1-\sigma_2-\sigma_3-\sigma_4}{2\varepsilon_0}=-\frac{q}{2\varepsilon_0 S}$$

$$E_2=\frac{\sigma_1+\sigma_2-\sigma_3-\sigma_4}{2\varepsilon_0}=\frac{q}{2\varepsilon_0 S}$$

$$E_3=\frac{\sigma_1+\sigma_2+\sigma_3+\sigma_4}{2\varepsilon_0}=\frac{q}{2\varepsilon_0 S}$$

例 12.2　如图 12.6 所示，金属薄球壳 A 与另一有厚度的金属球壳 B 同心放置，并达到静电平衡。球壳 A 的半径为 R_1，球壳 B 的内、外半径为 R_2、R_3。设球壳 B 的电荷为 Q，而球壳 A 接地，求球壳 A 所带电量。

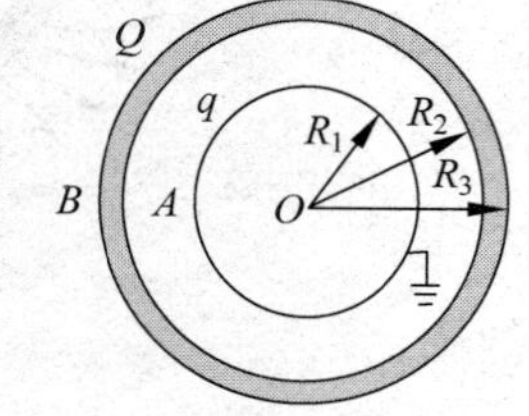

图 12.6　例 12.2 用图

解　设球壳 A 所带电量为 q，则由静电平衡条件和高斯定理可知，球壳 B 的内、外表面上的电量为 $-q$、$Q+q$，系统相当于是三个均匀带电的同心球面。按照电势叠加原理和接地条件，球壳 A 的电势

$$\varphi=\frac{q}{4\pi\varepsilon_0 R_1}+\frac{-q}{4\pi\varepsilon_0 R_2}+\frac{Q+q}{4\pi\varepsilon_0 R_3}=0$$

得球壳 A 所带电量

$$q=-\frac{Q}{1+R_3\left(\dfrac{1}{R_1}-\dfrac{1}{R_2}\right)}$$

它与球壳 B 的电量 Q 反号，数值小于 Q。当球壳 B 也很薄，即 $R_2\to R_3$ 时，$q=-QR_1/R_3$。

12.4　静电屏蔽

导体空腔（不论是否接地）内部的电场分布不受腔外电荷的电场的影响；接地导体空腔外部的电场分布不受腔内电荷的电场的影响。这一现象称为静电屏蔽。其实质是，导体空腔外（内）表面上的感应电荷抵消了腔外（内）电荷在腔内（外）产生的电场。

严格解释静电屏蔽要用到静电边值问题的唯一性定理，在区域 V 内只有若干导体的简单情况下，这一定理可表述为：当 V 的边界面 S 上的电势 φ 或电势的法向变化率 $\partial\varphi/\partial n$（场强的法向分量）已知时，只要给定下述三个边界条件之一，区域 V 内的电场分布就被唯一确定：给定区域 V 内（Ⅰ）各导体的电量，（Ⅱ）各导体的电势，（Ⅲ）一些导体的电量及其余导体的电势。在电动力学中，对静电唯一性定理有严格的证明。

图 12.7(a)、(b)表示两个达到静电平衡的导体空腔，一个不接地，另一个接地。在空腔内、外表面之间作一闭合面 S，整个空间以 S 面为边界面被分成内、外两个区域。因导体内部场强处处为零，则在 S 面上有 $\partial\varphi/\partial n=0$。先解释腔内电场分布不受腔外的影响。如图 12.7(a)所示，S 面内一个导体的电荷为 q，另一导体是带有感应电荷 $-q$ 的空腔内表面，它们的电量都是给定的，因此 S 面内区域满足边界条件（Ⅰ）。根据静电唯一性定理，腔内空间的电场分布被唯一确定，不受腔外电荷的电场的影响。实际上，是空腔外表面上的感应电荷 q 抵消了腔外电荷 Q 在腔内产生的电场。

再解释腔外电场分布不受腔内的影响。在图 12.7(a)中，腔内电荷 q 的电量发生变化将会影响腔外的电场。为消除此影响，如图 12.7(b)所示把空腔接地，让空腔的电势 $\varphi=0$，因腔外导体的电量 Q 已经给定，则 S 面外区域满足边界条件（Ⅲ），腔外电场分布被唯一确定，不受腔内电荷的电场的影响。不论是否接地，空腔内表面上的感应电荷 $-q$ 都会抵消腔内电荷 q 在腔外产生的电场。

通常利用金属丝织成的接地网罩屏蔽一些精密的电磁仪器，使它们不受外界电场的影响。为了不让高压电器设备影响外界，也用接地金属网罩把它们屏蔽起来。排除或抑制高频电磁干扰的措施，称为电磁屏蔽。从原理上说，电磁屏蔽与静电屏蔽有相似之处。

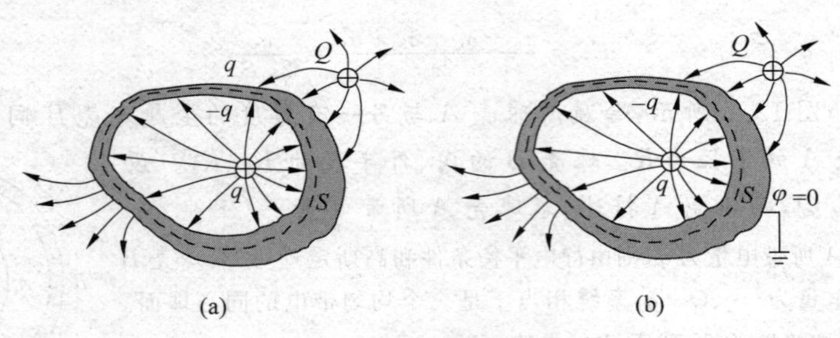

图 12.7 静电屏蔽

(a) 腔内不受腔外影响；(b) 腔外不受腔内影响

12.5 静电场中的电介质

电介质中的电子被束缚在原子核周围，即使在外电场的作用下，也只能在分子范围内移动。我们只限于讨论各向同性的线性电介质。

1. 电场对电介质的极化

电介质对电场的影响，表现为电场对电介质的极化。虽然电介质分子中电荷电量的代数和等于零，但正电荷集中点(正电“重心”)与负电荷集中点(负电“重心”)并不总是重合。如果分子中正、负电“重心”不重合，则在离分子较远(与分子的线度相比)的场点，分子就可以看成电偶极子。

(1) 无极分子和有极分子

在无外电场作用时，正、负电“重心”重合的电介质分子，称为无极分子，例如氦气、甲烷等分子(图 12.8)。正、负电“重心”不重合的电介质分子，称为有极分子，例如氯化氢、水蒸气和氨气等分子(图 12.9)。无极分子的等效电偶极矩为零，有极分子的等效电偶极矩 p 的数量级为 10^{-30}C・m。

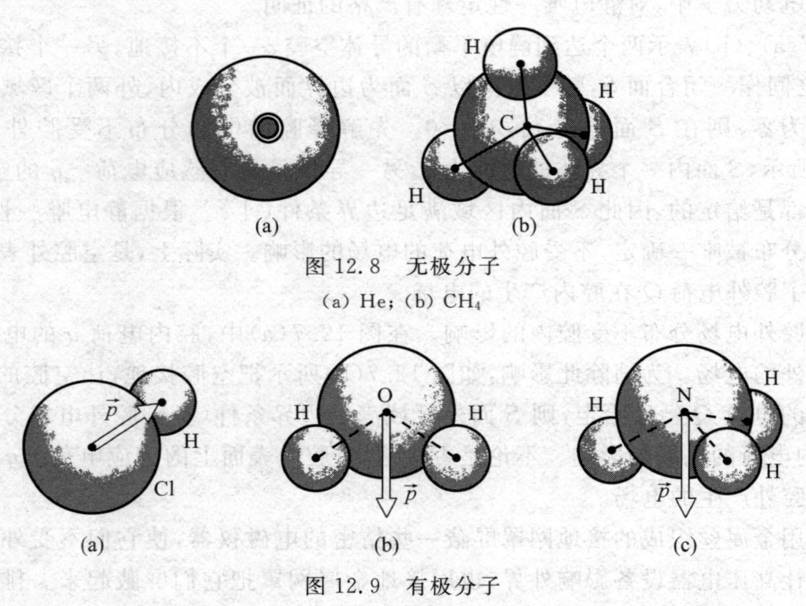

图 12.8 无极分子

(a) He；(b) CH_4

图 12.9 有极分子

(a) HCl；(b) H_2O；(c) NH_3

(2) 无极分子的位移极化

无外电场时,无极分子电介质对外不显电性。但是在外电场$\vec{E}$的作用下,正、负电"重心"沿相反方向被拉开,形成感生电偶极子(图 12.10,其中○、●代表正、负电"重心")。在介质内部,正、负电荷相互抵消而不显电性,但在介质表面就会出现正电荷或负电荷。这种现象称为极化。介质表面出现的电荷,称为极化电荷。极化电荷被原子核束缚,既不能传导,也无法通过接地消除,因此也叫束缚电荷。由于无极分子的极化过程是由正、负电"重心"发生相对位移而产生的,所以称为位移极化。

(3) 有极分子的取向极化

图 12.11 表示有极分子电介质的极化过程。无外电场($\vec{E}=0$)时,分子作无序热运动,分子电偶极矩的取向完全无序,因此在宏观上介质对外不显电性。但在外电场$\vec{E}$的作用下,分子电偶极矩受电场力矩作用,向电场方向发生一定的偏转,在介质表面上就会出现极化电荷。这种极化叫做取向极化。

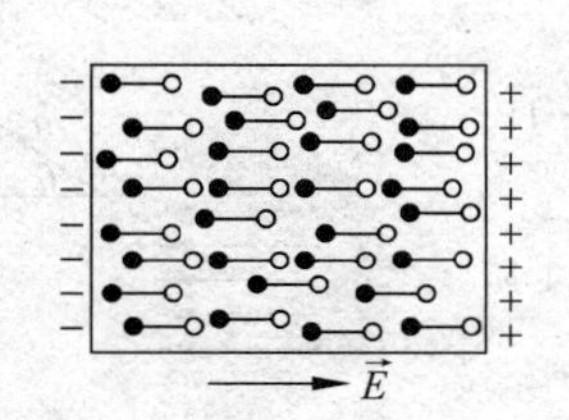

图 12.10　无极分子的位移极化

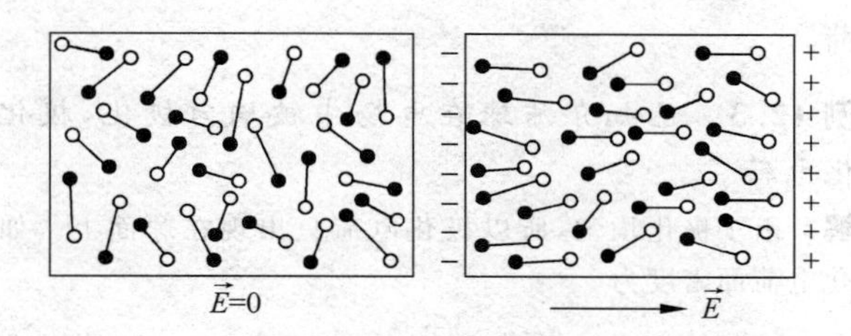

图 12.11　有极分子的取向极化

在有极分子取向极化过程中也会发生位移极化,但通常后者比前者弱得多,可以不考虑。此外,对于绝大多数电介质,当外电场撤销后都能恢复到原来无电场时的状态。

无论是位移极化还是取向极化,极化过程的宏观效果都是产生极化电荷,电介质就是通过极化电荷来影响原来的电场。

2. 极化强度和极化电荷

极化的实质是电介质内部分子电偶极矩的矢量和不为零,电介质的极化程度可以用极化强度矢量来表示。电介质中某点附近单位体积内分子电偶极矩的矢量和,称为该点的极化强度。用$\vec{P}$表示,则有

$$\vec{P}=\lim_{\Delta V\to 0}\frac{\sum \vec{p}_i}{\Delta V} \tag{12.3}$$

极化强度的单位是 $\mathrm{C\cdot m^{-2}}$,与面电荷密度的单位相同。

我们不加证明地给出极化电荷与极化强度之间的关系:

(1) 电介质表面某点附近的极化电荷面密度,等于该点极化强度的法向分量。即

$$\sigma'=\vec{P}\cdot\hat{n}=P\cos\theta \tag{12.4}$$

式中,$\hat{n}$为介质表面(或分界面)外法线方向单位矢量,θ 为$\vec{P}$与$\hat{n}$之间的夹角。当 θ 为锐角时,表面上出现一层正极化电荷;当 θ 为钝角时,出现负极化电荷。如图 12.12 所示。

(2) 任一闭合面所包围的体极化电荷,等于通过该闭合面的极化强度的通量的负

值。即

$$\sum_{(S内)} q'_i = -\oint\!\!\!\oint_S \vec{P} \cdot \mathrm{d}\vec{S} \tag{12.5}$$

如图 12.13 所示。

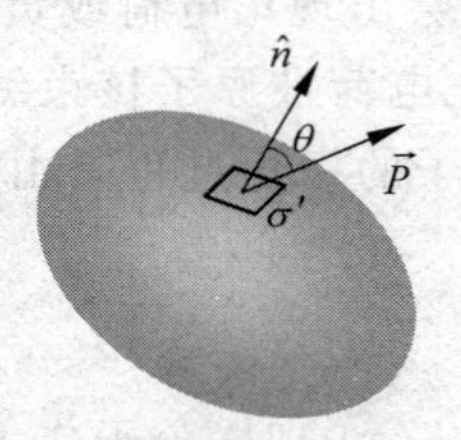

图 12.12　面极化电荷与极化强度的关系

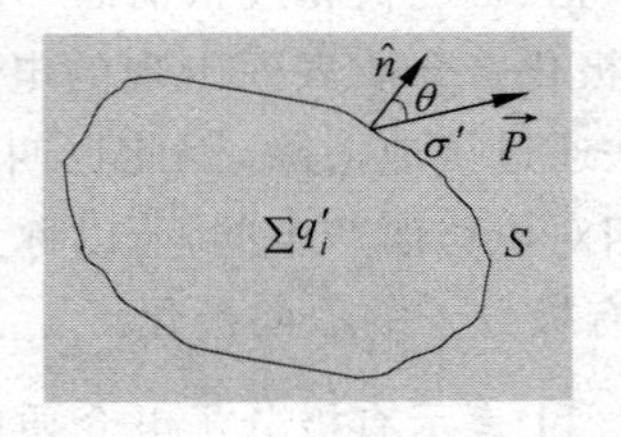

图 12.13　体极化电荷与极化强度的关系

在极化过程中，如果电介质内极化强度处处相同，则称为均匀极化。极化强度处处相同，极化强度通过任一闭合面的通量就等于零，因此由式(12.5)看出，均匀极化不产生体极化电荷。

例 12.3　已知介质球在电场中被均匀极化，极化强度为$\vec{P}$。求极化电荷。

解　由于极化均匀，所以极化电荷只出现在球面上。如图 12.14 所示，极化电荷面密度为

$$\sigma' = \vec{P} \cdot \hat{n} = P\cos\theta$$

因此在极化强度矢量所指的半球面上，出现一层正极化电荷，在另一半球面上出现负极化电荷。

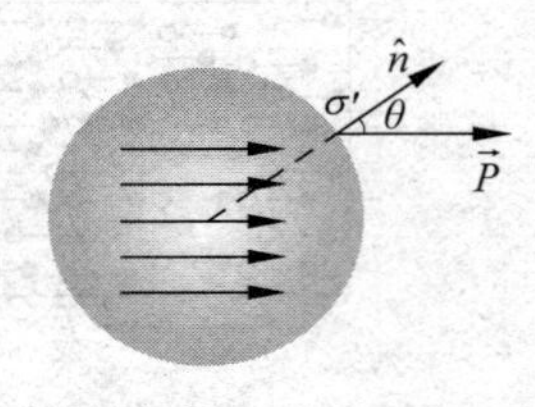

图 12.14　例 12.3 用图

3. 电介质的极化规律

电介质受电场的作用要产生极化电荷，而极化电荷的电场又要影响原来电场的分布，因此在有介质存在时，空间任何一点的总场强$\vec{E}$等于自由电荷的场强$\vec{E}_0$和极化电荷的场强$\vec{E}'$的矢量和，即$\vec{E}=\vec{E}_0+\vec{E}'$。

实验表明，对于各向同性的线性电介质，极化强度与场强成正比。即

$$\vec{P} = \chi_e \varepsilon_0 \vec{E} = (\varepsilon_r - 1)\varepsilon_0 \vec{E} \tag{12.6}$$

其中，ε_r 称为介质的相对介电常量或相对电容率，它取决于介质的种类和状态；$\chi_e = \varepsilon_r - 1$ 称为介质的极化率。

通常把 $\varepsilon_r\varepsilon_0$ 称为介电常量或电容率，用 ε 表示

$$\varepsilon = \varepsilon_r \varepsilon_0 \tag{12.7}$$

因 ε_r 无量纲，则 ε 的单位与 ε_0 的相同。

表 12.1 给出了某些电介质的相对介电常量。

表 12.1　某些电介质的相对介电常量

真空	1	玻璃(25℃)	5～10
空气(20℃，1atm)	1.00059	云母(25℃)	3～8
水(25℃)	78	陶瓷	6～7
变压器油	2.2～2.5	钛酸钡	10^3～10^4

4. 有介质时的高斯定理

图 12.15 表示电场中有介质的情况，q_0 代表自由电荷的分布，q'代表极化电荷的分布。这时高斯定理的形式为

$$\oint_S \vec{E} \cdot \mathrm{d}\vec{S} = \frac{1}{\varepsilon_0}\sum_{(S内)}(q_{0i} + q'_i) \quad (12.8)$$

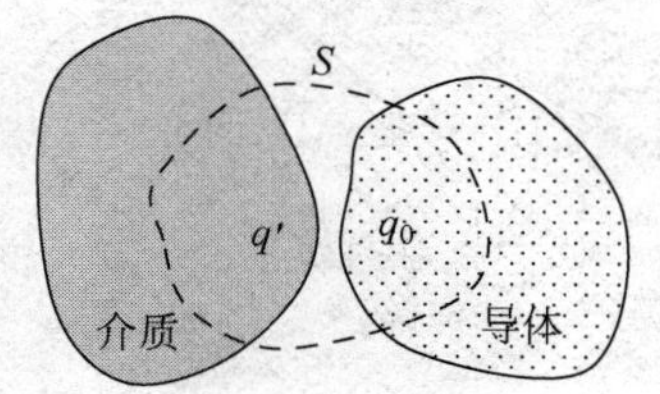

图 12.15　有介质时的高斯定理

式中$\vec{E}$为总场强。应用上式计算$\vec{E}$时，除了需要给定 q_0 的分布，还要给定 q'的分布。但 q'取决于介质分子内部的电荷运动，实验上无法测量，因此，直接应用式(12.8)颇有不便。下面把它改写成不显含 q'的形式。

把 $\sum_{(S内)} q'_i = -\oint_S \vec{P} \cdot \mathrm{d}\vec{S}$ 代入式(12.8)，并整理为

$$\oint_S (\varepsilon_0 \vec{E} + \vec{P}) \cdot \mathrm{d}\vec{S} = \sum_{(S内)} q_{0i} \quad (12.9)$$

定义电位移矢量$\vec{D}$，即

$$\vec{D} = \varepsilon_0 \vec{E} + \vec{P} \quad (12.10)$$

因$\vec{E}$由所有电荷共同产生，而$\vec{P}$与极化电荷有关，则$\vec{D}$包括了极化电荷 q'的效应。

引入$\vec{D}$后，式(12.9)就写成不显含 q'的形式

$$\oint_S \vec{D} \cdot \mathrm{d}\vec{S} = \sum_{(S内)} q_{0i} \quad (12.11)$$

这就是有介质时的高斯定理，也叫$\vec{D}$的高斯定理：在静电场中，通过任一闭合面的电位移矢量$\vec{D}$的通量，等于该闭合面所包围的自由电荷电量的代数和。由此可知，电位移线($\vec{D}$线)发自正自由电荷或无穷远，止于负自由电荷或无穷远，穿过电场中任一闭合面的电位移线条数只与该闭合面内自由电荷电量的代数和有关。

对于各向同性的线性电介质，极化强度与场强成正比，$\vec{P} = (\varepsilon_r - 1)\varepsilon_0 \vec{E}$，代入式(12.10)，得

$$\vec{D} = \varepsilon_r \varepsilon_0 \vec{E} \quad (12.12)$$

$$\vec{P} = \left(1 - \frac{1}{\varepsilon_r}\right)\vec{D} \quad (12.13)$$

这说明，在各向同性的线性介质中的同一地点，$\vec{D}$、$\vec{E}$、$\vec{P}$的方向相同，大小成正比。在真空中 $\varepsilon_r = 1$，因此

$$\vec{D}_0 = \varepsilon_0 \vec{E}_0 \quad (12.14)$$

对于导体而言，当达到静电平衡时内部电场$\vec{E} = 0$，因此在静电平衡导体内部，电位移矢量$\vec{D}$处处为零。

5. 用有介质时的高斯定理求电场

当自由电荷 q_0 和介质的分布具有充分的对称性时，可以先用有介质时的高斯定理求出$\vec{D}$，再由$\vec{D}$计算$\vec{E}$、$\vec{P}$和 σ'。

例 12.4 如图 12.16 所示，一半径为 R、电量为 $q(>0)$ 的金属球，浸在相对介电常量为 ε_r 的体积无限大的油中。求金属球外的电场分布和贴近金属球表面的油面上的极化电荷。

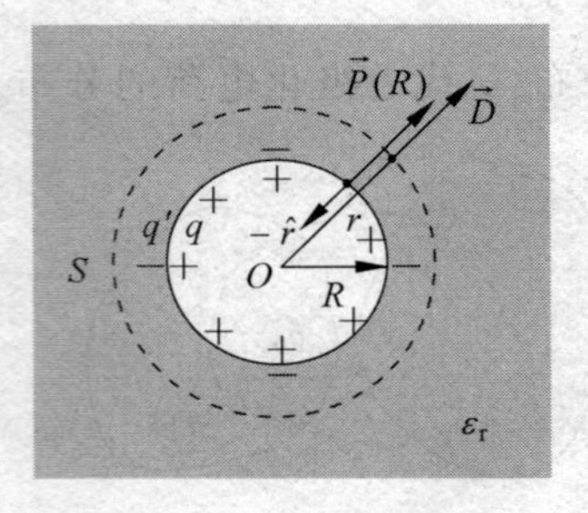

图 12.16 例 12.4 用图

解 由对称性可知，$\vec{D}$的分布是球对称的。如图 12.16 所示，以包围金属球的同心球面 S 作为高斯面，按照有介质时的高斯定理

$$4\pi r^2 D = q$$

得金属球外的电位移为

$$D = \frac{q}{4\pi r^2}$$

由此可分别求出金属球外的场强和极化强度

$$E = \frac{D}{\varepsilon_r \varepsilon_0} = \frac{q}{4\pi\varepsilon_r\varepsilon_0 r^2} \quad 和 \quad P = \left(1-\frac{1}{\varepsilon_r}\right)D = \left(1-\frac{1}{\varepsilon_r}\right)\frac{q}{4\pi r^2}$$

因 $q>0$，则$\vec{D}$、$\vec{E}$、$\vec{P}$的方向都沿径向向外。由于贴近金属球表面的油面的外法线方向为$-\hat{r}$，所以油面上的极化电荷为

$$q' = 4\pi R^2 \sigma' = 4\pi R^2\, \vec{P}(R) \cdot (-\hat{r}) = -\left(1-\frac{1}{\varepsilon_r}\right)q$$

q'与 q 反号，在数值上小于 q。

12.6 电容和电容器

1. 孤立导体的电容

孤立导体是指远离其他导体和带电体的导体。在静电平衡情况下，当一个孤立导体所带电量增加 n 倍时，为保证导体表面是等势面，导体表面各处的电荷密度都必须增大 n 倍，因此空间各点的场强和电势也增大 n 倍。这就是说，孤立导体的电势与其所带电量成正比。比值

$$C = \frac{q}{\varphi} \tag{12.15}$$

定义为孤立导体的电容，它表示使导体电势升高一个单位所需的电量，反映导体容纳电荷的能力。孤立导体的电容只取决于导体的形状和大小，与导体是否带电或带电多少无关。电容的单位是 F(法[拉])，1F=1C/V，也常用 μF 和 pF，$1\mu F=10^{-6}F$，$1pF=10^{-12}F$。

例 12.5 求半径为 R 的孤立导体球的电容。估计地球的电容。

解 让孤立导体球带电量 q，并达到静电平衡，则其电势

$$\varphi = \frac{q}{4\pi\varepsilon_0 R}$$

因此孤立导体球的电容为

$$C = \frac{q}{\varphi} = 4\pi\varepsilon_0 R$$

把地球看成孤立导体球，其电容为

$$C = 4\pi\varepsilon_0 R = 4\times 3.14\times 8.85\times 10^{-12}\times 6.4\times 10^6 = 7.1\times 10^{-4}\,\mathrm{F}$$

可见电容为 1F 的孤立球形导体的体积是相当大的。通常孤立导体的电容都很小，不能满足使用要求。

2. 电容器的电容

在电子电路和电力工程中，孤立导体并不存在，大多是由若干导体组成的系统。由真空

或电介质隔开的两个导体对应表面之间所形成的空腔，称为电容器。由于静电屏蔽，腔内不受腔外影响，极板间电压与极板电量成正比。

图 12.17 表示几种常用的电容器。其中图(a)是平行板电容器，A、B 是两块面积为 S 的金属极板，d 代表两极板对应表面之间的距离。通常情况下 d 远小于板的线度，这时两对应面都可看成无限大平面，这种电容器称为理想电容器。如果不作特别声明，下面提到的电容器均指理想电容器。

让极板带电并达到静电平衡，设两个对应面上的面电荷密度为 $\pm\sigma$，则极板之间的场强 $E=\sigma/\varepsilon_0$，电压

$$U=\varphi_A-\varphi_B=Ed=\frac{\sigma d}{\varepsilon_0} \tag{12.16}$$

极板电量与极板间电压之比，定义为平行板电容器的电容：

$$C=\frac{q}{U}=\frac{\sigma S}{\sigma d/\varepsilon_0}=\frac{\varepsilon_0 S}{d} \tag{12.17}$$

它取决于极板的面积和极板间距。

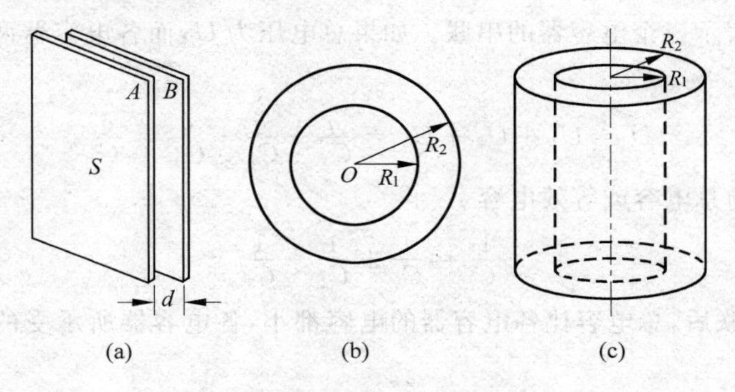

图 12.17　几种常用的电容器

图 12.17(b)表示球形电容器，由两个同心放置的金属薄球壳组成。其电容为

$$C=\frac{4\pi\varepsilon_0 R_1 R_2}{R_2-R_1} \tag{12.18}$$

式中 R_1、R_2 为内、外薄球壳的半径。图 12.17(c)表示柱形电容器，由两个同轴放置的金属薄柱壳组成。单位长度柱形电容器的电容为

$$C=\frac{2\pi\varepsilon_0}{\ln\dfrac{R_2}{R_1}} \tag{12.19}$$

其中 R_1、R_2 为内、外薄柱壳的半径。

例 12.6　如果电容器填充相对介电常量为 ε_r 的电介质，则其电容值是真空情况的 ε_r 倍。证明这一结论。

解　以图 12.18 表示的平行板电容器为例。设两极板对应表面上的自由电荷面密度为 $\pm\sigma_0$，由对称性可知，介质中 $\vec{D}$、$\vec{E}$ 的方向垂直于板面向下。作一侧面垂直于极板、底面平行于极板的柱体，其一个底面 ΔS 在介质内，另一底面在极板内。因 $\vec{D}$ 与底面 ΔS 垂直，则通过

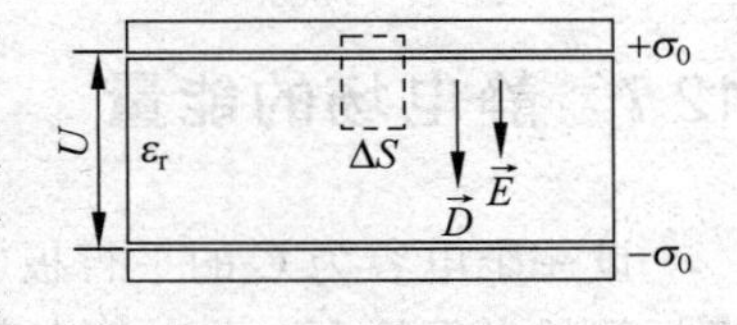

图 12.18　例 12.6 用图

ΔS 的$\vec{D}$通量为 $D\Delta S$；导体内部$\vec{D}$为零，极板内的底面的$\vec{D}$通量为零；$\vec{D}$与柱体侧面平行，侧面的$\vec{D}$通量也为零。按照有介质时的高斯定理

$$D\Delta S = \sigma_0 \Delta S$$

得 $D=\sigma_0$，因此极板间的场强 $E=\sigma_0/(\varepsilon_r\varepsilon_0)$，极板间的电压

$$U = Ed = \frac{\sigma_0 d}{\varepsilon_r\varepsilon_0}$$

其中 d 为两极板对应表面之间的距离。用 S 代表极板面积，则填充电介质后的电容为

$$C = \frac{q}{U} = \frac{\sigma_0 S}{U} = \frac{\varepsilon_r\varepsilon_0 S}{d} = \varepsilon_r C_0$$

式中 C_0 为真空情况的电容。虽然上式是以平行板电容器为例导出，但可以证明它适用于任何填充电介质的电容器。

3. 电容器的串并联

实际的电容器在极板间总是填充某种电介质。电容器的电压有一定界限，超过这一界限就会产生过大的内部电场，击穿填充的电介质而损坏电容器。这一电压界限称为电容器的耐压值。把几个电容器串、并联，可以得到需要的电容值和耐压值。

图 12.19(a)表示三个电容器的串联。如果总电压为 U，而各电容器两极板均带等量异号电荷 $\pm q$，则有

$$U = U_1 + U_2 + U_3 = \frac{q}{C_1} + \frac{q}{C_2} + \frac{q}{C_3} = \frac{q}{C} \tag{12.20}$$

其中 C 为串联后的总电容或等效电容

$$\frac{1}{C} = \frac{1}{C_1} + \frac{1}{C_2} + \frac{1}{C_3} \tag{12.21}$$

这说明，电容器串联后，总电容比各电容器的电容都小，各电容器所承受的电压只是总电压的一部分。

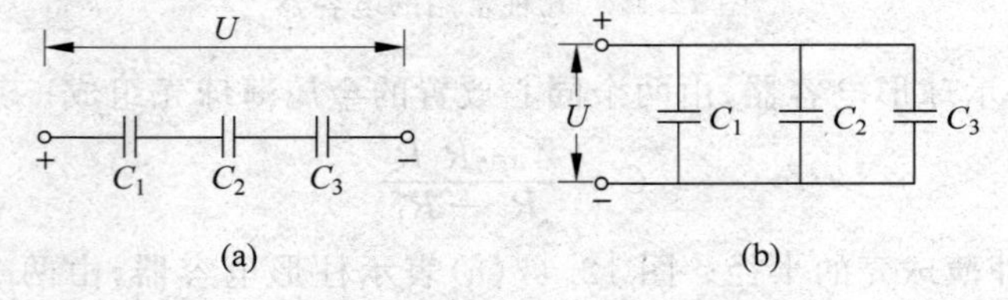

图 12.19 电容器的串并联

图 12.19(b)表示三个电容器的并联。这时各电容器的电压就是总电压 U，而总电荷为

$$q = q_1 + q_2 + q_3 = C_1U + C_2U + C_3U = CU \tag{12.22}$$

其中 C 为并联后的总电容或等效电容

$$C = C_1 + C_2 + C_3 \tag{12.23}$$

这说明，电容器并联后，总电容为各电容器电容之和，各电容器所承受的电压相同，等于总电压。

12.7 静电场的能量

设一个电容为 C 的平行板电容器正在充电，某时刻两个极板对应表面上的电荷为 $\pm q$，极板间的电压为 U。此时把电荷 dq 从负极板移至正极板，外力克服静电力做的功为

$$dA = Udq = \frac{qdq}{C} \tag{12.24}$$

在两极板的电量由 0 增加到 $\pm Q$ 的过程中,外力做的功为

$$A = \int dA = \frac{1}{C}\int_0^Q qdq = \frac{1}{2}\frac{Q^2}{C} \tag{12.25}$$

根据能量转化和守恒定律,电容器储存的静电能等于外力所做的功。因此,充电电容器的静电能为

$$W_e = \frac{1}{2}\frac{Q^2}{C} = \frac{1}{2}QU = \frac{1}{2}CU^2 \tag{12.26}$$

这表明,在相同的电压下,电容器的电容越大,其储存电能的本领就越大。

带电体的静电能储存在哪里?静电场与电荷相伴而生,因此无法判定静电能到底是与电荷相联系还是与电场相联系。但是电磁波携带的能量可以脱离电荷而在空间传播,所以电磁场的能量应该分布在电磁场中。按照场的观点,电容器的静电能是储存在电容器两个极板对应表面之间的静电场中。因此,式(12.26)表示的是储存在电容器静电场中的能量。

把式(12.26)改写成

$$W_e = \frac{1}{2}CU^2 = \frac{1}{2}\frac{\varepsilon_r\varepsilon_0 S}{d}(Ed)^2 = \frac{1}{2}\varepsilon_r\varepsilon_0 E^2 Sd \tag{12.27}$$

其中 E 代表极板之间静电场的场强,Sd 为极板之间的体积。单位体积电场所储存的能量 $W_e/(Sd)$,称为电场能量密度,用 w_e 表示。极板间电场均匀,静电能也均匀分布,因此

$$w_e = \frac{1}{2}\varepsilon_r\varepsilon_0 E^2 = \frac{1}{2}ED \tag{12.28}$$

虽然上式是以平行板电容器为例导出,但可以证明它适用于静电场的一般情况。空间 V 内的电场能量,可通过对电场能量密度积分得到。即

$$W_e = \iiint_V w_e dV = \iiint_V \frac{1}{2}\varepsilon_r\varepsilon_0 E^2 dV = \iiint_V \frac{1}{2}ED dV \tag{12.29}$$

例 12.7　一半径为 R、电量为 q 的金属球,浸在相对介电常量为 ε_r 的体积无限大的油中。求整个电场的能量。

解　金属球内场强为零,电场能量密度也为零。即

$$w_e = 0,\quad 0 \leqslant r \leqslant R$$

在前面例题中,已经求出金属球外的场强为

$$E = \frac{q}{4\pi\varepsilon_r\varepsilon_0 r^2}$$

因此,金属球外电场能量密度为

$$w_e = \frac{1}{2}\varepsilon_r\varepsilon_0 E^2 = \frac{q^2}{32\pi^2\varepsilon_r\varepsilon_0 r^4},\quad r > R$$

整个电场的能量为

$$W_e = \iiint_\infty w_e dV = \int_R^\infty \frac{q^2}{32\pi^2\varepsilon_r\varepsilon_0 r^4}4\pi r^2 dr = \frac{q^2}{8\pi\varepsilon_r\varepsilon_0}\int_R^\infty \frac{dr}{r^2} = \frac{q^2}{8\pi\varepsilon_r\varepsilon_0 R}$$

第13章

稳恒电流的磁场

物体能够吸引铁、镍、钴等物质的性质称为物质的磁性。1820 年丹麦物理学家奥斯特发现，载流导线周围的小磁针受到力的作用而发生偏转，揭示了电流的磁效应。同年，法国物理学家安培提出分子电流的假说，对磁现象的来源作出解释，认为磁性物质的磁性来源于物质分子内的“分子电流”。在电磁学中，可以认为电流或运动的电荷是磁性的根源。

本章中介绍稳恒电流和稳恒电流的磁场的基本规律——毕奥-萨伐尔定律、安培环路定理，以及磁介质的主要性质。

13.1 电流密度和稳恒电流

电荷的定向运动形成电流，定向运动的电荷实际上是带电的粒子如电子、质子、正负离子、半导体中的空穴等，称为**载流子**。

电流的强弱用电流强度表示。单位时间内通过导体中某截面的电量称为**电流强度**，也叫**电流**。如果在 $\mathrm{d}t$ 时间内通过导体某一截面的电量为 $\mathrm{d}q$，则通过该截面的电流为

$$I=\frac{\mathrm{d}q}{\mathrm{d}t} \tag{13.1}$$

在国际单位制中，电流强度的单位是安[培]，符号为 A，1A＝1C/s。电流是标量，习惯上把正电荷定向运动的方向称为电流的方向。

电流流过均匀导线时，导线中各点的电流相同。如果电流流经大块导体时，导体中各点的电流大小和方向可能并不相同，这时要定量描述导体内各点电流的分布情况，需要引入新的物理量——**电流密度矢量**。导体中某点的电流密度矢量的方向是该点正电荷定向运动的方向，大小等于通过该点单位垂直截面的电流。

在大块导体中各点电流密度的大小和方向不同，构成一个矢量场，即电流场。类似于电场线一样，可以用电流线来描述电流场，电流线上各点的切线方向为电流密度矢量的方向，即正电荷在该点的定向运动方向，电流线的疏密程度表示该点的电流密度的大小。图 13.1 表示一个大块导体中的电流分布，其中图 13.1(a)表示截面不均匀的导线中电流的分布，流过截面大和截面小部分的电流相同，但在截面大的部分电流密度小而截面小的部分电流密度大。图 13.1(b)为半球形接地电极周围的电流分布，电流密度随半径的增大而减小。

图 13.2 表示某导体中电流线的分布，设导体中单位体积内载流子的个数，即载流子的数密度为 n，载流子带电量为 q，载流子定向运动的速率为 $\vec{v}$，在导体中选取面积元 dS，其法线方向与 $\vec{v}$ 方向夹角为 θ。则在 dt 时间内流过 dS 的电量为 $nqv\mathrm{d}t\mathrm{d}S\cos\theta$，该点的电流密度为

$$j = \frac{nqv\mathrm{d}t\mathrm{d}S\cos\theta}{\mathrm{d}t\mathrm{d}S\cos\theta} = nqv \tag{13.2}$$

电流密度写成矢量形式为

$$\vec{j} = nq\,\vec{v} = \rho\,\vec{v} \tag{13.3}$$

其中 ρ 为电荷密度。式(13.3)表示载流子带正电时电流密度的方向与载流子的定向运动方向相同，载流子带负电时与其定向运动的方向相反，电流密度的大小等于电荷密度与载流子定向运动速度的乘积。

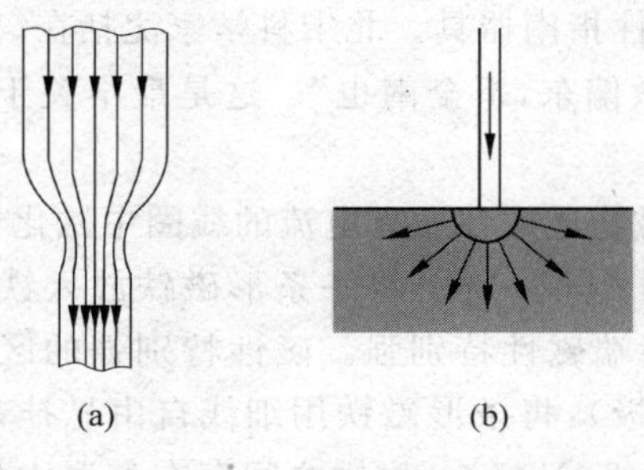

图 13.1　大块导体中的电流分布

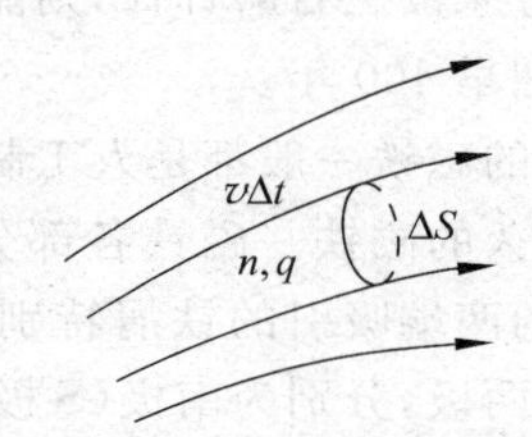

图 13.2　导体中电流线的分布

按照电流密度矢量的定义，通过空间某点附近面积元 d$\vec{S}$ 的电流为

$$\mathrm{d}I = j\mathrm{d}S\cos\theta = \vec{j}\cdot\mathrm{d}\vec{S} \tag{13.4}$$

其中 θ 为电流密度矢量与面积元法向方向的夹角。通过任意曲面 S 的电流为

$$I = \iint_S \vec{j}\cdot\mathrm{d}\vec{S} \tag{13.5}$$

即通过一个曲面的电流等于电流密度矢量在该曲面上的通量。

在电流场内任取一闭合曲面 S，且规定其外法线方向为正方向，则单位时间内流出该曲面的电量为 $\oiint_S \vec{j}\cdot\mathrm{d}\vec{S}$，应该等于此闭合曲面内电量的减少 $-\frac{\mathrm{d}q}{\mathrm{d}t}$，即

$$\oiint_S \vec{j}\cdot\mathrm{d}\vec{S} = -\frac{\mathrm{d}q}{\mathrm{d}t} \tag{13.6}$$

式(13.6)称为**电流的连续性方程**，它是电荷守恒定律在电流场中的数学表达形式。

在导体内各处电流密度矢量不随时间变化的电流称为**稳恒电流**。对于稳恒电流，通过任意闭曲面 S 的电流密度矢量的通量必然为零，即

$$\oiint_S \vec{j}\cdot\mathrm{d}\vec{S} = 0 \tag{13.7}$$

称为稳恒条件。因为如果 $\oiint_S \vec{j}\cdot\mathrm{d}\vec{S}$ 不等于零，例如大于零，则有电流流出封闭曲面，即在闭曲面内有正电荷流出，又由于电流是稳恒的，这意味着有电荷源源不断地从闭曲面内产生，这就违背了电荷守恒定律。

在稳恒电流的导体中的任何地方,一些电荷因向前流动而离开的同时,必然有一些电荷移动过来,始终保持电荷的宏观分布不随时间变化。由稳恒电流的电荷分布产生的电场称为稳恒电场。稳恒电场和静电场有许多相似之处,如都服从高斯定理和环路定理,在稳恒电场中也可以引入电势和电势差的概念。但是,导体的静电平衡条件及由它引出的结论不再适用。如在静电场中,达到静电平衡时导体内部场强处处为零,而在稳恒电场中导体内的场强不为零。

13.2 基本磁现象

人们最早发现并认识磁现象是从天然磁铁矿能吸引铁屑之类的现象开始的。远在春秋战国时期,在《管子·地数篇》中就有“上有磁石者,其下有铜金”的记载。东汉时期王充的《论衡》中所描述的“司南勺”被公认为最早的磁性指南器具。北宋科学家沈括在《梦溪笔谈》中记载有“方家以磁石磨针锋,则能指南,然常微偏东,不全南也”。这是最早关于磁偏角的记载,比欧洲早400年。

现在用的磁铁一般都是人工制造的,将铁磁物质放在通有电流的线圈中磁化,就能变成暂时的或永久的磁铁。磁铁各部分磁性的强弱并不一样。将一条形磁铁放入铁屑中会发现,在磁铁的两端吸引的铁屑特别多,证明了两端磁性特别强。磁性特别强的区域称为**磁极**。磁铁有两极,分别为南极(S极)和北极(N极),将条形磁铁用细线自由悬挂,指向地理南方的就是南极(S极),指向地理北方的就是北极(N极)。磁铁之间存在着磁力作用,同性磁极相互排斥,异性磁极相互吸引,如图13.3所示。

在历史上很长的一段时期里,电学和磁学的研究一直独立地发展着。直到19世纪初期,一系列重要的发现才打破这个界限,人们开始认识到电和磁之间有着不可分割的联系。

1820年,丹麦科学家奥斯特发现,在一根直导线周围放置一枚小磁针,在导线中通有电流时,小磁针将发生偏转,证明了通电导线对磁铁有力的作用(图13.4),这便是历史上著名的奥斯特实验。

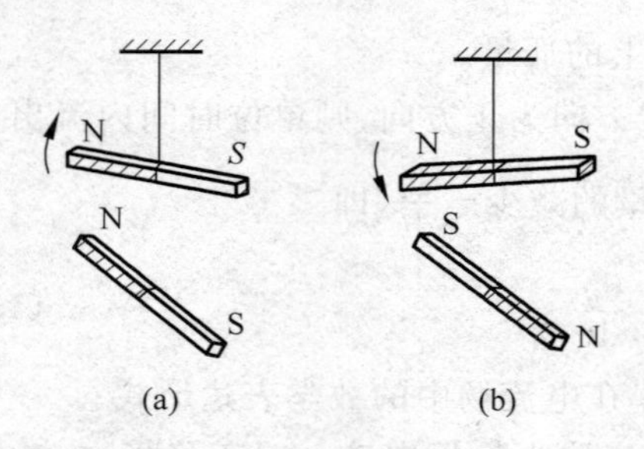

图13.3 磁极间相互作用

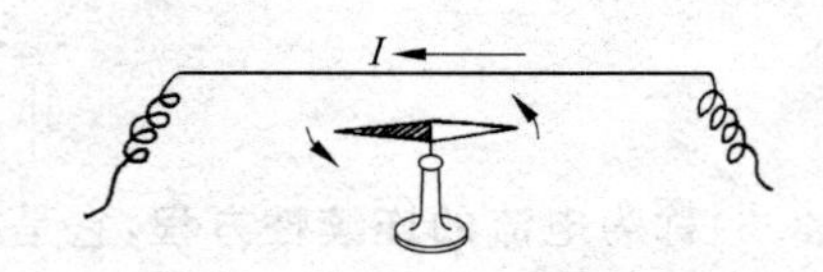

图13.4 奥斯特实验示意图

如图13.5所示,将一段水平直导线悬挂在马蹄形磁铁的两极之间。通过电流后,导线就会发生移动。这表明,磁铁对载流导线施加作用力。此外,电流和电流之间也存在相互作用力。如图13.6所示,将两条直导线平行地悬挂起来,当导线中通有同方向电流时,它们相互吸引,通有相反方向电流时,相互排斥。

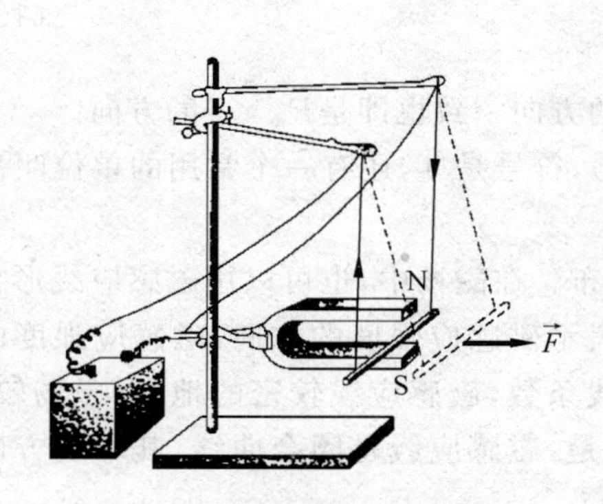

图 13.5　磁铁对电流的作用

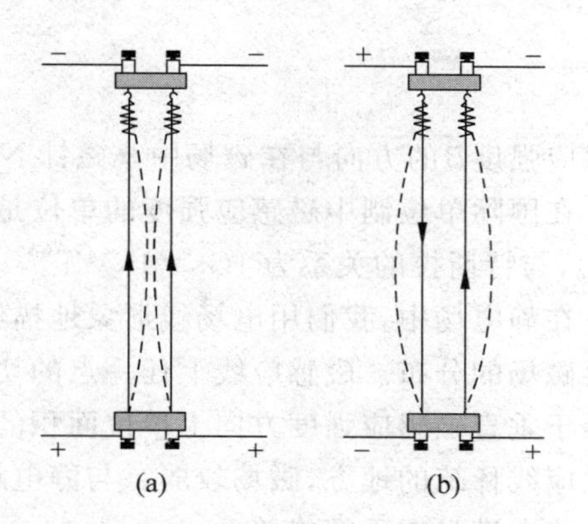

图 13.6　平行电流之间的相互作用

1822 年，法国科学家安培提出了有关物质磁性本质的假说。安培认为，一切磁现象的根源是电流。物质分子内部电子、质子等带电粒子运动形成微小电流，称为分子电流。磁铁内分子电流方向按一定方式排列，磁铁之间或磁铁与载流导线之间的相互作用就是这些排列整齐的分子电流之间或分子电流与导线中定向运动电荷之间相互作用的表现。所以，磁力都是运动电荷之间相互作用的表现。

13.3　磁场和磁感应强度

在静电场中，静止电荷的相互作用力是通过电场传递的。磁力是运动电荷之间的相互作用，类似于电场，磁力是通过磁场传递的。运动电荷或电流在空间激发磁场，磁场对置于其间的磁体、运动电荷或电流施加磁力。磁场可以用**磁感应强度**$\vec{B}$定量描述，磁感应强度是矢量，其大小和方向可以用如下方法定义。

如图 13.7 所示，带电量为 q_0 的正电荷(检验电荷)以速度$\vec{v}$通过磁场中一点 P。实验表明，在某一特定方向，检验电荷受到的磁力为零，这一方向(或其反向)为磁场的方向(图 13.7(a))。当检验电荷沿其他方向通过 P 点时，检验电荷受到的磁力始终垂直于$\vec{v}$和$\vec{B}$所在平面，磁力的大小与 q_0 和 v 的乘积成正比。当$\vec{v}$和$\vec{B}$垂直时，受到的磁力最大，大小为 F_m(图 13.7(b))。比值 $F_m/(q_0 v)$ 与 q_0、v 无关。

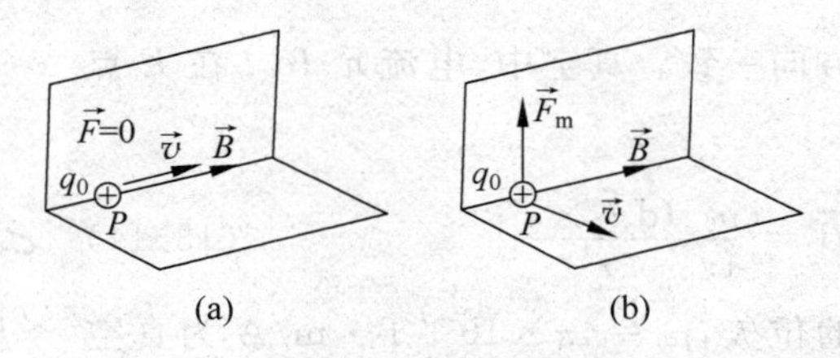

图 13.7　磁感应强度的定义

比值 $F_m/(q_0 v)$ 与检验电荷所带电量及检验电荷的速度无关，反映了磁场本身的强弱。由此，我们定义磁场中 P 点磁感应强度的大小为

$$B=\frac{F_{\mathrm{m}}}{q_0 v} \tag{13.8}$$

磁感应强度$\vec{B}$的方向与在磁场中小磁针N极所指的方向一致也即是$\vec{F}_{\mathrm{m}}\times\vec{v}$的方向。

在国际单位制中磁感应强度的单位是特(斯拉),符号是T,还有一个常用的单位叫高斯(Gs),与特斯拉的关系为$1\mathrm{Gs}=10^{-4}\mathrm{T}$。

在静电场中,我们用电场线形象地描绘电场分布。在磁场中,也可以用磁感应线形象地描绘磁场的分布。磁感应线上任一点的切线方向表示磁感应强度的方向,磁感应强度的大小等于垂直磁感应强度方向上单位面积的磁感应线条数,磁感应线较密的地方,磁场较强,磁感应线稀疏的地方,磁场较弱。与静电场不同的是,磁感应线是闭合曲线,其环绕方向与电流流向满足右手螺旋关系。

类似于电通量,可以引入磁通量的概念,在磁场中穿过任意曲面S的磁通量定义为

$$\Phi=\iint_S \vec{B}\cdot\mathrm{d}\vec{S} \tag{13.9}$$

它等于通过该曲面的磁感线的总条数。在国际单位制中,磁通量的单位是韦[伯],符号为Wb。

由于磁感应线是闭合曲线,所以对磁场中任意闭合曲面,有多少曲线穿入曲面就会有多少条曲线穿出曲面,也就是通过闭合曲面的磁通量必然为零,即

$$\oiint_S \vec{B}\cdot\mathrm{d}\vec{S}=0 \tag{13.10}$$

式(13.10)称为**磁场的高斯定理**,也称为**磁通连续定理**,是电磁场理论的基本方程之一,以后我们在第14章可以看到,它适用于任意磁场。磁场的高斯定理反映磁场是无源场,即没有与电荷对应的单独的"磁荷"(磁单极子)的存在。近代理论中早已预言磁单极子的存在,但是目前还没有得到肯定的结果。

13.4 毕奥-萨伐尔定律

毕奥(J. B. Biot)和萨伐尔(F. Savart)对载流导体产生的磁场作了大量研究,得出电流元激发磁场的规律,拉普拉斯给出其数学表达形式,称为毕奥-萨伐尔定律。

如图13.8所示,在通有稳恒电流的导线上选取有向线元$\mathrm{d}\vec{l}$,线元的方向与电流方向一致。真空中,电流元$I\mathrm{d}\vec{l}$在P点激发的磁场为

$$\mathrm{d}\vec{B}=\frac{\mu_0}{4\pi}\frac{I\mathrm{d}\vec{l}\times\vec{r}}{r^3} \tag{13.11}$$

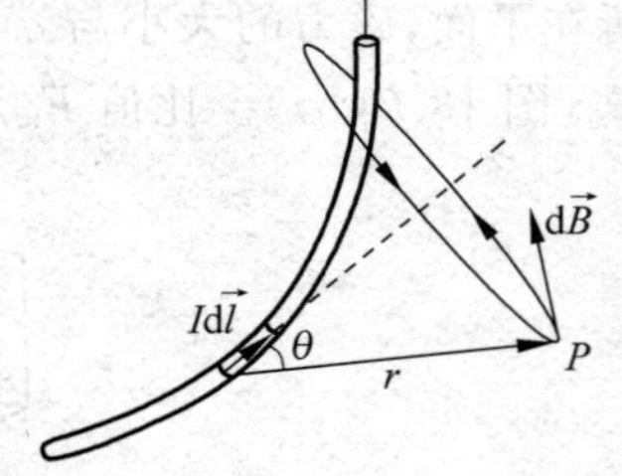

图13.8 电流元的磁场

式中$\vec{r}$为电流元到P点的位矢,$\mu_0=4\pi\times10^{-7}\mathrm{T\cdot m/A}$为真空磁导率。电流元激发的磁感应强度的大小与电流元到场点的距离的平方成反比,磁感应强度的方向与电流元$I\mathrm{d}\vec{l}$和位矢$\vec{r}$成右手螺旋关系。

由毕奥-萨伐尔定律可以导出运动电荷在空间激发的磁场。以导体中载流子带正电荷为例,假设电流元$I\mathrm{d}\vec{l}$的截面积为S,载流子数密度为n,每个载流子所带电荷为q,并且以

漂移速度$\vec{v}$运动，则$\vec{v}$的方向与 $I\mathrm{d}\vec{l}$ 方向一致。导体中的电流可表示为 $I=nqvS$，电流元内包含载流子数 $\mathrm{d}N=nS\mathrm{d}l$。电流元 $I\mathrm{d}\vec{l}$ 产生的磁场 $\mathrm{d}\vec{B}$ 由这些载流子产生的磁场叠加而来。将 I 和 $\mathrm{d}N$ 代入毕奥-萨伐尔定律，可得单个运动电荷产生的磁场为

$$\vec{B}=\frac{\mathrm{d}\vec{B}}{\mathrm{d}N}=\frac{\mu_0}{4\pi}\frac{q\vec{v}\times\vec{r}}{r^3} \tag{13.12}$$

式中$\vec{r}$为运动电荷所在位置到场点的位矢。当运动电荷带正电时，$\vec{B}$的方向与$\vec{v}$和$\vec{r}$方向符合右手螺旋关系，当运动电荷带负电时，$\vec{B}$的方向与之反向。

利用毕奥-萨伐尔定律可以求稳恒电流的磁场。

例 13.1　求一段直线电流的磁场。如图 13.9 所示，导线中通有电流为 I。

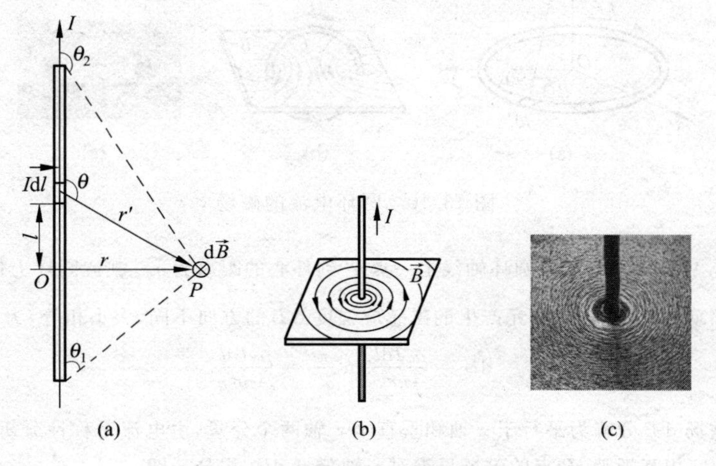

图 13.9　直线电流的磁场

解　如图 13.9(a)所示，在载流直线上任选电流元 $I\mathrm{d}\vec{l}$，到 P 点的位矢为$\vec{r}'$，P 点到载流直线的距离为 r。由毕奥-萨伐尔可知，电流元产生的元磁场 $\mathrm{d}\vec{B}$的方向都一致，即垂直于纸面向内。因此在求总磁感应强度$\vec{B}$的大小时，只需要求 $\mathrm{d}B$ 的代数和即可。电流元 $I\mathrm{d}\vec{l}$ 在 P 点产生的磁感应强度的大小为

$$\mathrm{d}B=\frac{\mu_0}{4\pi}\frac{I\mathrm{d}l\sin\theta}{r'^2}$$

由图 13.9 中可以看出 $r'=r/\sin\theta, l=-r\cot\theta, \mathrm{d}l=r\mathrm{d}\theta/\sin^2\theta$。将 r'和 $\mathrm{d}l$ 代入上式，可得

$$\mathrm{d}B=\frac{\mu_0 I}{4\pi r}\sin\theta\mathrm{d}\theta$$

图 13.9 中一段有限长度的载流导线产生的磁场为

$$B=\int\mathrm{d}B=\int_{\theta_1}^{\theta_2}\frac{\mu_0 I}{4\pi r}\sin\theta\mathrm{d}\theta=\frac{\mu_0 I}{4\pi r}(\cos\theta_1-\cos\theta_2)$$

若导线为半无限长，即 $\theta_1=\pi/2, \theta_2=\pi$，则

$$B=\frac{\mu_0 I}{4\pi r} \tag{13.13}$$

若导线为无限长，$\theta_1=0, \theta_2=\pi$，则

$$B=\frac{\mu_0 I}{2\pi r} \tag{13.14}$$

无限长载流直线周围的磁感应强度 B 的大小与导线到场点的距离成反比，与电流强度成正比，$\vec{B}$的方向与

电流方向成右手螺旋关系。其磁感应线是在垂直于导线的平面内的一系列同心圆，如图 13.9(b)所示，图 13.9(c)是用铁粉显示的磁感应线的图形。

例 13.2 求载流圆环轴线上的磁感应强度。圆环的半径为 R，电流为 I，如图 13.10 所示。

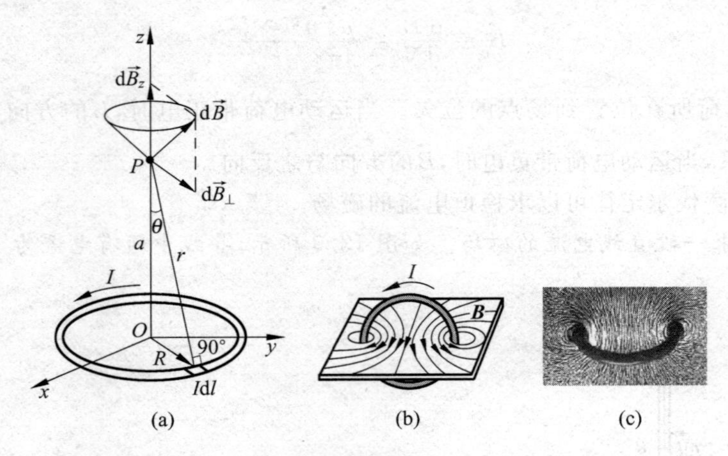

图 13.10 圆环电流的磁场

解 如图 13.10(a)所示，载流圆环轴线上一点 P 到环心的距离为 a。载流圆环上任一电流元 $I\mathrm{d}\vec{l}$ 与到 P 点的位矢 $\vec{r}$ 都垂直，因此各电流元产生的磁感应强度 $\mathrm{d}\vec{B}$ 的方向不同，大小相等，为

$$\mathrm{d}B = \frac{\mu_0 I\mathrm{d}l}{4\pi r^2}\sin\frac{\pi}{2} = \frac{\mu_0 I\mathrm{d}l}{4\pi r^2}$$

将电流元产生的磁场 $\mathrm{d}\vec{B}$ 分解为平行于 z 轴和垂直于 z 轴两个分量，由电流对称性分析可知，所有垂直于 z 轴的磁场分量 $\mathrm{d}B_\perp$ 相互抵消，P 点的磁场只需对 z 轴分量 $\mathrm{d}B_z$ 积分。即

$$B = \int \mathrm{d}B_z = \int \mathrm{d}B\sin\theta = \frac{\mu_0 I\sin\theta}{4\pi r^2}\int_0^{2\pi R}\mathrm{d}l = \frac{\mu_0 IR^2}{2(R^2+a^2)^{3/2}}$$

由右手螺旋法则可判断出磁场方向沿 z 轴正方向。图 13.10(b)为载流圆环磁场分布图，图 13.10(c)是用铁粉显示的结果。

由载流圆环轴线上的磁场可得载流圆环圆心处的磁感应强度的大小为

$$B = \frac{\mu_0 I}{2R} \tag{13.15}$$

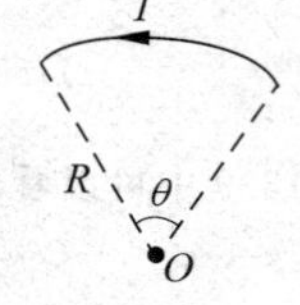

图 13.11 圆弧电流

如图 13.11 所示一段圆弧电流圆心处磁感应强度大小为

$$B = \frac{\mu_0 I}{2R}\,\frac{\theta}{2\pi} \tag{13.16}$$

例 13.3 求载流直螺线管轴线上的磁场。如图 13.12 所示，螺线管的长度为 L，半径为 R，单位长度匝数为 n，通有电流为 I。

解 螺线管在密绕的情况下，螺线管轴线上某点 P 的磁感应强度可以看做一系列通电圆环在该点处产生磁场的矢量和。在距离 P 点长度为 l 处取长度为 $\mathrm{d}l$ 元段，将其看成一个圆环电流，电流大小为

$$\mathrm{d}I = nI\mathrm{d}l$$

利用例 13.2 结论，圆环电流在 P 点产生的磁感应强度大小为

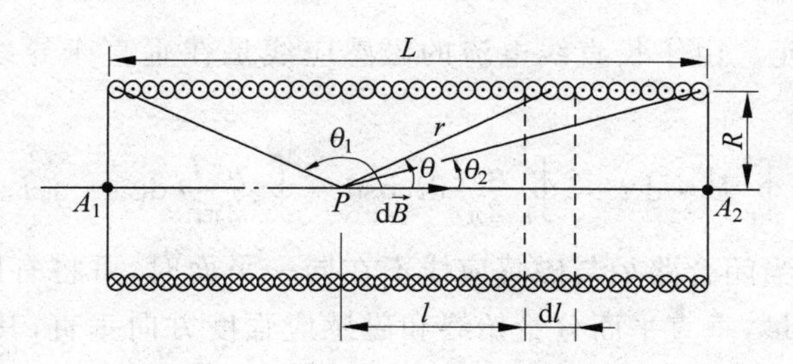

图 13.12　长直螺线管的磁场

$$\mathrm{d}B=\frac{\mu_0 nIR^2\mathrm{d}l}{2(R^2+l^2)^{3/2}}$$

由图 13.12 中几何关系看出 $l=R\cot\theta$，$\mathrm{d}l=-\frac{R}{\sin^2\theta}\mathrm{d}\theta$，所以

$$\mathrm{d}B=-\frac{\mu_0 nI}{2}\sin\theta\mathrm{d}\theta$$

各段线元在 P 点产生的磁场方向都相同(沿轴线方向)，所以 P 点的磁感应强度为

$$B=\int\mathrm{d}B=-\int_{\theta_1}^{\theta_2}\frac{\mu_0 nI}{2}\sin\theta\mathrm{d}\theta=\frac{\mu_0 nI}{2}(\cos\theta_2-\cos\theta_1)$$

磁感应强度的方向与电流方向满足右手螺旋关系。

若是无限长载流直螺线管，即 $\theta_2=0$，$\theta_1=\pi$，轴线上任意一点的磁感应强度为

$$B=\mu_0 nI \tag{13.17}$$

13.5　安培环路定理及其应用

在静电场中，电场强度沿任意闭合路径的线积分为零，说明静电场是保守场，可以引入电势的概念。在稳恒电流的磁场中，磁感应强度$\vec{B}$沿任意闭合路径的线积分(也称为$\vec{B}$的环流)不一定为零，说明磁场是有旋场。

在真空的稳恒磁场内，磁感应强度$\vec{B}$沿任意闭合路径的线积分，等于真空中的磁导率 μ_0 乘以闭合路径所包围的电流的代数和，即

$$\oint_L\vec{B}\cdot\mathrm{d}\vec{l}=\mu_0\sum I_{\mathrm{in}} \tag{13.18}$$

这一规律称为**安培环路定理**。式(13.18)中 I_{in}是指能够穿过以 L 为边界任意曲面的电流，即电流必须与路径 L 铰连在一起。当电流的方向与路径 L 的环绕方向满足右手螺旋定则时，电流取正号；反之，取负号。

安培环路定理可以由毕奥-萨伐尔定律严格证明，我们只用长直电流的特例来验证。

1. 闭合路径包围电流

如图 13.13 所示，假设电流强度为 I 的长直线电流垂直于纸面，与纸面相交于 O 点，在纸面内任选闭合路径 L，闭合路径环绕方向与电流方向满足右手螺旋法则。在闭合路径上选一点 P，O 点到 P 点的位矢为$\vec{r}$，

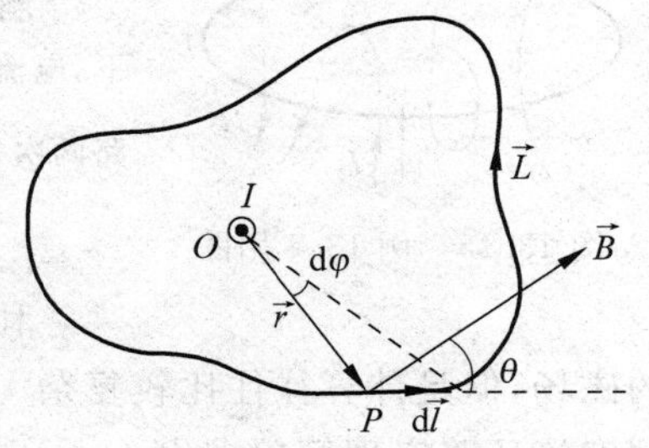

图 13.13　闭合路径包围电流

$d\vec{l}$为L上的有向线元。由于长直线电流的磁感应线是在垂直于导线平面内的一系列同心圆,所以

$$\oint_L \vec{B} \cdot d\vec{l} = \oint_L \frac{\mu_0 I}{2\pi r} dl\cos\theta = \oint_L \frac{\mu_0 I}{2\pi r} r d\varphi = \mu_0 I$$

安培环路定理成立。当闭合路径与磁感应线不在同一平面时,可将有向线元分解为垂直平面分量和平行平面分量,垂直平面分量始终和磁感应强度方向垂直,其点积为零,对于平行平面分量其结果在平面内选取闭合路径相同。所以,对闭合路径内包围电流时安培环路定理成立。

2. 闭合路径不包围电流

如图 13.14 所示,闭合路径L内不包围电流时,由O点向闭合路径做两条切线,将闭合路径分成L_1和L_2两部分。在φ角内任取$d\varphi$,在L_1和L_2上截得$d\vec{l}_1$和$d\vec{l}_2$,其磁感应强度分别为$\vec{B}_1$和$\vec{B}_2$,则有

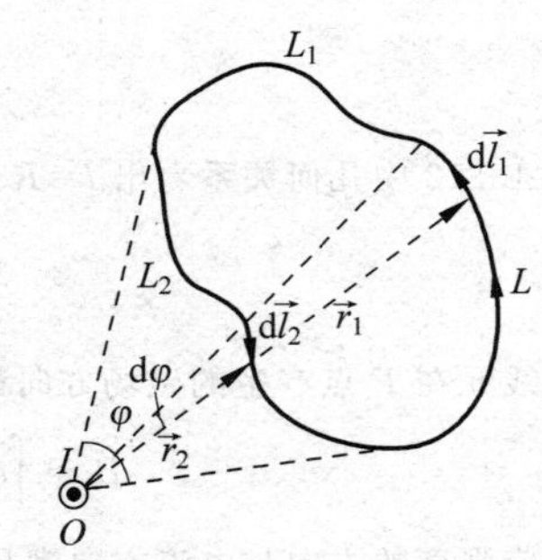

图 13.14 闭合路径不包围电流

$$\vec{B}_1 \cdot d\vec{l}_1 + \vec{B}_2 \cdot d\vec{l}_2 = \frac{\mu_0 I}{2\pi} d\varphi - \frac{\mu_0 I}{2\pi} d\varphi = 0$$

对于整个闭合路径L则有

$$\oint_L \vec{B} \cdot d\vec{l} = \int_{L_1} \vec{B}_1 \cdot d\vec{l}_1 + \int_{L_2} \vec{B}_2 \cdot d\vec{l}_2 = 0$$

对于空间内存在多条载流导线,可以由磁场的叠加原理得到对任意闭合路径L的环流为

$$\oint_L \vec{B} \cdot d\vec{l} = \mu_0 \sum I_{\text{in}}$$

需要注意的是,安培环路定理中$\vec{B}$的环流只与闭合路径包围的电流有关,但是闭合路径上各点的磁感应强度$\vec{B}$却是由空间所有电流共同激发,既包括被闭合路径所包围的电流,也包括不被闭合路径所包围的电流。

安培环路定理只适用于闭合的稳恒电流的磁场,对一段电流的磁场,安培环路定理不成立。

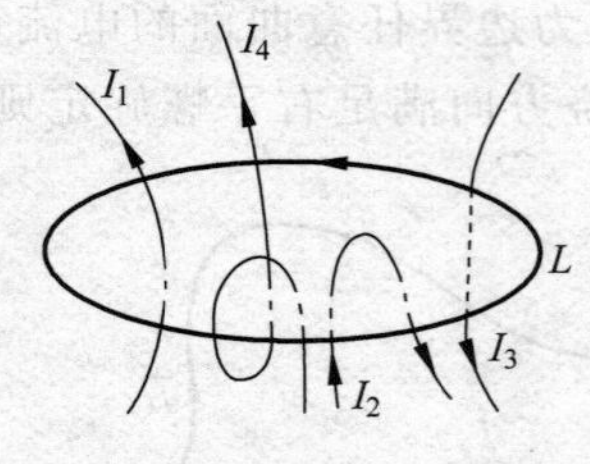

图 13.15 例 13.4 用图

例 13.4 如图 13.15 所示,求磁感应强度$\vec{B}$沿闭合路径L的环流。

解 对电流I_1,按右手螺旋法则,取正号;对电流I_2,穿过回路一上一下,电流贡献为零;对电流I_3,按右手螺旋法则,取负号;对电流I_4,穿过回路两次,符号为正,所以,$\vec{B}$的环流为

$$\oint_L \vec{B} \cdot d\vec{l} = \mu_0 (I_1 - I_3 + 2I_4)$$

利用毕奥-萨伐尔定律和磁场的叠加原理可以求出空间各点的磁场,但是计算往往比较复杂。当电流分布具有高对称性时,选取适当的闭合路径,可以用安培环路定理简单求出。

例 13.5　如图 13.16 所示，求无限长圆柱电流的磁场。圆柱的半径为 R，电流为 I，均匀分布在圆柱截面上。

解　由于电流具有轴对称性，所以其磁场分布也具有轴对称性。先求圆柱体内部磁场。如图 13.16 所示，在与圆柱体垂直的平面内，选取以 O' 为圆心，半径为 r 的圆形闭合路径，路径上各点磁感应强度 B 大小相等，方向在路径的切线方向，积分时的环绕方向与电流方向服从右手螺旋定则。积分回路包围的电流为

$$i = \frac{I}{\pi R^2}\pi r^2 = \frac{Ir^2}{R^2}$$

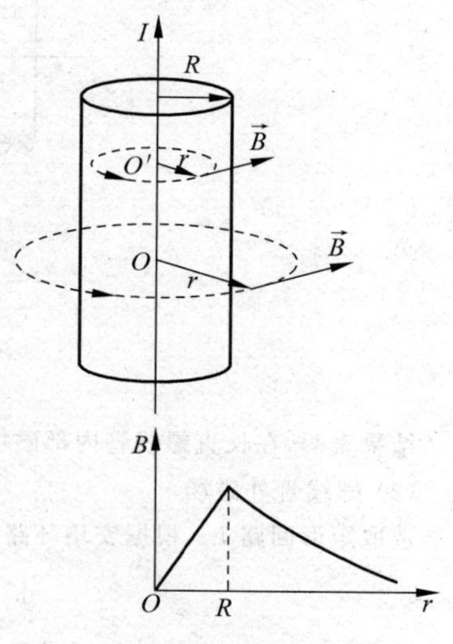

图 13.16　例 13.5 用图

按照安培环路定理

$$\oint \vec{B}\cdot \mathrm{d}\vec{l} = B\cdot 2\pi r = \mu_0 i = \mu_0\ \frac{Ir^2}{R^2}$$

所以圆柱内部磁感应强度的大小为

$$B = \frac{\mu_0 Ir}{2\pi R^2}\quad (r \leqslant R)$$

类似可以求出圆柱体外部的磁场

$$B = \frac{\mu_0 I}{2\pi r}\quad (r > R)$$

所以无限长圆柱体内部磁场分布与到轴线的距离成正比，外部的磁场分布和电流集中在轴线时无限长载流直导线产生的磁场相同。

例 13.6　如图 13.17 所示，求无限大载流平面附近的磁感应强度大小。面电流密度为 j(通过与电流方向垂直的单位长度的电流)。

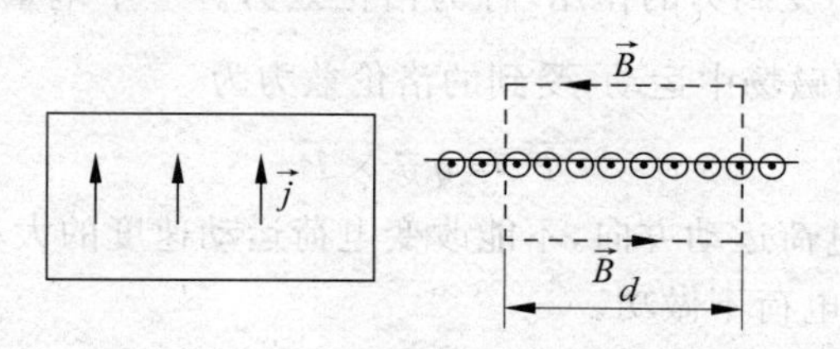

图 13.17　例 13.6 用图

解　根据电流的对称性可知，磁场方向平行于电流平面且与电流方向垂直，而电流平面两侧磁场方向相反，到电流平面距离相等的各点磁场大小相等。选取如图 13.17 所示矩形安培回路，根据安培环路定理，有

$$\oint \vec{B}\cdot \mathrm{d}\vec{l} = B\cdot 2d = \mu_0\cdot jd$$

$$B = \frac{\mu_0 j}{2}$$

所以，无限大载流平面附近的磁场与到平面的距离无关。

例 13.7　如图 13.18 所示，求无限长密绕载流螺线管内、外的磁场。螺线管的电流为 I，螺线管上单位长度的匝数为 n。

解　在毕奥-萨伐尔定律应用中已求得均匀长直螺线管轴线上的磁感应强度为 $B_0=\mu_0 nI$，方向由右手螺旋法则判断，如图 13.18 所示。由螺线管的轴对称性分析可知，螺线管内外的磁场只有沿轴向分量。

(1) 螺线管内磁场

根据安培环路定理选取如图 13.18 所示的矩形回路 L_1，有

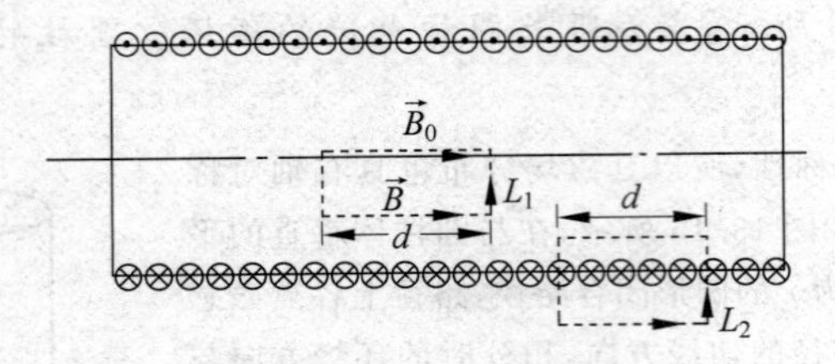

图 13.18 例 13.7 用图

$$\oint_{L_1} \vec{B} \cdot \mathrm{d}\,\vec{l} = (B - B_0)d = 0$$

$$B = B_0 = \mu_0 nI$$

结果表明,在长直螺线管内部磁场是均匀的。

(2) 螺线管外磁场

选取矩形回路 L_2,根据安培环路定理,有

$$\oint_{L_2} \vec{B} \cdot \mathrm{d}\,\vec{l} = (B' - B)d = -\mu_0 nId$$

$$B' = B - \mu_0 nI = 0$$

结果表明螺线管外磁感应强度为零。

13.6 洛伦兹力

运动的电荷在磁场中受到力的作用,称为洛伦兹力。一个电量为 q、运动速度为$\vec{v}$的点电荷在磁感应强度为$\vec{B}$的磁场中运动,受到的洛伦兹力为

$$\vec{F} = q\vec{v} \times \vec{B} \tag{13.19}$$

洛伦兹力的方向垂直于电荷运动方向,不能改变电荷运动速度的大小,只能改变电荷运动方向,因此洛伦兹力对运动电荷不做功。

电荷在既有电场又有磁场的空间中运动,同时受到电场力和磁场力的作用,即

$$\vec{F} = q\vec{E} + q\vec{v} \times \vec{B} \tag{13.20}$$

称为**广义洛伦兹力**,它反映了电磁场对带电粒子作用的基本规律。

13.7 带电粒子在磁场中的运动

1. 带电粒子在均匀磁场中的运动

(1) 带电粒子以速度$\vec{v}$进入均匀磁场时,当粒子运动方向与磁场方向平行时,受到洛伦兹力为零,粒子将作匀速直线运动。

(2) 带电粒子运动方向与磁场方向垂直时,如图 13.19 所示,质量为 m、带电量为 q 的粒子,以速度$\vec{v}$沿垂直于磁场方向进入均匀磁场时,受到洛伦兹力作用。洛伦兹力的方向始终与粒子运动方向垂直,所以只改变粒子的运动方向,

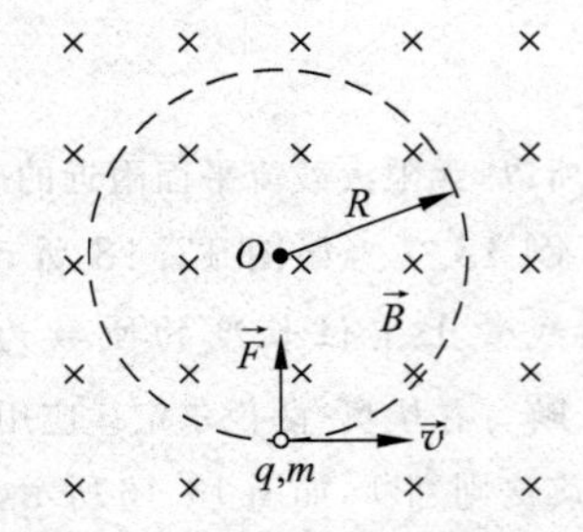

图 13.19 带电粒子在均匀磁场中的圆周运动

不改变粒子运动速度的大小。粒子在垂直于磁场的平面内作半径为 R 的匀速圆周运动，粒子受到的洛伦兹力提供粒子作圆周运动的向心力，所以有

$$qvB = m\frac{v^2}{R}$$

由此得圆周运动的轨道半径为

$$R = \frac{mv}{qB} \tag{13.21}$$

带电粒子运动一周所用时间，即**回旋周期**为

$$T = \frac{2\pi R}{v} = \frac{2\pi m}{qB} \tag{13.22}$$

(3) 带电粒子入射到磁场中，粒子运动速度 $\vec{v}$ 与磁场的夹角为 θ 时，粒子作螺旋运动，如图 13.20 所示。将速度分解为垂直磁场方向分量 $\vec{v}_\perp$ 和平行磁场方向分量 $\vec{v}_{/\!/}$，粒子在垂直磁场方向作圆周运动，其圆周半径为

$$R = \frac{mv_\perp}{qB}$$

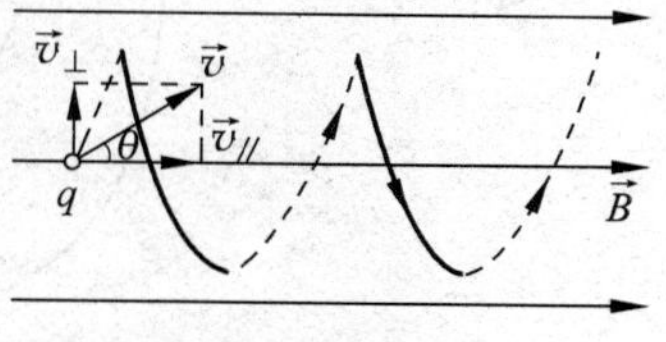

图 13.20　带电粒子在均匀磁场

回旋周期由式(13.22)可得，螺旋运动的螺距则为

$$h = v_{/\!/}T = \frac{2\pi m}{qB}v_{/\!/} \tag{13.23}$$

如果以发散角不太大的粒子束入射到均匀磁场中，经过一个回旋周期后这些粒子会重新汇聚到一点，这种现象叫**磁聚焦**，已广泛地应用于电真空器件中，特别是电子显微镜中。

2. 带电粒子在非均匀磁场中的运动

带电粒子在如图 13.21 所示的磁场中绕磁感应线作螺旋运动，其螺旋线的半径与磁感应强度成反比。当带电粒子向磁场较强的方向运动时，受到的洛伦兹力总有指向磁场较弱的方向的分力，此力阻碍带电粒子向磁场较强方向运动。当带电粒子向磁场较强方向运动速度减小到零时，粒子掉头反转运动，这种现象叫**磁镜效应**。在空间人为地制造出两端磁场强、而中间磁场弱的区域，带电粒子或等离子就能够被牢牢地约束在这片磁场区域，这种装置称为**磁瓶**或**磁约束**(图 13.22)。磁瓶常被用于受控热核反应中限制高温等离子体。

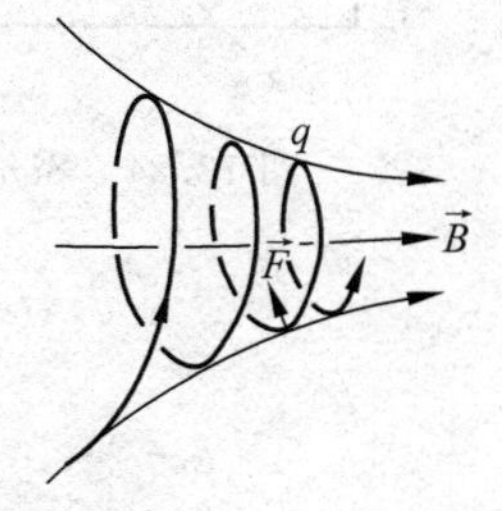

图 13.21　带电粒子在非均匀磁场中运动

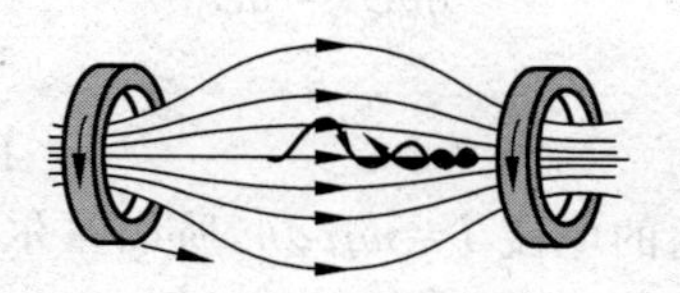

图 13.22　磁瓶

在宇宙中也存在磁约束现象。例如地球磁场，两极处磁场强而中间区域磁场弱，是一个天然的磁捕集器，它能俘获从外层空间入射的电子和质子，在距离地面几百千米到 4000km

的“低空”和 60000km 高空形成两层带电粒子区域,称为范艾伦辐射带(图 13.23)。在地磁两极附近由于磁感应线与地面垂直,由外层空间入射的带电粒子可直射入高空大气层内。它们和空气分子碰撞产生的辐射形成绚丽的极光。

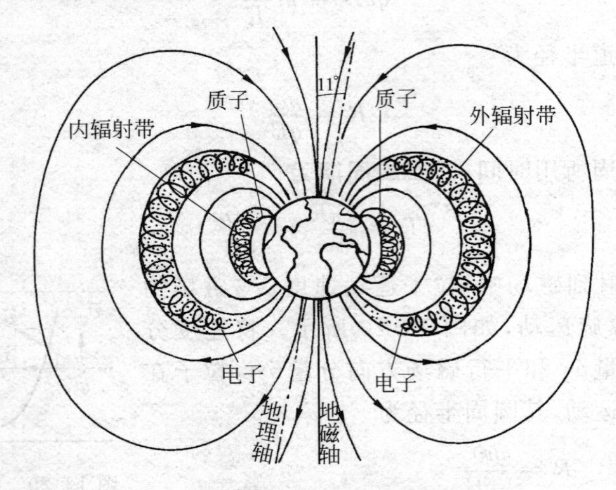

图 13.23 地磁场的范艾伦辐射带

13.8 霍尔效应

当载流导体置于与电流方向垂直的磁场中时,在垂直于电流和磁场的方向上,导体两端面会产生横向电势差,这种现象称为**霍尔效应**。这一电势差称为**霍尔电势差**。霍尔效应是 1879 年美国物理学家霍尔在研究金属导电机制时发现的,当时他还是一名研究生。

如图 13.24 所示,截面为 $d\times h$ 的矩形导体板置于均匀磁场中,导体板的侧面与磁场方向垂直,导体中通有与磁场方向垂直、大小为 I 的电流。导体中的载流子为带电量为 q 的电子,沿电流反方向的定向运动速度为 v,单位体积内的分子个数为 n。电子在磁场中由于受到洛伦兹力的作用而向上表面漂移,所以在导体的上表面有负电荷的积累,在下表面由于缺少负电荷而有正电荷的积累,其结果在导体内部出现向上的附加电场 E_{H},称为**霍尔电场**。达到平衡时,电子不再向上漂移,所受洛伦兹力 F 与霍尔电场力 F' 相等。所以

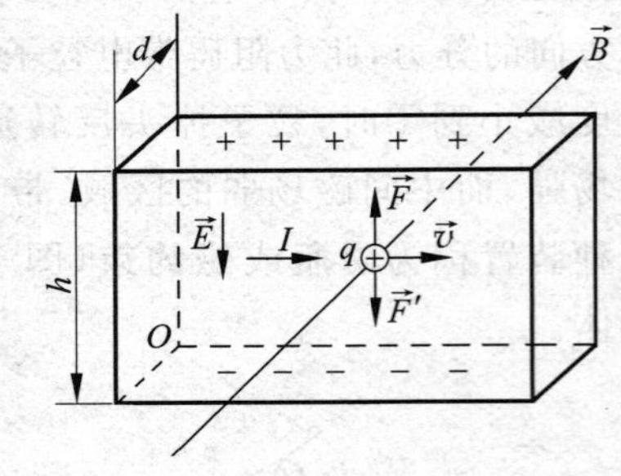

图 13.24 霍尔效应

$$qvB = qE_{\mathrm{H}}$$

或

$$E_{\mathrm{H}} = vB$$

又由于导体内的电流 $I=nqvdh$,所以霍尔电势差为

$$U_{\mathrm{H}} = E_{\mathrm{H}}h = \frac{I}{nqd}B \tag{13.24}$$

由式(13.24),得

$$R_{\mathrm{H}} = \frac{U_{\mathrm{H}}}{I} = \frac{B}{nqd} \tag{13.25}$$

式(13.25)具有电阻的量纲,称为**霍尔电阻**。霍尔电阻不是传统意义上的电阻,可以由霍尔电势差和导体中的电流求出。

霍尔效应已经广泛地应用于工业生产领域。例如,利用霍尔效应测量磁感应强度,半导体载流子的正负及载流子的浓度,在分电器上作信号传感器、ABS 系统中速度传感器、汽车速度表和里程表,各种开关等。

1980 年,德国物理学家克里青(Klaus von Klitzing)发现,在强磁场和极低温度下(大约 1K),霍尔电阻并不随磁场线性增加,而是呈阶梯式增长,这种现象称为量子霍尔效应。为此克里青获得 1985 年诺贝尔物理学奖。之后,美籍华裔物理学家崔琦(Daniel Chee Tsui)和美国物理学家劳克林(Robert B. Laughlin)、施特默(Horst L. St rmer)在更强磁场下研究量子霍尔效应时发现了分数量子霍尔效应,这个发现使人们对量子现象的认识更进一步,他们由此获得了 1998 年的诺贝尔物理学奖。

13.9　安培力

载流导体在磁场中受到的力称为**安培力**。有关安培力的规律是安培在 1820 年总结电流之间的相互作用力实验时得出的,表述为:在磁场中任意一点处的电流元 $I\mathrm{d}\vec{l}$ 所受的安培力 $\mathrm{d}\vec{F}$ 为

$$\mathrm{d}\vec{F}=I\mathrm{d}\vec{l}\times\vec{B}\tag{13.26}$$

知道一段电流元所受磁力,就可以用积分方法求出一段有限长度的载流导线 L 所受的安培力为

$$\vec{F}=\int_L I\mathrm{d}\vec{l}\times\vec{B}\tag{13.27}$$

图 13.25 为在均匀磁场 $\vec{B}$ 中一段任意弯曲的导线,通有电流 I,它所受的安培力为

$$F=\int_{(ab)}I\mathrm{d}\vec{l}\times\vec{B}=\left(\int_{(ab)}I\mathrm{d}\vec{l}\right)\times\vec{B}=I\vec{l}\times\vec{B}$$

其中 $\vec{l}$ 是由 a 点引向 b 点的矢量。这说明在均匀磁场中载流导线受到的安培力等于从起点到终点的一根直导线通有相同电流时受到的安培力。同学们还可以思考如何由洛仑兹力公式推导出安培力公式。

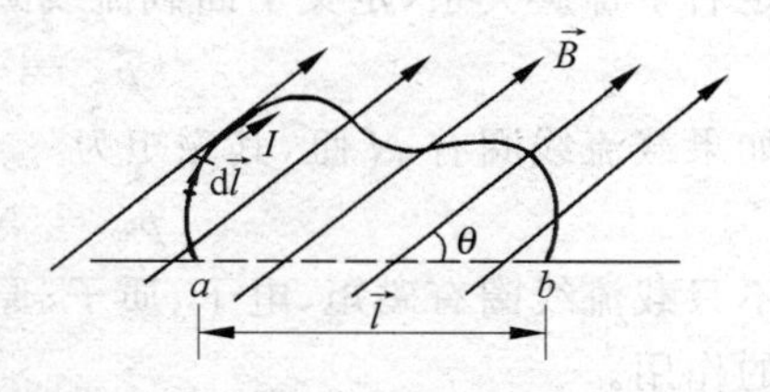

图 13.25　均匀磁场中载流导线受力

13.10　磁场对载流线圈的力矩和磁矩

如图 13.26(a)所示,矩形平面载流线圈放在均匀磁场 $\vec{B}$ 中,线圈可绕 z 轴转动。设线圈的边长分别为 l_1 和 l_2,线圈中电流为 I,线圈平面法向方向单位矢量为 $\hat{n}$,$\hat{n}$ 与电流 I 的方向服从右手螺旋法则,$\hat{n}$ 与 $\vec{B}$ 的夹角为 θ。容易看出,导线 ab 边和 cd 边所受磁力大小相等,方向相反,并且作用在同一条直线上,所以对载流线圈的作用相互抵消。

图 13.26(b)是图(a)的俯视图。对于 ad 边和 bc 边,电流方向与磁场方向夹角为 $\pi/2$,

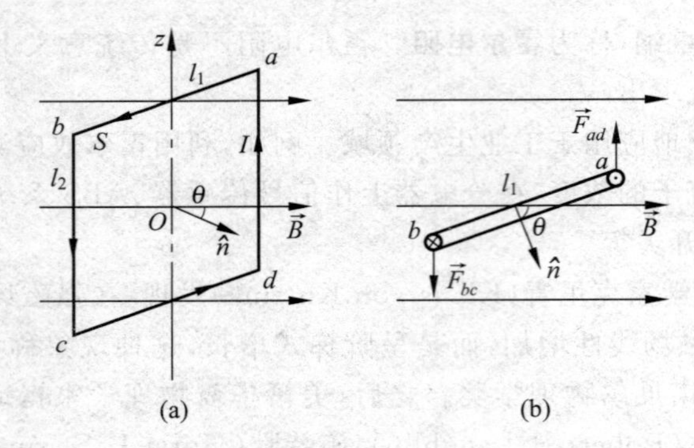

图 13.26 磁场对载流线圈的力矩

所受磁力大小相等,为

$$F_{ad} = F_{bc} = BIl_2$$

这两个力的方向相反且不在同一条直线上,因此形成一个力臂为 $l_1\cos(\pi/2-\theta)$ 的力偶。所以,磁场对平面载流线圈作用一个力矩,称为**磁力矩**,磁力矩的大小为

$$M = BIl_1 l_2 \cos\left(\frac{\pi}{2}-\theta\right) = BIS\sin\theta \tag{13.28}$$

式中 $S=l_1 l_2$ 为载流线圈的面积。将力矩用矢量形式表示,则有

$$\vec{M} = IS\,\hat{n} \times \vec{B} = \vec{p}_{\mathrm{m}} \times \vec{B} \tag{13.29}$$

式中$\vec{p}_{\mathrm{m}}$ 为载流线圈的**磁矩**。

式(13.29)不仅对矩形平面载流线圈成立,对于在均匀磁场中任意形状平面载流线圈都成立。如图 13.27 所示,平面载流线圈中电流为 I,线圈的面积为 S,线圈的法向单位矢量$\hat{n}$与电流的环绕方向满足右手螺旋关系,定义平面载流线圈的磁矩为

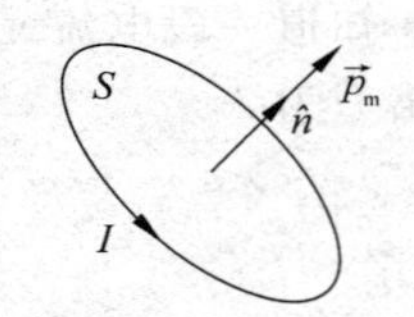

图 13.27 载流线圈的磁矩

$$\vec{p}_{\mathrm{m}} = IS\,\hat{n} \tag{13.30}$$

如果载流线圈有 N 匝,其磁矩为

$$\vec{p}_{\mathrm{m}} = NIS\,\hat{n} \tag{13.31}$$

不只载流线圈有磁矩,电子、质子、原子核等微观粒子也具有磁矩,在磁场中也要受到磁力矩的作用。

平面载流线圈在均匀磁场中所受合力为零,仅受到磁力矩的作用。因此在均匀磁场中,平面载流线圈只发生转动,不会发生线圈整体的平动。当线圈磁矩的方向与磁场垂直时,线圈所受磁力矩最大,线圈在磁力矩的作用下会发生转动。当磁矩的方向与磁场方向一致时,线圈所受磁力矩为零,线圈处在稳定的平衡位置,即线圈受到微小扰动时,能回到原来的平衡位置。当线圈磁矩方向与磁场方向相反时,线圈受到的磁力矩也为零,但是这是不稳定的平衡位置,线圈受到扰动后,就要离开此位置而转到磁场方向一致的稳定位置上。

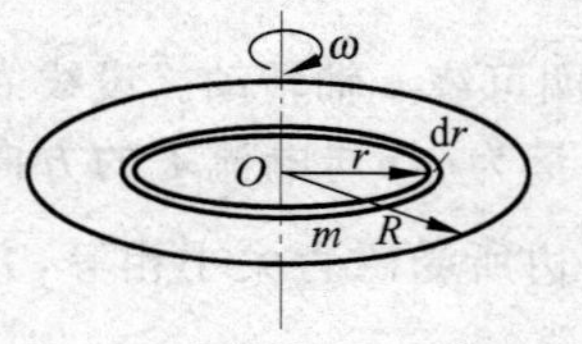

图 13.28 例 13.8 用图

载流线圈在非均匀磁场中所受合力一般不为零,因此线圈既会发生平动,也会发生转动。

例 13.8 如图 13.28 所示,半径为 R、面电荷密度为 σ 的均匀带电圆盘绕垂直于盘面的对称轴以角速度 ω 旋转,求圆盘中心处

的磁感应强度和圆盘的磁矩。

解　将圆盘分割成许多同心细圆环，半径为 r，宽度为 $\mathrm{d}r$ 的转动圆环相当于圆电流

$$\mathrm{d}I=\frac{\omega}{2\pi}\cdot\sigma\cdot 2\pi r\mathrm{d}r=\omega\sigma r\mathrm{d}r$$

在圆盘中心产生的磁感应强度大小为

$$\mathrm{d}B=\frac{\mu_0\mathrm{d}I}{2r}=\frac{1}{2}\mu_0\omega\sigma\mathrm{d}r$$

磁场方向垂直于盘面向下。积分求得圆盘中心的磁感应强度为

$$B=\int\mathrm{d}B=\frac{1}{2}\mu_0\omega\sigma\int_0^R\mathrm{d}r=\frac{1}{2}\mu_0\omega\sigma R$$

方向垂直于盘面沿轴线向下。

半径为 r 的圆环电流的磁矩为

$$\mathrm{d}p_{\mathrm{m}}=\pi r^2\mathrm{d}I=\pi r^2\omega\sigma r\mathrm{d}r=\pi\omega\sigma r^3\mathrm{d}r$$

积分求得圆盘的磁矩为

$$p_{\mathrm{m}}=\int\mathrm{d}p_{\mathrm{m}}=\pi\omega\sigma\int_0^R r^3\mathrm{d}r=\frac{1}{4}\pi\omega\sigma R^4$$

磁矩的方向垂直于盘面沿轴线向下。

13.11　磁介质的分类

在电场中放入电介质，由于电介质发生极化，使电介质内的电场小于外电场场强。与此相似，在磁场中放入磁介质，磁介质与外磁场相互作用会发生磁化，使磁介质内部的磁场与外加磁场不同。实验表明，磁介质内部的磁场 B 与外加磁场 B_0 的关系可以表示为

$$B=\mu_{\mathrm{r}}B_0 \tag{13.32}$$

式中 μ_{r} 为磁介质的相对磁导率，它取决于磁介质的种类和状态。

相对磁导率 $\mu_{\mathrm{r}}>1$ 的磁介质称为**顺磁质**，如铝、铬、锰、钛等；$\mu_{\mathrm{r}}<1$ 的磁介质称为**抗磁质**，如金、银、铜、氢等。顺磁质和抗磁质的相对磁导率都接近于 1，所以对外磁场的影响很小，在工程技术上一般不考虑它们对磁场的影响。还有一类称为**铁磁质**的磁介质，其相对磁导率远远大于 1，如铁、镍、钴等，在工程技术中有广泛的应用。

13.12　磁介质的磁化

我们可以从物质的微观结构入手来解释抗磁质和顺磁质磁化的原因。任何物质都是由分子、原子组成。这些分子或原子中的电子同时参与两种运动，一种是电子绕原子核的运动，一种是电子的自旋。这两种运动会产生轨道磁矩和自旋磁矩。原子或分子的轨道磁矩和自旋磁矩的矢量和称为分子的**固有磁矩**，它相当于由一个圆电流产生，称为**分子电流**。对于抗磁质，分子的固有磁矩为零，在外磁场的作用下，抗磁质分子会产生和外磁场方向相反的附加磁矩，其结果是在磁介质内部激发一个和外磁场方向相反的附加磁场，从而导致磁介质内部的磁场小于外磁场。对顺磁质，分子固有磁矩不为零，没有外加磁场时，分子固有磁矩取向完全无序，磁介质对外不显磁性。施加外磁场后，分子固有磁矩受到磁场的磁力矩作用。在磁力矩的作用下，分子的固有磁矩方向发生偏转，和外磁场方向趋于一致，磁介质内

产生一个和外磁场方向一样的附加磁场,磁介质内部的磁场大于外磁场。顺磁质分子在外磁场的作用下也会产生和外磁场方向相反的附加磁矩,但是附加磁矩要比分子的固有磁矩小很多,所以忽略附加磁矩的影响。

磁介质的磁化程度用**磁化强度**表示。磁介质中某点附近单位体积内分子磁矩的矢量和,称为该点的磁化强度,用$\vec{M}$表示,则有

$$\vec{M}=\frac{\sum\vec{p}_{\mathrm{m}}}{\Delta V} \tag{13.33}$$

对于顺磁质,$\vec{M}$的方向与外磁场方向一致;对于抗磁质,$\vec{M}$的方向与外磁场方向相反。在国际单位制中,$\vec{M}$的单位是 $\mathrm{A\cdot m^{-1}}$,与面电流密度的单位相同。

磁介质磁化后,会在磁介质的表面出现一层**磁化电流**,如图 13.29 所示磁介质在长直螺线管中磁化形成的磁化电流。图 13.29(a)表示顺磁介质在磁场中的磁化。顺磁质分子固有磁矩不为零,在外磁场的作用下,分子磁矩取向与外磁场方向趋于一致,在磁介质内部每个分子电流相邻近的部分方向相反,产生的磁效应相互抵消,只有在磁介质表面各分子电流方向相同,不被抵消,宏观上形成环绕圆柱体侧面的面电流,即磁化电流,磁化电流产生的附加磁场方向与外磁场的方向相同。图 13.29(b)表示抗磁质的磁化,抗磁质分子固有磁矩为零,在外磁场作用下,分子产生附加磁矩,附加磁矩的方向与外磁场方向相反,所以在磁介质表面形成磁化电流产生的磁场与外磁场方向相反。磁化电流是由磁介质表面分子电流一段段接合形成,不是由电子的定向运动形成,所以又称**束缚电流**。导体中由电荷的定向运动形成的电流称为**自由电流**。

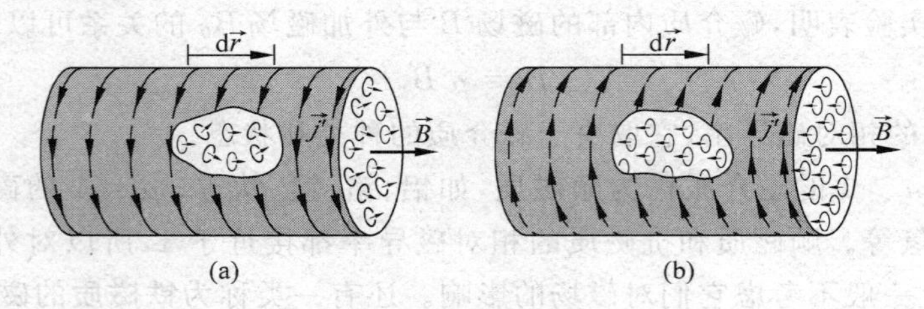

图 13.29　磁介质表面的磁化电流

下面我们讨论磁化电流和磁化强度的关系。如图 13.30 所示,考虑介质内任意长度元 d$\vec{l}$,d$\vec{l}$的方向与磁化强度$\vec{M}$的方向夹角为 θ。假设每个分子电流为 i,分子电流的环绕半径为 a,单位体积内分子个数为 n。则与 d$\vec{l}$ 铰连在一起的总分子电流为

$$\mathrm{d}I'=n\pi a^{2}\mathrm{d}l\cos\theta\cdot i$$

每个分子磁矩大小为 $p_{\mathrm{m}}=i\pi a^{2}$,$np_{\mathrm{m}}$ 为单位体积内分子磁矩矢量和的大小,即磁化强度的大小 M,所以有

$$\mathrm{d}I'=M\cos\theta\mathrm{d}l=\vec{M}\cdot\mathrm{d}\vec{l} \tag{13.34}$$

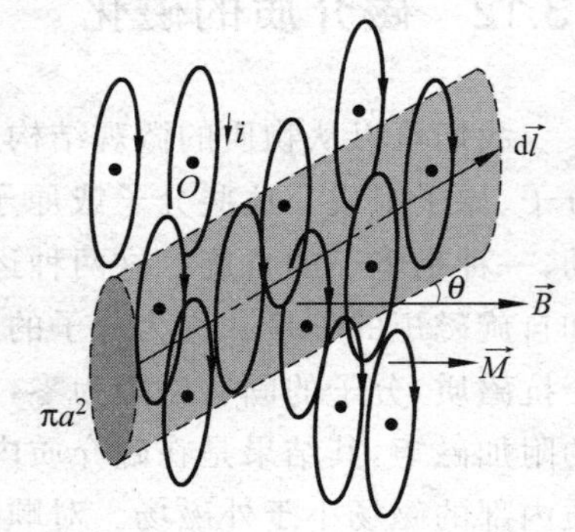

图 13.30　分子电流和磁化强度

考虑 d$\vec{l}$ 是沿磁介质表面,则 dI'表现为面束缚电流。dI'/dl 称为**面束缚电流密度**。以 j' 表示,则有

$$j' = \frac{\mathrm{d}I'}{\mathrm{d}l} = M\cos\theta = M_l \tag{13.35}$$

即面束缚电流密度等于该表面处磁化强度沿表面的分量。联系图 13.29，面电流密度方向与$\vec{M}$方向垂直，所以有

$$\vec{j}' = \vec{M} \times \vec{e}_n \tag{13.36}$$

式中$\vec{e}_n$为介质外法线方向单位矢量。由式(13.34)可以求得磁介质内部任意闭合路径 L 所包围的总束缚电流为

$$I' = \oint_L \mathrm{d}I' = \oint_L \vec{M} \cdot \mathrm{d}\vec{l} \tag{13.37}$$

13.13　$\vec{H}$的环路定理及其应用

磁介质放在磁场中要发生磁化，在磁介质表面产生磁化电流，磁化电流又影响介质内部的磁场。在空间存在磁介质时，空间内任意一点的磁感应强度$\vec{B}$为传导电流的磁场$\vec{B}_0$和磁化电流产生的磁场$\vec{B}'$的矢量和，即

$$\vec{B} = \vec{B}_0 + \vec{B}'$$

当磁化过程达到稳定时，按安培环路定理，对于任意闭合路径 L，有

$$\oint_L \vec{B} \cdot \mathrm{d}\vec{l} = \mu_0\left(\sum I + I'\right)$$

其中 I 为闭合路径内的传导电流，I'为磁化电流。利用式(13.37)将上式写出不显含 I'的形式。

$$\oint_L \left(\frac{\vec{B}}{\mu_0} - \vec{M}\right) \cdot \mathrm{d}\vec{l} = \sum I \tag{13.38}$$

定义一个新的物理量**磁场强度矢量**，用符号$\vec{H}$表示，即

$$\vec{H} = \frac{\vec{B}}{\mu_0} - \vec{M} \tag{13.39}$$

式(13.38)可以写为

$$\oint_L \vec{H} \cdot \mathrm{d}\vec{l} = \sum I \tag{13.40}$$

称为$\vec{H}$的**环路定理**，即磁场强度$\vec{H}$沿任意闭合路径的线积分等于该路径包围的自由电流的代数和。

实验表明，各向同性的顺磁质和抗磁质的磁化强度与磁场强度成正比，即

$$\vec{M} = \chi_m \vec{H} = (\mu_r - 1)\vec{H} \tag{13.41}$$

式中 χ_m 是一个只取决于介质本身性质的常数，称为介质的磁化率。利用式(13.39)和式(13.41)可得

$$\vec{H} = \frac{\vec{B}}{\mu_0 \mu_r} = \frac{\vec{B}}{\mu} \tag{13.42}$$

其中 $\mu = \mu_0 \mu_r$ 为介质的磁导率。

例 13.9 如图 13.31 所示，一根长直同轴电缆的内芯半径为 R，与导电外壁之间充满相对磁导率为 μ_r 的均匀磁介质。设电流 I 从内芯流过并沿外壁流回。求磁介质中的磁感应强度和紧贴内芯的磁介质表面的磁化电流。

解 由于电流和磁介质分布具有轴对称性，所以 B 和 H 的分布也具有轴对称性。在垂直于电流的平面内作一圆心在轴上、半径为 r 的圆形回路 L。应用 H 的环路定理，有

$$\oint_L \vec{H} \cdot \mathrm{d}\vec{l} = 2\pi r H = I$$

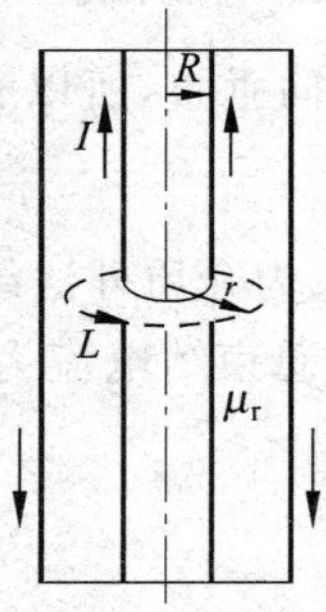

由此得介质中的磁场强度大小为

$$H = \frac{I}{2\pi r}$$

磁介质中的磁感应强度的大小为

$$B = \mu_0 \mu_r H = \frac{\mu_0 \mu_r}{2\pi r} I$$

图 13.31 例 13.9 用图

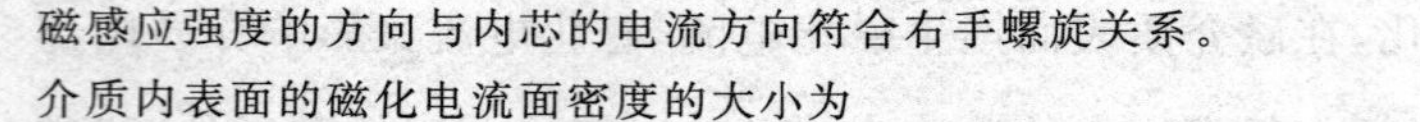

磁感应强度的方向与内芯的电流方向符合右手螺旋关系。

介质内表面的磁化电流面密度的大小为

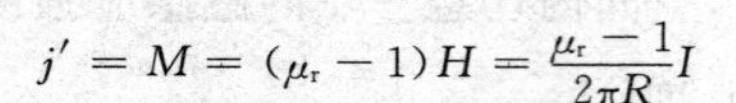

$$j' = M = (\mu_r - 1)H = \frac{\mu_r - 1}{2\pi R} I$$

磁介质表面的总的磁化电流为

$$I' = j' \cdot 2\pi R = (\mu_r - 1)I$$

磁化电流的方向与轴线平行。

13.14 铁磁质

在磁介质中，铁、镍、钴和一些合金材料的相对磁导率远大于 1，称为铁磁质。铁磁质的磁性主要来源于电子的自旋磁矩。在没有外磁场时，铁磁质中电子自旋磁矩就可以在小范围内“自发地”整齐排列，这些区域称为**磁畴**。在没有外磁场时，各磁畴内的自发磁化方向不同，在宏观上不显磁性。施加外磁场 $\vec{B}_0$ 后，磁矩方向与外磁场方向平行的磁畴逐渐增大，而与外磁场方向相反的磁畴缩小。当外加磁场大到一定程度时，所有磁畴的磁矩方向都与外磁场方向一致，这时铁磁质达到了磁饱和状态。

铁磁质达到磁饱和状态后，将外磁场减小到零时，仍具有很强的磁性，这种现象称为**磁滞效应**。如果要使铁磁材料磁化程度为零，则需要施加反向磁场。图 13.32 是铁磁材料中磁感应强度 B 和磁场强度 H 之间的关系曲线，称为**磁滞回线**。

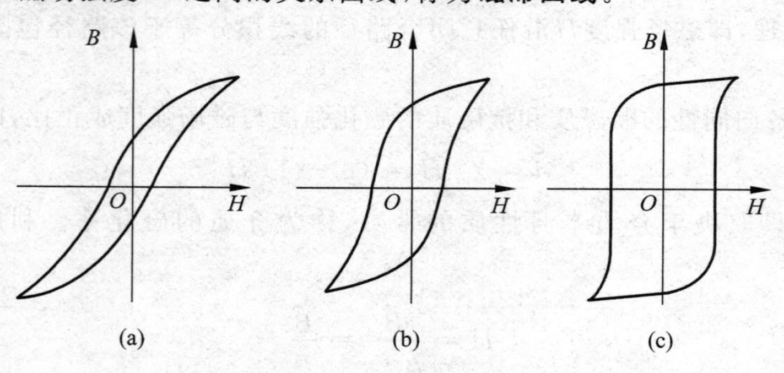

图 13.32 不同材料的磁滞回线

不同铁磁性材料的磁性过程不同，按性能可以分为软磁材料、硬磁材料和矩磁材料。图 13.32(a)为软磁材料的磁滞回线曲线，这种材料的磁滞回线面积小，容易退磁，是工业用变压器、电机和电磁铁的常用材料。图 13.32(b)是硬磁材料的磁滞回线曲线，这种材料剩磁大，制成永久磁铁可以用于磁电式仪表、小型直流电机和永磁扬声器。矩磁材料的磁滞回线接近于矩形，如图 13.32(c)所示，可以用于计算机硬盘等。

第14章

电磁感应与麦克斯韦方程组

奥斯特发现了电流的磁效应以后，人们自然想到变化磁场是否也会产生电流？直到1831年8月这个问题才由法拉第以其出色的实验给出决定性的答案。他的实验说明，当穿过闭合线圈的磁通量 φ_m 改变时，线圈中出现电流，人们把这个现象叫电磁感应现象，电磁感应中出现的电流叫感应电流。

14.1 电磁感应现象

英国物理学家法拉第1821年开始了他对电磁学的研究，并在他工作日记的首页写下了“转磁为电”四个字。

在电磁场上，法拉第有着他独特的敏锐，他觉察到了真理之光，他想动电能够生磁，那么变磁是否也能激发电？法拉第这样写道：“由此引出一种希望，即希望能利用普通的磁性来获取电，这种想法在不同的时期都在提示我去实验研究电流的作用，不久前我取得了一些肯定的结果。”通过他近十年对电磁感应现象的研究，终于在1831年10月，法拉第发现了电磁感应现象。人们把这些现象归为两类：

第一类：线圈不动，但通过线圈的磁场发生了变化，如图14.1(a)所示。当条形磁铁在线圈中上下插拔时，电流计的指针发生不同向偏转。

第二类：磁场不变，导体回路发生了变化，如图14.1(b)所示。金属杆 AB、导线和电流计在匀强磁场中构成了闭合回路，当导体 AB 在磁场中切割磁感应线时，产生感应电流，电流计指针发生偏转。

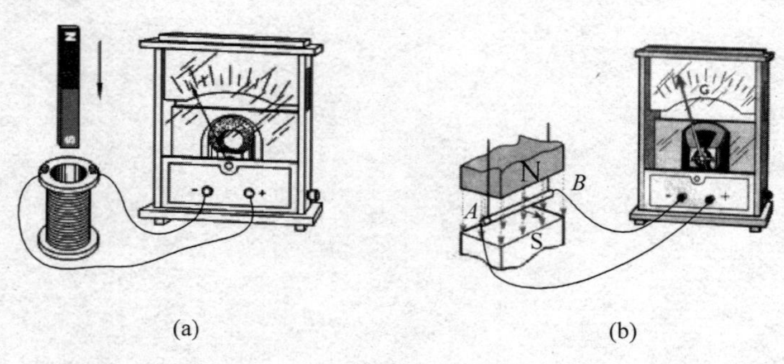

(a)　　(b)

图14.1　电磁感应

通过分析人们认识到，产生感应电动势和感应电流，是由于回路中的磁通量发生了变化。根据磁通量 $\varphi_m = \iint_S B\cos\theta dS$ 的公式，可以看出：第一类现象，线圈的面积虽然没变，但随着条形磁铁的移动，线圈内的磁场将忽强忽弱地变化，磁通量改变；第二类磁场虽然不变，但由于线圈的运动，穿过线圈的磁通量也改变。变磁生电的规律终于被法拉第所发现。

14.2　电动势

稳恒电流是闭合的，单靠静电力不能维持电路中的稳恒电流。因为在静电场的作用下，移动到电势较低位置的正电荷无法回到原来电势较高的位置，电流在电阻上消耗的焦耳热也得不到补充。为了维持电流的稳恒流动，电路中必须有某种非静电性质的力作用于电荷，使正电荷能从低电势端回到高电势端。提供非静电力的装置，称为电源。在化学电池（干电池、蓄电池）中，非静电力是溶液中离子与极板的化学亲和力；发电机中的非静电力是磁场对运动电荷的洛伦兹力。

用 $\vec{E}_{非}$ 表示作用在单位正电荷上的非静电力。在电源外部只有静电场 $\vec{E}$，而在电源内部除 $\vec{E}$ 外还有 $\vec{E}_{非}$。在电源中把单位正电荷从负极移动到正极，非静电力所做的功，称为电源的电动势。用 ε 表示

$$\varepsilon = \int_{-}^{+} \vec{E}_{非} \cdot d\vec{l} \tag{14.1}$$

电动势有正、负。通常把由电源负极经电源内部指向电源正极的方向，规定为电源电动势的正方向，如图 14.2 所示。

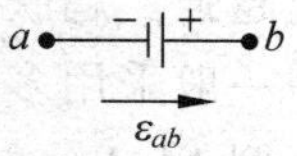

在开路的条件下，电源电动势还可写成

$$\varepsilon_{ab} = \varphi_b - \varphi_a = \int_{-}^{+} \vec{E}_{非} \cdot d\vec{l} \tag{14.2}$$

a —|+ b　ε_{ab}

图 14.2　电源

如果非静电力分布在空间回路 L 中，则回路中的电动势为

$$\varepsilon = \oint_L \vec{E}_{非} \cdot d\vec{l} \tag{14.3}$$

电动势的单位是 V（伏[特]），与电势的单位相同，但它们的物理意义截然不同。电动势反映非静电力做功的本领，而电势反映的是静电场的保守性，即场强的环流为零的性质。

14.3　法拉第电磁感应定律

1832 年法拉第发现，导体回路中的感应电流正比于导体的导电能力，由此他意识到感应电流是由与导体性质无关的感应电动势产生的，即使没有导体，回路中的感应电动势依然存在。

1833 年，楞次（H. F. E. Lenz）提出了感应电流方向的判据，即楞次定律：导体回路中感应电流的方向，总是使得感应电流所激发的磁场阻碍引起感应电流的磁通量的变化。1845 年，纽曼（F. E. Neumann）给出了电磁感应定律的定量形式：

$$\varepsilon = -\frac{d\Phi}{dt} \tag{14.4}$$

上式表明，回路中感应电动势的大小与穿过回路的磁通量的变化率 $d\Phi/dt$ 成正比，感应电动

势的方向按楞次定律判定。这一结论,称为法拉第电磁感应定律。

在电磁感应定律中,穿过回路 L 的磁通量定义为

$$\Phi = \iint_S \vec{B} \cdot \mathrm{d}\vec{S} = \iint_S B\cos\theta \mathrm{d}S \tag{14.5}$$

其中 S 是以回路 L 为边界的任意曲面。设定回路 L 的绕向后,面元 $\mathrm{d}\vec{S}$ 的法线取在由 L 的绕向按右手螺旋定则决定的 S 面的同一侧;$\vec{B}$ 是面元 $\mathrm{d}\vec{S}$ 处的磁感应强度,其方向与 $\mathrm{d}\vec{S}$ 的法线方向的夹角为 θ。由式(14.5)看出,如果设定回路 L 的绕向与 $\vec{B}$ 的方向服从右手螺旋定则,则穿过回路的磁通量 $\Phi>0$。磁通量的单位是 Wb(韦[伯])。如果线圈由 N 匝串联而成,则应把穿过每匝的磁通量相加,即 $\Psi=\Phi_1+\Phi_2+\cdots+\Phi_N$,$\Psi$ 称为磁链。

图 14.3 表示如何利用法拉第电磁感应定律判定感应电动势的方向。设定回路 L 的绕向与 $\vec{B}$ 的方向服从右手螺旋定则,这时 $\Phi>0$,当 Φ 增加时,$\mathrm{d}\Phi/\mathrm{d}t>0$,由式(14.4)可知 $\varepsilon<0$,感应电动势的方向与 L 的绕向相反;当 Φ 减少时,$\mathrm{d}\Phi/\mathrm{d}t<0$,$\varepsilon>0$,感应电动势的方向与 L 的绕向相同。

大块导体处于变化的磁场或在磁场中运动时,导体中产生的感应电流呈涡旋状,叫做涡流。利用涡流的热效应制成的感应电炉,广泛用于金属的冶炼。为了减少变压器铁芯中的涡流,通常把彼此绝缘的硅钢片叠合起来,代替整块铁芯。

根据楞次定律,涡流在磁场中所受安培力将阻碍导体与磁场之间的相对运动,产生机械效应。利用涡流的机械效应可以实现电磁制动和电磁驱动。

此外,在涡流的影响下,交变电流将向导线表面集中,这称为趋肤效应。频率越高,趋肤效应越强。趋肤效应减小了导线的有效截面,增大了实际电阻。为减弱趋肤效应,在高频电路中一般采用多股编织导线。利用趋肤效应可以对金属进行表面淬火。

例 14.1 在图 14.4 所示回路中,ab 段导体以速度 $v=4.0\mathrm{m}\cdot\mathrm{s}^{-1}$ 向右匀速滑动。设整个回路处在 $B=0.5\mathrm{T}$ 的匀强磁场中,B 的方向垂直于回路平面向里,ab 段长度 $l=0.5\mathrm{m}$,ab 段导体的电阻 $R=0.2\Omega$,不计回路其他部分的电阻。求:(1)回路中的感应电动势;(2)回路中的感应电流;(3)维持 ab 作匀速运动所需的外力。

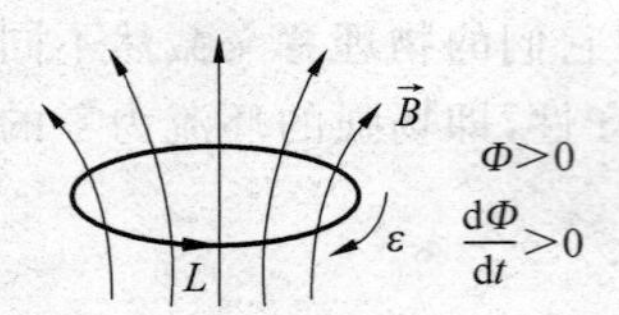

图 14.3 感应电动势的方向

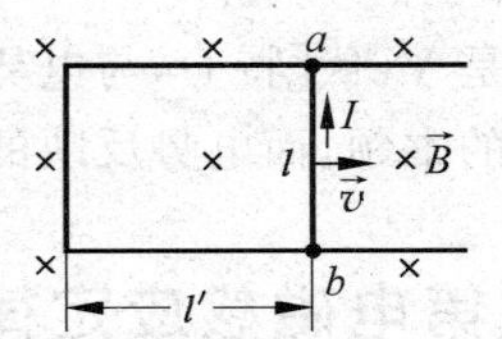

图 14.4 例 14.1 用图

解 (1) 根据题意,$v=\mathrm{d}l'/\mathrm{d}t$。回路的磁通量的大小为

$$\Phi = Bll'$$

根据法拉第电磁感应定律,回路中的感应电动势的大小为

$$\varepsilon = \frac{\mathrm{d}\Phi}{\mathrm{d}t} = Bl\frac{\mathrm{d}l'}{\mathrm{d}t} = Blv = 0.5\times0.5\times4.0 = 1.0\mathrm{V}$$

在 ab 移动过程中,穿过回路的磁通量增加。按照楞次定律,感应电流的磁场要阻碍磁通量的增加,因此感应电流的方向如图 14.4 所示,感应电动势的方向则由 b 指向 a。

(2) 回路中的感应电流为

$$I = \frac{\varepsilon}{R} = \frac{1.0}{0.2} = 5.0\text{A}$$

(3) 按照安培定律，ab 所受安培力的方向向左，大小为

$$f = BlI = 0.5 \times 0.5 \times 5.0 = 1.25\text{N}$$

要维持 ab 作匀速运动，所需外力的方向向右，大小为 1.25N。

例 14.2　如图 14.5 所示，在匀强磁场中放一个线圈，磁场垂直于线圈平面向里。磁感应强度随时间的变化率 $\mathrm{d}B/\mathrm{d}t=2.0\times10^{-2}\text{T}\cdot\text{s}^{-1}$，线圈的面积 $S=1.0\times10^{-2}\text{m}^2$，电阻 $R=0.4\Omega$。求：(1)线圈中的感应电动势；(2)在 $t=3\text{s}$ 内通过线圈导线截面的电量。

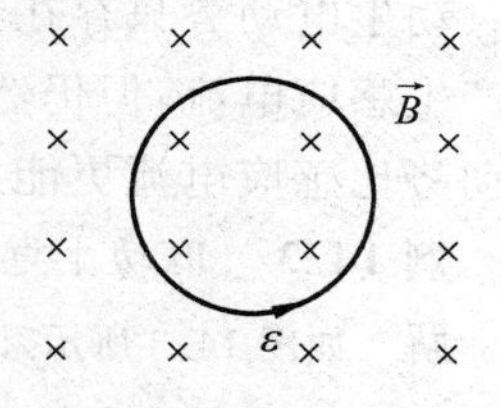

图 14.5　例 14.2 用图

解　(1) 由于是匀强磁场，且与线圈平面垂直，所以穿过线圈的磁通量的大小为

$$\Phi = BS$$

根据法拉第电磁感应定律，线圈中感应电动势的大小为

$$\varepsilon = \frac{\mathrm{d}\Phi}{\mathrm{d}t} = S\frac{\mathrm{d}B}{\mathrm{d}t} = 1.0\times10^{-2}\times2.0\times10^{-2} = 2.0\times10^{-4}\text{V}$$

由楞次定律可知，感应电动势的方向如图 14.5 所示。

(2) 按照欧姆定律和电流与通过导线截面电荷之间的关系，有

$$I = \frac{\varepsilon}{R} = \frac{\mathrm{d}q}{\mathrm{d}t}$$

因此，在 $t=3\text{s}$ 内通过线圈导线截面的电量为

$$q = \int I\mathrm{d}t = \int_0^t \frac{\varepsilon}{R}\mathrm{d}t = \frac{\varepsilon t}{R} = \frac{2.0\times10^{-4}\times3}{0.4} = 1.5\times10^{-3}\text{C}$$

14.4　动生电动势

引起导体回路的磁通量发生变化的原因，通常可以归纳为两种基本情况：一是磁场不变，而导体回路运动或变形；二是回路不动，而磁场变化。在前一种情况下所产生的感应电动势称为动生电动势，后一种情况下的感应电动势叫做感生电动势。

产生动生电动势的非静电力，是磁场作用在运动电荷上的洛伦兹力。当导体在恒定磁场$\vec{B}$中运动时，其中的自由电子也随导体以速度$\vec{v}$运动，所受洛伦兹力$\vec{f}=-e\vec{v}\times\vec{B}$，因此单位正电荷受到的非静电力为

$$\vec{E}_{\text{非}} = \frac{-e\vec{v}\times\vec{B}}{-e} = \vec{v}\times\vec{B} \tag{14.6}$$

在一般情况下，导体中各个部分的运动速度可能不同，但只要把导体分割成许多小段，每一小段导体中的动生电动势就可表示为

$$\mathrm{d}\varepsilon = (\vec{v}\times\vec{B})\cdot\mathrm{d}\vec{l} \tag{14.7}$$

其中$\vec{v}$是该段导体的运动速度，$\mathrm{d}\vec{l}$代表导体线元，$\vec{B}$为线元 $\mathrm{d}\vec{l}$ 处的磁感应强度。积分后就得到整个导体中的动生电动势

$$\varepsilon = \int(\vec{v}\times\vec{B})\cdot\mathrm{d}\vec{l} \tag{14.8}$$

对于导体回路

$$\varepsilon = \oint_L (\vec{v} \times \vec{B}) \cdot \mathrm{d}\vec{l} \tag{14.9}$$

其中 L 表示沿导体回路的积分路径。在上式中,如果 $\varepsilon>0$,则 ε 的方向与 L 的绕向相同;如果 $\varepsilon<0$,则 ε 的方向与 L 的绕向相反。

动生电动势只存在于运动的那部分导体中。当一段导体在磁场中运动时,虽然导体中不产生感应电流,但仍然有动生电动势,实验中可以测得导体两端有电位差。这说明,感应电动势比感应电流更能反映电磁感应的本质。

例 14.3 用动生电动势的概念重解例 14.1,求回路中的感应电动势。

解 如图 14.3 所示,回路中的感应电动势就等于运动导线中的动生电动势

$$\varepsilon = \int_b^a (\vec{r} \times \vec{B}) \cdot \mathrm{d}\vec{l} = \int_b^a vB\mathrm{d}l = vBl = 4.0 \times 0.5 \times 0.5 = 1.0\mathrm{V}$$

与前面的结果一致。

例 14.4 如图 14.6 所示,长度为 L 的铜棒在磁感应强度为 B 的匀强磁场中以角速度 ω 绕棒的 O 端逆时针转动。求铜棒中的动生电动势和铜棒两端的电势差。

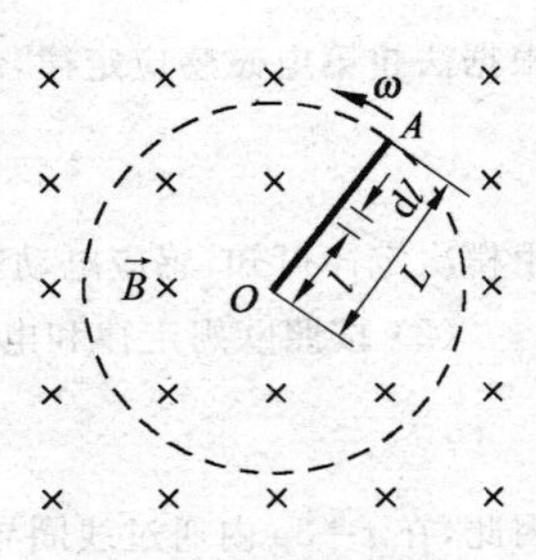

图 14.6 例 14.4 用图

解 在棒上距 O 点 l 远处取一线元 $\mathrm{d}\vec{l}$,其方向沿径向向外。线元运动速度 $\vec{v}$ 的大小为 ωl,而 $\vec{v} \times \vec{B}$ 与 $\mathrm{d}\vec{l}$ 的方向相反,因此线元中的动生电动势为

$$\mathrm{d}\varepsilon = (\vec{v} \times \vec{B}) \cdot \mathrm{d}\vec{l} = -\omega lB\mathrm{d}l$$

积分得铜棒中的动生电动势

$$\varepsilon = \int \mathrm{d}\varepsilon = -\omega B\int_0^L l\mathrm{d}l = -\frac{1}{2}B\omega L^2$$

式中负号表示 ε 的方向是由 A 指向 O。在电动势的驱动下,铜棒中的自由电子趋向 A 端,形成由 O 端指向 A 端的静电场。铜棒两端的电势差等于棒上电动势的大小,即

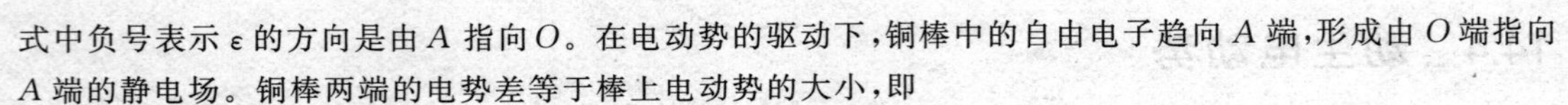

$$\varphi_O - \varphi_A = \frac{1}{2}B\omega L^2$$

例 14.5 如图 14.7 所示,长直导线通有稳恒电流 I,导线旁边有一与其共面的矩形线圈,在 t 时刻正以速度 $\vec{v}$ 向右匀速运动。求此时刻线圈中的动生电动势。

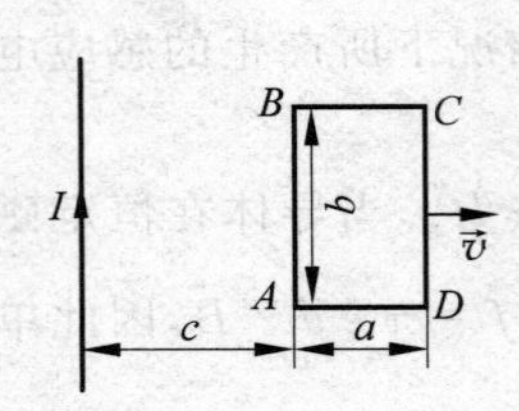

图 14.7 例 14.5 用图

解 取顺时针方向为 L 的绕向,则线圈中的动生电动势为

$$\varepsilon = \oint_L (\vec{v} \times \vec{B}) \cdot \mathrm{d}\vec{l} = \varepsilon_{AB} + \varepsilon_{BC} + \varepsilon_{CD} + \varepsilon_{DA}$$

载流长直导线周围磁场的大小为

$$B = \frac{\mu_0 I}{2\pi r}$$

在线圈平面内,磁场的方向垂直于线圈平面向里,因此

$$\varepsilon_{AB} = \frac{\mu_0 Ibv}{2\pi c}, \quad \varepsilon_{CD} = -\frac{\mu_0 Ibv}{2\pi(c+a)}$$

而在 BC 和 DA 上,$\vec{v} \times \vec{B} \perp \mathrm{d}\vec{l}$,$\varepsilon_{BC} = \varepsilon_{DA} = 0$。由此得线圈中的动生电动势为

$$\varepsilon = \frac{\mu_0 Ibv}{2\pi}\left(\frac{1}{c} - \frac{1}{c+a}\right)$$

方向为顺时针。

此题仍然可以用法拉第电磁感应定律求解,请同学们自己尝试解题。

14.5　感生电动势和感生电场及普遍情况下电场的环路定理

1. 感生电动势和感生电场

如前所述,回路不动而磁场变化所产生的感应电动势称为感生电动势。这时的非静电力不是洛伦兹力,麦克斯韦提出感生电场假设:变化的磁场会在周围空间激发电场,并称之为感生电场,它是引起感生电动势的非静电力。用$\vec{E}_i$ 表示感生电场的场强,有

$$\varepsilon=\oint_L \vec{E}_i \cdot \mathrm{d}\vec{l} \tag{14.10}$$

上式表明$\vec{E}_i$ 的环流不为零,而等于感生电动势。因此感生电场是有旋场,称做涡旋电场。

根据法拉第电磁感应定律,静止回路 L 中的感应电动势为

$$\varepsilon=-\frac{\mathrm{d}\Phi}{\mathrm{d}t}=-\frac{\mathrm{d}}{\mathrm{d}t}\iint_S \vec{B}\cdot\mathrm{d}\vec{S}=-\iint_S \frac{\partial \vec{B}}{\partial t}\cdot\mathrm{d}\vec{S} \tag{14.11}$$

对比式(14.10)和式(14.11),得

$$\oint_L \vec{E}_i \cdot \mathrm{d}\vec{l}=-\iint_S \frac{\partial \vec{B}}{\partial t}\cdot\mathrm{d}\vec{S} \tag{14.12}$$

式中 S 表示以 L 为边界的任一曲面,面元 $\mathrm{d}\vec{S}$的法线取在由 L 的绕向按右手螺旋定则决定的 S 面的同一侧。式(14.12)为感生电场所满足的环路定理,它表明变化的磁场如何激发电场。

电子感应加速器就是利用感生电场对电子加速的。如图 14.8 所示,在圆柱形电磁铁两极间放置一个环形真空管道,励磁线圈中的交变电流产生交变磁场$\vec{B}$,引起感生电场$\vec{E}_i$,其电场线是一系列同心圆。注入环形管道中的电子被感生电场$\vec{E}_i$ 加速,并在磁场的洛伦兹力$\vec{F}$的作用下沿圆形轨道回转。

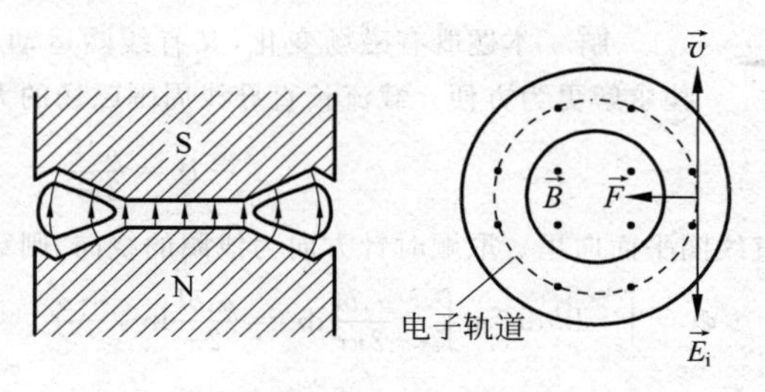

图 14.8　电子感应加速器

2. 普遍情况下电场的环路定理

除了涡旋电场外,还存在环流等于零的电场,称为势场。静电场就是一种势场。用$\vec{E}_e$表示势场的场强,有

$$\oint_L \vec{E}_e \cdot \mathrm{d}\vec{l}=0 \tag{14.13}$$

因任何矢量场都可以分解成势场和涡旋场两部分,则电场可表示为

$$\vec{E} = \vec{E}_e + \vec{E}_i \tag{14.14}$$

由式(14.12)、式(14.13)和式(14.14),得

$$\oint_L \vec{E} \cdot d\vec{l} = -\iint_S \frac{\partial \vec{B}}{\partial t} \cdot d\vec{S} \tag{14.15}$$

这就是普遍情况下电场所满足的环路定理。

例 14.6 如图 14.9 所示,在一半径为 R 的圆柱形体积内,充满磁感应强度为 B 的匀强磁场,$dB/dt=K>0$。求感生电场的分布。

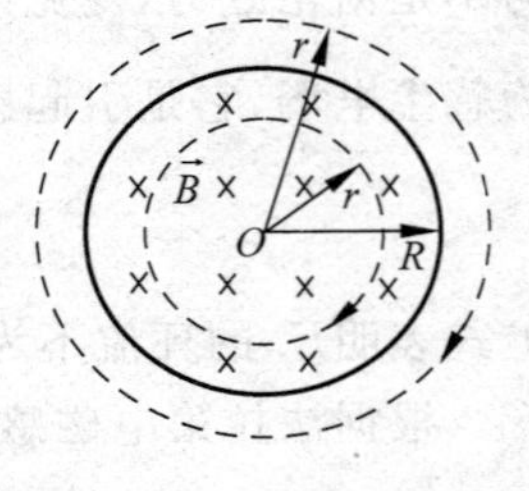

图 14.9 例 14.6 用图

解 由磁场的轴对称性可知,感生电场是轴对称的。以圆柱的轴线为对称轴,在圆柱内作一半径为 r 的圆回路,其绕向如图 14.9 所示。按照感生电场的环路定理

$$\oint_L \vec{E}_i \cdot d\vec{l} = 2\pi r E_i = -\iint_S \frac{\partial \vec{B}}{\partial t} \cdot d\vec{S} = -\pi r^2 K$$

由此得圆柱内的感生电场

$$E_i = -\frac{1}{2} rK, \quad (r < R)$$

式中负号表示感生电场的方向与圆回路的绕向相反。同理,在圆柱外做一半径为 r 的圆回路,有

$$2\pi r E_i = -\pi R^2 K$$

得圆柱外的感生电场

$$E_i = -\frac{1}{2}\frac{KR^2}{r}, \quad (r \geq R)$$

方向也与圆的绕向相反。

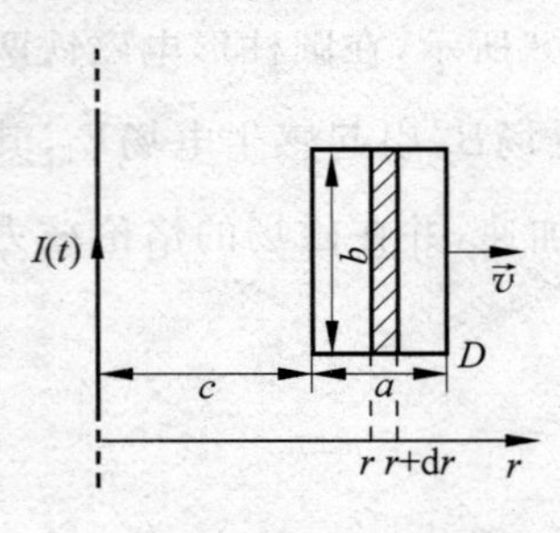

图 14.10 例 14.7 用图

例 14.7 如图 14.10 所示,一直导线通有电流 $I(t) = I_0 \sin\omega t$,导线旁有一与其共面的矩形线圈,以速度 v 向右匀速运动,导线中电流的计时零点与线圈运动的计时零点相同,t 时刻线圈与导线之间的距离为 c。求此时刻线圈中的感应电动势。

解 本题既有磁场变化,又有线圈运动,因此用法拉第电磁感应定律求解更为方便。载流长直导线周围磁场的大小为

$$B = \frac{\mu_0 I}{2\pi r}$$

在线圈平面内,磁场方向垂直线圈平面向里。取顺时针方向为线圈的绕向,则穿过线圈的磁通量为

$$\Phi = \int_c^{c+a} Bb\,dr = \int_c^{c+a} \frac{\mu_0 bI}{2\pi r} dr = \frac{\mu_0 bI}{2\pi} \ln\frac{c+a}{c}$$

式中 I 和 c 都随时间变化,并有

$$\frac{dI}{dt} = I_0 \omega \cos\omega t, \quad \frac{dc}{dt} = v$$

根据法拉第电磁感应定律,线圈中的感应电动势

$$\varepsilon = -\frac{d\Phi}{dt} = -\left(\frac{\mu_0 b}{2\pi}\ln\frac{c+a}{c} \cdot \frac{dI}{dt} + \frac{\mu_0 bI}{2\pi}\frac{d}{dt}\ln\frac{c+a}{c}\right)$$

$$= -\frac{\mu_0 b}{2\pi}\ln\frac{c+a}{c} \cdot I_0 \omega\cos\omega t + \frac{\mu_0 abv}{2\pi c(c+a)} \cdot I_0 \sin\omega t$$

它可以看成是感生电动势和动生电动势之和。

14.6 互感和自感

互感和自感是常见的电磁感应现象。

1. 互感

当一个线圈中的电流随时间变化时，产生的磁场相应变化，使穿过另一个邻近线圈的磁链发生变化而引起感应电动势。这种现象称为互感，在另一线圈中引起的感应电动势称为互感电动势。变压器就是一种互感器件。

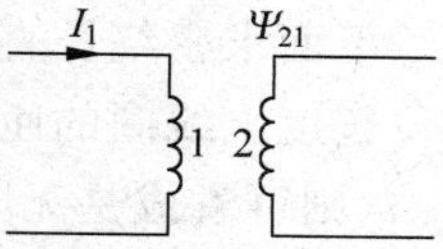

如图 14.11 所示，当线圈 1 中通有电流 I_1 时，线圈 2 中就有磁链 Ψ_{21}。根据毕奥-萨伐尔定律，Ψ_{21} 与 I_1 成正比，比例系数用 M_{21} 表示，则有

$$\Psi_{21} = M_{21} I_1 \tag{14.16}$$

图 14.11 互感

同理，当线圈 2 中通有电流 I_2 时，线圈 1 中的磁链 Ψ_{12} 为

$$\Psi_{12} = M_{12} I_2 \tag{14.17}$$

可以证明，$M_{12}=M_{21}=M$。M 叫做互感系数，简称互感。其单位是 H(亨[利])。

根据法拉第电磁感应定律，由 I_1 变化引起的线圈 2 中的互感电动势为

$$\varepsilon_{21} = -\frac{\mathrm{d}\Psi_{21}}{\mathrm{d}t} = -M\frac{\mathrm{d}I_1}{\mathrm{d}t} \tag{14.18}$$

而 I_2 变化引起的线圈 1 中的互感电动势为

$$\varepsilon_{12} = -\frac{\mathrm{d}\Psi_{12}}{\mathrm{d}t} = -M\frac{\mathrm{d}I_2}{\mathrm{d}t} \tag{14.19}$$

两个线圈的互感系数只取决于它们的大小、形状、匝数、相对位置以及填充介质的性质。如果填充的是铁磁质，互感系数还与电流的大小有关。

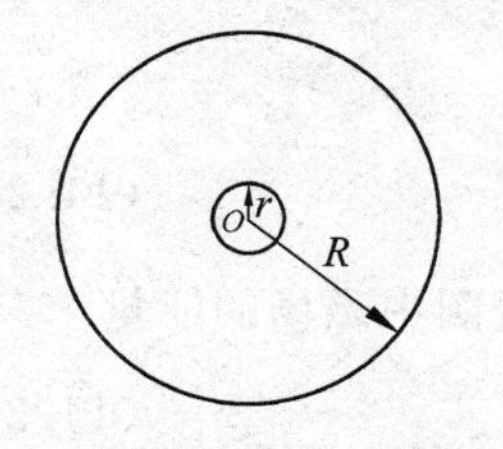

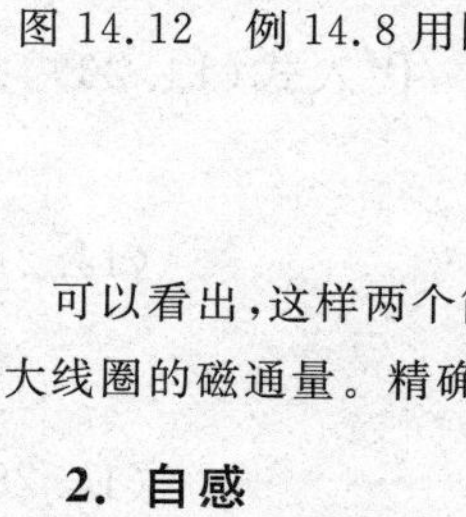

图 14.12 例 14.8 用图

例 14.8 图 14.12 表示两个同心共面的线圈，$r \ll R$。求它们的互感系数。

解 设大线圈中通有电流 I，它在圆心产生磁场的大小为

$$B = \frac{\mu_0 I}{2R}$$

方向垂直于线圈平面。因 $r \ll R$，则穿过小线圈的磁通量近似为

$$\Phi = \pi r^2 B$$

由此得互感系数

$$M = \frac{\Phi}{I} = \frac{\mu_0 \pi r^2}{2R}$$

可以看出，这样两个简单线圈的互感系数都要通过近似计算。如果设小线圈通有电流，就很难计算穿过大线圈的磁通量。精确计算互感系数是十分困难的，通常由实验测定。

2. 自感

当一个线圈中的电流随时间变化时，产生的磁场相应变化，使穿过线圈自身的磁链发生变化而引起感应电动势。这种现象称为自感，所引起的感应电动势称为自感电动势。

设线圈通有电流 I，穿过线圈自身的磁链 Ψ 与 I 成正比，即

$$\Psi = LI \tag{14.20}$$

式中比例系数 L 叫做自感系数,简称自感。其单位也是 H(亨[利])。自感系数只由线圈的形状、大小、匝数及介质决定,在一般情况下与电流无关。

根据法拉第电磁感应定律,由 I 的变化引起的自感电动势为

$$\varepsilon = -\frac{\mathrm{d}\Psi}{\mathrm{d}t} = -L\frac{\mathrm{d}I}{\mathrm{d}t} \tag{14.21}$$

式中已经把电流 I 的方向规定为自感电动势 ε 的正方向。当线圈中电流 I 增加时,自感电动势 $\varepsilon<0$,其方向与 I 的方向相反;当 I 减小时,ε 的方向与 I 的方向相同。自感电动势总是阻碍线圈自身电流的变化,因此自感系数表示线圈"电磁惯性"的大小。

下面求密绕长直螺线管的自感系数。设螺线管的长度为 l,螺线管的半径为 $R(R\ll l)$,单位长度上线圈的匝数为 n,管中充满相对磁导率为 μ_r 的磁介质。设螺线管通有电流 I,因 $R\ll l$,则可看成是无限长密绕螺线管,管内磁场 $B=\mu_0\mu_r nI$,磁链

$$\Psi = nl\pi R^2 B = l\pi R^2\mu_0\mu_r n^2 I = \mu_0\mu_r n^2 IV \tag{14.22}$$

式中 V 代表螺线管的体积。因此,密绕长直螺线管的自感系数为

$$L = \frac{\Psi}{I} = \mu_0\mu_r n^2 V \tag{14.23}$$

3. 磁场的能量

图 14.13 表示一个由电源、线圈、电阻和开关组成的电路。在电路中电流稳恒的情况下,线圈中无自感电动势,电源所提供的能量全部转化为电阻所释放的焦耳热。

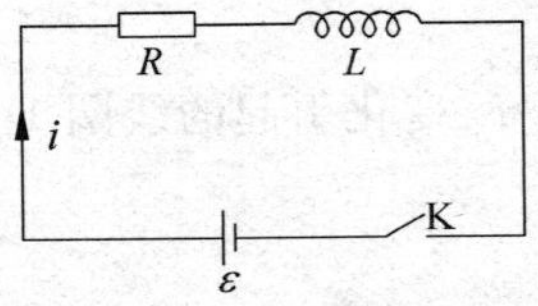

图 14.13 含线圈的电路

在开关 K 刚接通时,电路中的电流 i 不能立即达到稳定值 I,而是经过一段时间 t 才从零增加到 I,在这段时间内线圈中的自感电动势 $\varepsilon'=-L\mathrm{d}i/\mathrm{d}t$。按全电路的欧姆定律,$\varepsilon+\varepsilon'=iR$,有

$$\varepsilon = iR + L\frac{\mathrm{d}i}{\mathrm{d}t} \tag{14.24}$$

因此电源在 t 时间内提供的能量为

$$\int \varepsilon \mathrm{d}q = \int_0^t \varepsilon i\,\mathrm{d}t = \int_0^t i^2 R\mathrm{d}t + \frac{1}{2}LI^2 \tag{14.25}$$

式中右端第一项为 t 时间内电阻释放的焦耳热,第二项则表示载流线圈中磁场的能量

$$W_m = \frac{1}{2}LI^2 \tag{14.26}$$

把电路中的线圈看成是体积为 V 的密绕长直螺线管,$L=\mu_0\mu_r n^2 V$,代入式(14.26),并注意 $B=\mu_0\mu_r nI$,得

$$W_m = \frac{1}{2}\mu_0\mu_r n^2 I^2 V = \frac{1}{2}\frac{B^2 V}{\mu_0\mu_r} \tag{14.27}$$

由此可得磁场能量密度

$$w_m = \frac{1}{2}\frac{B^2}{\mu_0\mu_r} = \frac{1}{2}BH \tag{14.28}$$

虽然上式是以密绕长直螺线管为例导出,但可以证明它适用于铁磁质之外的普遍情况。空间 V 内的磁场能量,可通过对磁场能量密度积分得到。即

$$W_m = \iiint_V w_m \mathrm{d}V = \iiint_V \frac{1}{2}\frac{B^2}{\mu_0\mu_r}\mathrm{d}V = \iiint_V \frac{1}{2}BH\,\mathrm{d}V \tag{14.29}$$

例 14.9　一长直导线通有电流 I，导线截面半径为 R，电流在截面上均匀分布。不考虑金属导体的磁化($\mu_r=1$)，求导线内部单位长度中储存的磁场能。

解　在例 13.5 中，已经求出导线内部的磁场

$$B=\frac{\mu_0 Ir}{2\pi R^2},\quad (r\leqslant R)$$

取与导线同轴的薄柱壳为体积元，单位长度薄柱壳的体积 $\mathrm{d}V=2\pi r\mathrm{d}r$，因此导线内部单位长度中储存的磁场能为

$$W_m=\iiint_V \frac{1}{2}\frac{B^2}{\mu_0}\mathrm{d}V=\int_0^R \frac{\mu_0 I^2 r^3}{4\pi R^4}\mathrm{d}r=\frac{\mu_0 I^2}{16\pi}$$

14.7　麦克斯韦方程组和电磁波

麦克斯韦提出的位移电流假设，揭示了变化的电场如何激发磁场。

1. 位移电流假设

图 14.14 表示一个平行板电容器(充满电介质)的充电过程。绕导线作闭合回路 L，以 L 为边界作两个曲面 S_1 和 S_2。其中 S_1 与导线相交；S_2 与导线不相交，而是从电容器极板间穿过。在电容器充电过程中导线中的电流是变化的，电容器内的电场也是变化的，因此是一个非稳恒过程。

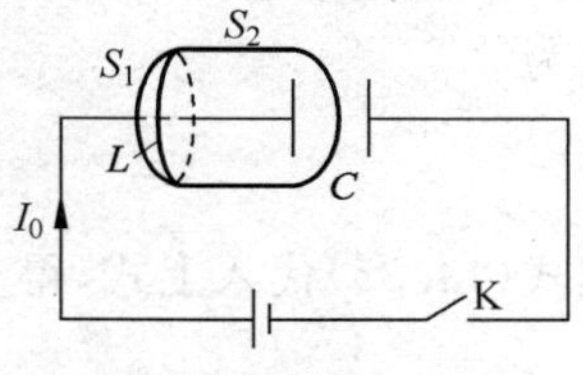

图 14.14　电容器充电

在稳恒电流产生的磁场中，安培环路定理的表达式为

$$\oint_L \vec{H}\cdot\mathrm{d}\vec{l}=\sum_{(L内)} I_{0i} \tag{14.30}$$

其中 $\sum\limits_{(L内)} I_{0i}$ 表示通过以 L 为边界的任一曲面的传导电流。稳恒电流一定是连续的，但图 14.14 中的传导电流不连续，通过面 S_1 的传导电流为 I_0，而通过面 S_2 的传导电流为零。因此在非稳恒情况下式(14.30)不再成立。

为了把安培环路定理推广到非稳恒情况，1861 年麦克斯韦提出假设：在电场变化的空间内存在电流。麦克斯韦把它称做位移电流，上述假设叫位移电流假设。电容器内的位移电流接续了导线中的传导电流，使图 14.14 所示非稳恒过程中的电流保持连续。用 I_d 表示位移电流，则有

$$I_d=I_0 \tag{14.31}$$

设极板上堆积的自由电荷为 q_0，则 $I_0=\mathrm{d}q_0/\mathrm{d}t$。根据高斯定理，电容器内的电位移 $D=\sigma_0=q_0/S_0$，其中 S_0 为电容器极板的面积。因此

$$I_0=\frac{\mathrm{d}q_0}{\mathrm{d}t}=S_0\frac{\mathrm{d}D}{\mathrm{d}t} \tag{14.32}$$

电容器内的位移电流密度可表示为

$$j_d=\frac{I_d}{S_0}=\frac{I_0}{S_0}=\frac{\mathrm{d}D}{\mathrm{d}t} \tag{14.33}$$

推广到一般情况，并考虑到位移电流密度的方向，有

$$\vec{j}_d=\frac{\partial\vec{D}}{\partial t} \tag{14.34}$$

这表明,位移电流密度矢量等于电位移矢量的时间变化率。

在任意变化的电场中,通过某一曲面 S 的位移电流为

$$I_{\mathrm{d}}=\iint_S \vec{j}_{\mathrm{d}}\cdot\mathrm{d}\vec{S}=\iint_S \frac{\partial\vec{D}}{\partial t}\cdot\mathrm{d}\vec{S} \tag{14.35}$$

把$\vec{D}=\varepsilon_0\vec{E}+\vec{P}$代入,得

$$I_{\mathrm{d}}=\iint_S \varepsilon_0\frac{\partial\vec{E}}{\partial t}\cdot\mathrm{d}\vec{S}+\iint_S \frac{\partial\vec{P}}{\partial t}\cdot\mathrm{d}\vec{S} \tag{14.36}$$

这表明位移电流包括两部分:一部分是由变化的电场$\vec{E}$产生,另一部分来源于电介质极化强度$\vec{P}$的变化。由式(12.5)可以看出,$\iint_S(\partial\vec{P}/\partial t)\cdot\mathrm{d}\vec{S}$ 就是通过面 S 的极化电流。由于$\vec{P}$的变化也是由$\vec{E}$的变化引起,所以说位移电流产生的根源是变化的电场。真空中的位移电流不是电荷的流动,而是电场的变化。

2. 普遍情况下的安培环路定理

引入位移电流,即假设变化的电场可以激发磁场,非稳恒情况下的安培环路定理可表示为

$$\oint_L \vec{H}\cdot\mathrm{d}\vec{l}=\sum_{(L内)}(I_{0i}+I_{\mathrm{d}}) \tag{14.37}$$

把式(14.35)代入上式,得

$$\oint_L \vec{H}\cdot\mathrm{d}\vec{l}=\sum_{(L内)}I_{0i}+\iint_S \frac{\partial\vec{D}}{\partial t}\cdot\mathrm{d}\vec{S} \tag{14.38}$$

式中 S 为以回路 L 为边界的任一曲面。设定 L 的绕向后,可用右手螺旋定则来判定 I_0 的正、负以及 $\mathrm{d}\vec{S}$的方向。式(14.38)就是普遍情况下的安培环路定理,它表明变化的电场如何激发磁场。

麦克斯韦的感生电场假设和位移电流假设,揭示了电场和磁场的统一性,这是麦克斯韦对电磁场理论所做出的最突出的贡献。

例 14.10 一圆形平行板真空电容器,极板半径 $R=0.1\mathrm{m}$,在充电时电容器内电场强度的变化率 $\mathrm{d}E/\mathrm{d}t=1.0\times10^{12}\,\mathrm{V\cdot m^{-1}\cdot s^{-1}}$。求电容器内的位移电流和极板边缘处的磁场强度。

解 沿极板边缘作一圆回路 L,其绕向如图 14.15 所示。两极板间为真空,$\vec{D}=\varepsilon_0\vec{E}$。因电容器在充电,则 $\mathrm{d}\vec{D}/\mathrm{d}t$ 的方向与$\vec{E}$的方向相同,电容器内的位移电流由正极板流向负极板,其值为

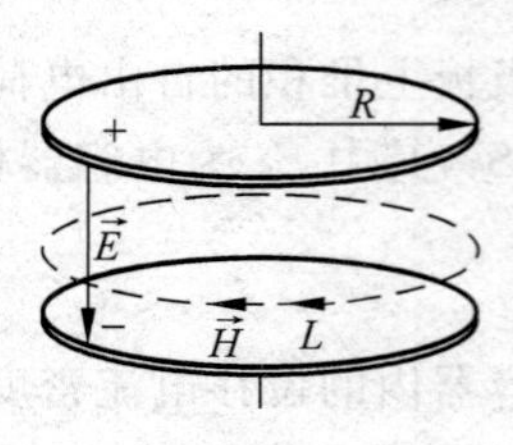

图 14.15 例 14.10 用图

$$I_{\mathrm{d}}=\pi R^2 j_{\mathrm{d}}=\pi R^2\frac{\mathrm{d}D}{\mathrm{d}t}=\pi R^2\varepsilon_0\frac{\mathrm{d}E}{\mathrm{d}t}$$

$$=3.14\times0.1^2\times8.85\times10^{-12}\times1.0\times10^{12}=0.28\mathrm{A}$$

由位移电流的轴对称性可知,电容器内的磁场是轴对称的,磁场线是一系列同心圆。根据安培环路定理

$$\oint_L \vec{H}\cdot\mathrm{d}\vec{l}=\iint_S\frac{\mathrm{d}\vec{D}}{\mathrm{d}t}\cdot\mathrm{d}\vec{S}=I_{\mathrm{d}},\quad 2\pi RH=I_{\mathrm{d}}$$

得极板边缘处的磁场强度为

$$H=\frac{I_d}{2\pi R}=\frac{0.28}{2\times3.14\times0.1}=0.44\mathrm{A}\cdot\mathrm{m}^{-1}$$

其值为正，表示方向与 L 的绕向相同。

14.8 麦克斯韦方程组

麦克斯韦方程组的积分形式为

$$\left.\begin{aligned}&\oint\!\!\oint_S\vec{D}\cdot\mathrm{d}\vec{S}=\iiint_V\rho\mathrm{d}V\\&\oint_L\vec{E}\cdot\mathrm{d}\vec{l}=-\iint_S\frac{\partial\vec{B}}{\partial t}\cdot\mathrm{d}\vec{S}\\&\oint\!\!\oint_S\vec{B}\cdot\mathrm{d}\vec{S}=0\\&\oint_L\vec{H}\cdot\mathrm{d}\vec{l}=\iint_S\left(\vec{j}+\frac{\partial\vec{D}}{\partial t}\right)\cdot\mathrm{d}\vec{S}\end{aligned}\right\}\tag{14.39}$$

其中 ρ 为自由电荷密度，$\iiint_V\rho\mathrm{d}V=\sum\limits_{(S内)}q_{0i}$；$\vec{j}$ 为传导电流密度矢量，$\iint_S\vec{j}\cdot\mathrm{d}\vec{S}=\sum\limits_{(L内)}I_{0i}$。描述介质电磁性质的介质方程组（适用于各向同性的线性介质）为

$$\left.\begin{aligned}&\vec{j}=\sigma\vec{E}\\&\vec{D}=\varepsilon_r\varepsilon_0\vec{E}\\&\vec{H}=\frac{\vec{B}}{\mu_r\mu_0}\end{aligned}\right\}\tag{14.40}$$

此外，作为一条独立的电磁学规律，洛伦兹力公式为

$$\vec{F}=q(\vec{E}+\vec{v}\times\vec{B})\tag{14.41}$$

利用式(14.39)、式(14.40)和式(14.41)，原则上可以解决各种宏观电磁学问题，但不完全适用于微观电磁过程。例如原子的辐射就无法用宏观电磁学解释，只能用后来建立的量子电动力学说明。

14.9 电磁波

由麦克斯韦方程组和介质方程组，可以导出电磁波的各种性质。在此省略具体的推导，直接给出平面电磁波的一些基本性质。

(1) 电磁波是横波。如图 14.16 所示，如果电磁波沿 z 轴方向传播，$\vec{k}$ 表示沿 z 轴方向的单位矢量，则有 $\vec{E}\perp\vec{k}$，$\vec{H}\perp\vec{k}$。

(2) $\vec{E}\perp\vec{H}$，即 $\vec{E}$、$\vec{H}$、$\vec{k}$ 三个矢量互相垂直，如图 14.16 所示。

(3) $\vec{E}$ 与 $\vec{H}$ 的振动相位相同，即同步变化。图 14.16 已反映出这一性质。

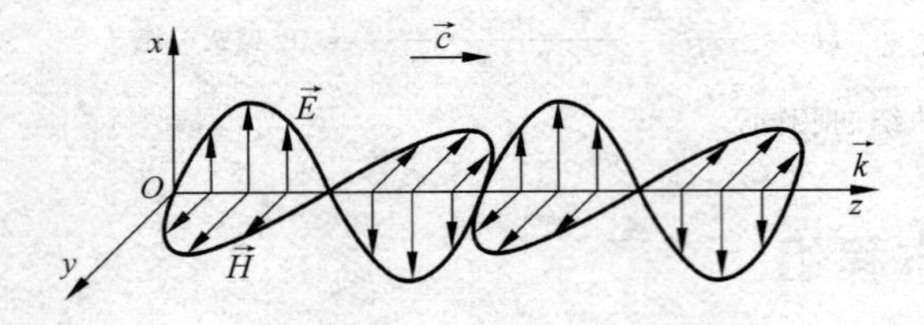

图 14.16 $\vec{E}$、$\vec{H}$、$\vec{k}$互相垂直

(4) $\vec{E}$与$\vec{H}$的振幅之间有确定的关系。用 E_0 和 H_0 分别表示$\vec{E}$与$\vec{H}$的振幅,有

$$E_0=\sqrt{\frac{\mu_0\mu_r}{\varepsilon_0\varepsilon_r}}H_0 \tag{14.42}$$

(5) 电磁波在介质中的传播速度为

$$v=\frac{1}{\sqrt{\varepsilon_0\mu_0\varepsilon_r\mu_r}} \tag{14.43}$$

真空($\varepsilon_r=\mu_r=1$)中电磁波的传播速度(光速)为

$$c=\frac{1}{\sqrt{\varepsilon_0\mu_0}} \tag{14.44}$$

在光学中,介质的折射率等于真空光速 c 与光在该介质中传播速度 v 之比。即

$$n=\frac{c}{v}=\sqrt{\varepsilon_r\mu_r} \tag{14.45}$$

(6) 电磁波的传播伴随能量的传播。定义电磁波的能流密度矢量(坡印廷矢量)$\vec{S}$:单位时间内通过垂直于电磁波传播方向的单位面积的电磁波能量,其方向就是电磁波的传播方向。可以证明:

$$\vec{S}=\vec{E}\times\vec{H} \tag{14.46}$$

电磁波的强度,等于坡印廷矢量在一个周期内的平均值。即

$$I=\overline{S}=\frac{1}{2}E_0H_0\propto E_0^2\ 或\ H_0^2 \tag{14.47}$$

(7) 电磁波的传播伴随动量的传播。电磁波的动量密度矢量为

$$\vec{g}=\frac{1}{c^2}\vec{S}=\frac{1}{c^2}(\vec{E}\times\vec{H}) \tag{14.48}$$

电磁波照射物体时对物体产生的压力,称为光压。

(8) 按照波长把电磁波分成不同波段:无线电波、红外线、可见光、紫外线、X 射线、γ 射线等。不同波段的电磁波有不同的性质和应用。

第15章

光的干涉

光是一种电磁波，其中振动的物理量是电场强度$\vec{E}$和磁场强度$\vec{H}$。因为对人眼和光学仪器起感光作用的是电场强度$\vec{E}$，所以称其为光矢量，其波函数可以表示为

$$\vec{E}=\vec{E}_0\cos\left[\omega\left(t-\frac{r}{u}\right)+\varphi\right] \tag{15.1}$$

其中ω和u分别为单色光的角频率和在介质中的相位传播速度。光的强度与光矢量振幅的平方成正比。

可见光是能引起人视觉的电磁波，在电磁波谱中只占很窄的频段。在真空中可见光的波长范围为400～760nm，对应的频率范围为7.5×10^{14}～3.9×10^{14}Hz。不同波长的可见光给人以不同颜色的感觉，波长从短到长，相应的颜色从紫色到红色。

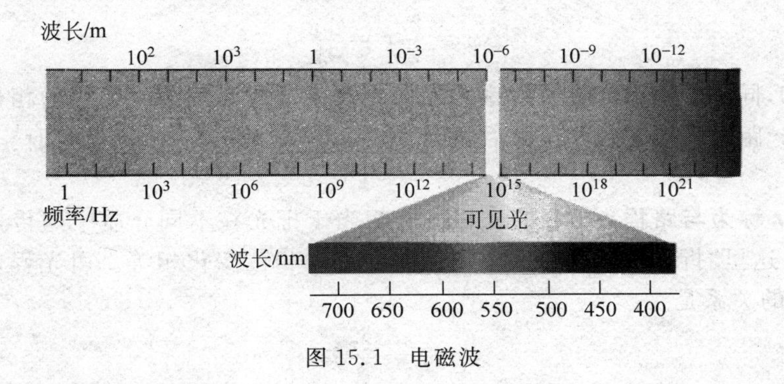

图15.1　电磁波

干涉现象是波动过程的基本特征之一。与机械波的干涉相似，光的干涉现象表现为满足一定条件的两束(或多束)光在相遇区域中形成稳定的明暗相间的条纹分布。本章主要介绍由普通光源产生干涉的两种方法，并具体讨论杨氏双缝干涉与薄膜干涉的条纹特点与动态变化。

15.1　相干光的获得

光既然能产生干涉现象，为什么通常用两个光源照明时，看不到干涉现象呢？在第7章波动中已讲过，并不是任何两列波相遇时都能发生干涉现象，这两列波必须是相干波。相干波的条件是两列光波的振动方向相同，频率相同，且相位差恒定。

仔细分析一下普通光源的发光特点,我们发现普通光源发光以自发辐射为主,而自发辐射是一个不受外界因素影响的随机过程,具有以下两个显著特点:

(1) 间歇性。处于激发态的原子何时发生跃迁是完全随机的,每次跃迁发光持续时间Δt约为10^{-8}s。对每个原子而言,其辐射的光波列是断断续续的,每次辐射的光波列长度$l=c\Delta t$也很短。

(2) 随机性。每个原子或分子先后发射的不同波列,以及不同原子或分子发射的各个波列,彼此之间在振动方向和初相位上没有任何联系,振动频率也不尽相同,具有随机性。

由此可见,两个普通光源发出的光波不满足相干条件,所以不能产生干涉现象。

从普通光源获得**相干光**的方法是把光源上同一点发出的光设法"一分为二",然后再使这两部分叠加起来。由于这两部分光的相应部分实际上都来自同一原子的同一次发光,即由一个光波列分成两个频率相同、振动方向相同、相位差恒定的波列,因而,这两部分光是满足相干条件的。具体的方法分别为分波面法(比如杨氏双缝干涉)和分振幅法(比如薄膜干涉)。

15.2 光程

光在介质中传播时,光振动的相位沿传播方向逐点落后。而光在不同介质中的传播速度不同,所以同一频率的光在不同介质中的波长不同。以λ表示光在真空中的波长,以λ'表示光在介质中的波长,以$n(=c/v)$表示介质的折射率,则有

$$\lambda' = \frac{\lambda}{n} \tag{15.2}$$

当光通过几何路程r时,光振动相位落后的值为

$$\Delta\varphi = \frac{2\pi}{\lambda'}r = \frac{2\pi}{\lambda}nr \tag{15.3}$$

由此可知,同一频率的光在折射率为n的介质中通过路程r时引起的相位落后与其在真空中通过nr距离时引起的相位落后相同。或者说nr相当于在同一时间内光在真空中走的距离。

我们把$\boldsymbol{nr}$**称为与路程**$\boldsymbol{r}$**相应的光程**。它相当于把光在不同介质中的传播都**折算为真空中**的传播。这里"折算"的含义是,两种传播经历的相位变化相等。由光程差δ产生的相位差$\Delta\varphi$之间的关系是

$$\Delta\varphi = \frac{2\pi}{\lambda}\delta \tag{15.4}$$

式中λ是**真空中**的波长。光程差是光学中一个非常重要的物理量,应该正确地理解它的物理含义。引入光程和光程差的概念之后,当光通过几种不同介质时,不必考虑光在不同介质中波长的差别,而统一用光在真空中的波长计算相位关系。

1. 光振动相长、相消条件

对于初相相同的两束相干光,当它们在空间某点的光程差为光在真空中的波长的整数倍时,即

$$\delta = \pm k\lambda, \quad k = 0,1,2,\cdots \tag{15.5}$$

该点光振动相长,合振幅极大,光强极大;当这两束光的光程差为真空中半波长的奇数倍时,即

$$\delta = \pm(2k+1)\frac{\lambda}{2}, \quad k=0,1,2,\cdots \tag{15.6}$$

该点光振动相消，合振幅极小，光强极小。当光程差为其他值时，该点的光强处于极大和极小之间。

2. 光路中透镜不产生附加的光程差

在观察光的干涉和衍射现象时，常用到薄透镜。如图 15.2 所示，同一波面上各点发出的平行光线经过透镜后汇聚于同一点 F，F 点总是亮点，说明各条光线在 F 点是同相的。由此说明各条光线从左侧波面到汇聚点 F 之间都是等光程的，所以说薄透镜不产生附加光程差。光线 1 传播的几何距离长，但光线 2 在透镜中的光程长，所以能保证二者到达 F 点的光程是相同的。

例 15.1　如图 15.3 所示，相干光源 S_1 和 S_2 发出波长 $\lambda=0.60\mu m$ 的光在 P 点相遇，其中两种介质的折射率分别为 n 和 n'，$n=1.6$，$n'=1$，$d=0.10mm$。如果 $r_1=r_2$，S_1 和 S_2 的初相差为 π。试计算光通过路程 r_1 和 r_2 在 P 点的相位差。

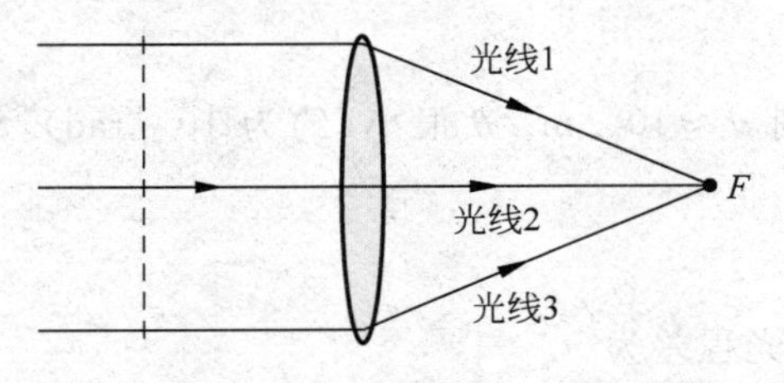

图 15.2　透镜物像之间的等光程性

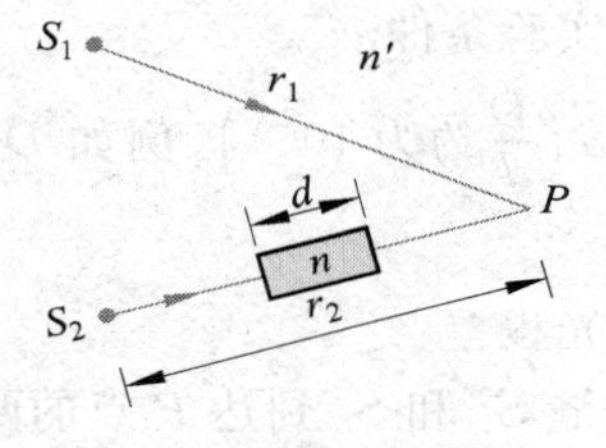

图 15.3　光路图

解　两光束在 P 点的光程差和相位差分别为

$$\delta = n'(r_2-d)+nd-n'r_1=(n-1)d$$

$$\Delta\varphi = \frac{2\pi}{\lambda}\delta-\pi=\frac{2\pi}{\lambda}(n-1)d-\pi$$

$$=\frac{2\pi\times 0.6\times 0.10\times 10^{-3}}{0.60\times 10^{-6}}-\pi=199\pi$$

应当注意，光从光疏介质(折射率相对较小)射向光密介质(折射率相对较大)，在垂直入射(入射角 $i=0$)和掠入射(入射角 $i\approx 90°$)两种情形时，反射光波有 π 的相位突变，这是光的**半波损失**现象。

半波损失的物理来源：光是一种电磁波，当光入射到界面发生反射和折射时，根据电磁场的基本性质，界面两侧的电场和磁场之间满足电磁场的边界条件，导致入射光、反射光和折射光的光矢量($\vec{E}$)振幅之间有一定关联，在特定条件下就表现为半波损失。(详见姚启钧《光学教程》)

在光程的计算中，若光在传播过程中有反射发生，则应考虑是否有半波损失。如果有，反射光的光程应增加(或减少)半个真空中的波长。注意，半波损失仅在反射时可能发生，透射光没有半波损失。

15.3　杨氏双缝干涉

1801 年，英国物理学家托马斯·杨(Thomas Young，1773—1829)最先通过双缝干涉实验观察到光的干涉现象。这一实验的历史意义是重大的，它首次通过实验肯定了光的波动性。图 15.4 为表示杨氏双缝干涉实验的光路，S 是一**线光源**，通常是一条狭缝。它发出波长为 λ 的单色光，S_1 和 S_2 是与 S 等距离的平行狭缝，间距为 d。H 是一个与双缝平行的光屏,它与 S_1 和 S_2 的距离 D 远大于双缝间距 d。图 15.4 右侧是杨氏双缝干涉图样照片,它是一系列明暗相间的条纹。

由光源 S 发出的光的波阵面同时到达 S_1 和 S_2。所以 S_1 和 S_2 是处于同一波阵面的两部分,可视为满足相干条件的两个子波源,这种获得相干光的方法即为**分波阵面法**。

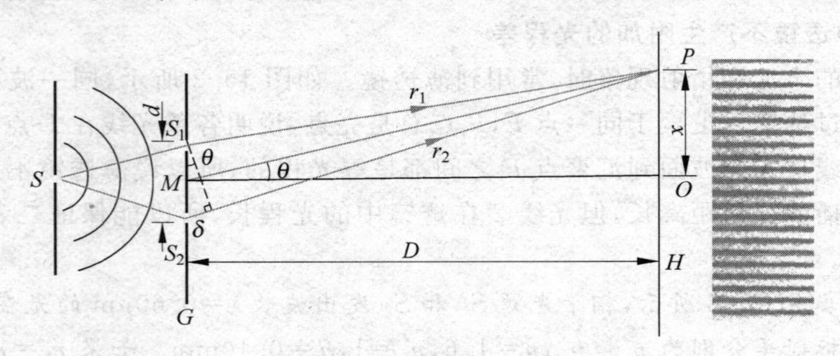

图 15.4 杨氏双缝干涉

(1) 实验条件

$D \gg d\left(\dfrac{D}{d}\text{约为 }10^{-4}\right)$,例如 $D\approx 1\text{m}$,则 $d\approx 10^{-4}\ \text{m}$。$\theta$ 很小(约为 10^{-3} rad),S 为单色光源。

(2) 光程差

从狭缝 S_1 和 S_2 到达 P 点的两束光的光程差为

$$\delta \approx d\sin\theta \approx d\tan\theta = d\frac{x}{D} \tag{15.7}$$

(3) 条纹的确定

明纹中心 $\delta = \pm k\lambda,\quad k=0,1,2,\cdots$

暗纹中心 $\delta = \pm(2k-1)\dfrac{\lambda}{2},\quad k=1,2,3,\cdots$

其中 k 称为明纹(暗纹)的级次。根据式(15.7)和明暗纹条件,可知明暗纹的分布位置 x,

$$\begin{cases} x_{\text{明}} = \pm k\dfrac{D}{d}\lambda \\ x_{\text{暗}} = \pm\dfrac{2k-1}{2}\cdot\dfrac{D}{d}\lambda \end{cases}$$

并可以推出相邻明纹或相邻暗纹之间的距离为

$$\Delta x = x_{k+1} - x_k = \frac{D}{d}\lambda \tag{15.8}$$

在折射率为 n 的介质中表达式为

$$\Delta x' = \frac{D}{nd}\lambda \tag{15.9}$$

注意:在杨氏双缝干涉和其他一切光的干涉现象中,条纹每改变一级,光程差改变一个 λ,即相邻明纹(或暗纹)之间光程差的变化量为 λ。

(4) 条纹特点

① 在正入射情形,同一级明纹(或同一级暗纹)对称分布在中央(零级)明纹的两侧;

② 条纹间距相等。

例 15.2 在双缝干涉实验中单色光垂直入射，已知双缝间距 $d=0.45\text{mm}$，双缝与屏间距离 $D=1.60\text{m}$，(1)若测得中央明纹到第4级明纹的距离为 6.0mm，求光源发出的单色光的波长 λ；(2)若入射光波长为 700nm，求相邻明纹间距。

解 (1) 依题意，相邻明纹间距

$$\Delta x=\frac{6.0\times10^{-3}}{4}=1.5\times10^{-3}\text{m}$$

由双缝干涉条纹间距公式(15.8)，可得

$$\lambda=\frac{d\Delta x}{D}=\frac{0.45\times10^{-3}\times1.5\times10^{-3}}{1.60}=4.22\times10^{-7}\text{m}=422\text{nm}$$

(2) 相邻明纹间距

$$\Delta x=\frac{D}{d}\lambda=\frac{1.6\times700\times10^{-9}}{0.45\times10^{-3}}=2.49\times10^{-3}\text{m}$$

【思考】 为什么在杨氏双缝干涉实验中光程差 $\delta\approx d\sin\theta\approx d\dfrac{x}{D}$？

例 15.3 在杨氏双缝干涉实验中，若将入射光由正入射改为斜入射，则屏幕上干涉条纹的位置是否改变？

答 如图 15.5 所示，在斜入射情形，P 点两光线的光程差为

$$\delta=d\sin\theta-d\sin\phi$$

对于零级明纹，有 $\delta=0$，所以零级明纹出现在角位置 $\theta=\phi$ 处，因此条纹整体向上移动。

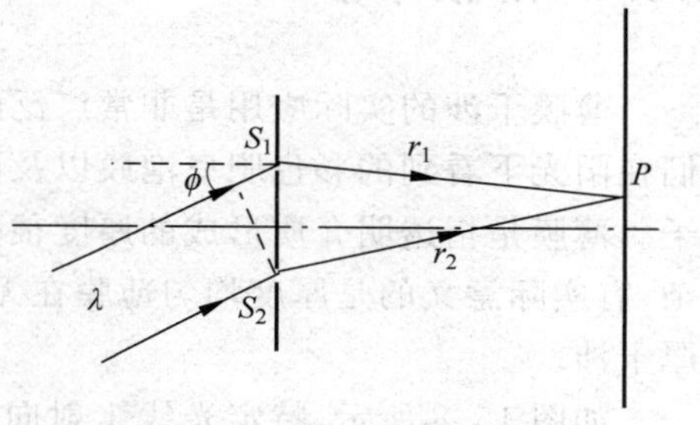

图 15.5 光线斜入射的双缝干涉

【思考】 相对于正入射，条纹间距是否产生变化？

利用分波阵面法产生相干光的实验还有菲涅耳双面镜实验、劳埃德镜实验等。

菲涅耳双面镜实验的光路如图 15.6 所示，其中平面镜 M_1 和 M_2 成很小交角。由光源 S 发出的光经过两个平面镜反射到屏 H 上，可等效为由两个满足相干条件的虚光源 S_1 和 S_2 发出的，产生的干涉条纹类似于杨氏双缝干涉。菲涅耳用双面镜代替杨氏实验中的双缝做干涉实验，在同样的狭缝光源照明下，产生的干涉条纹亮得多。

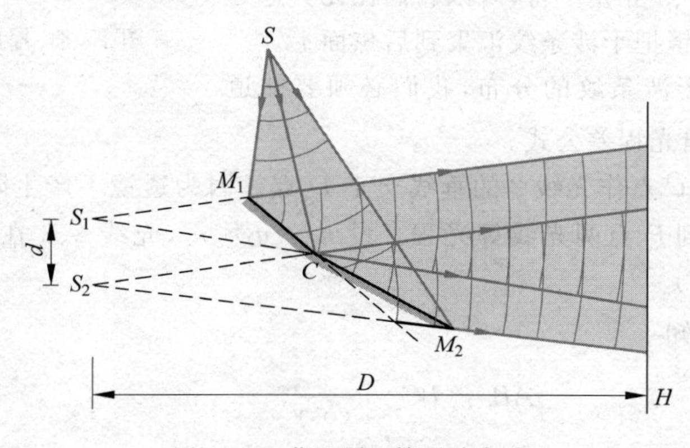

图 15.6 菲涅耳双镜干涉实验

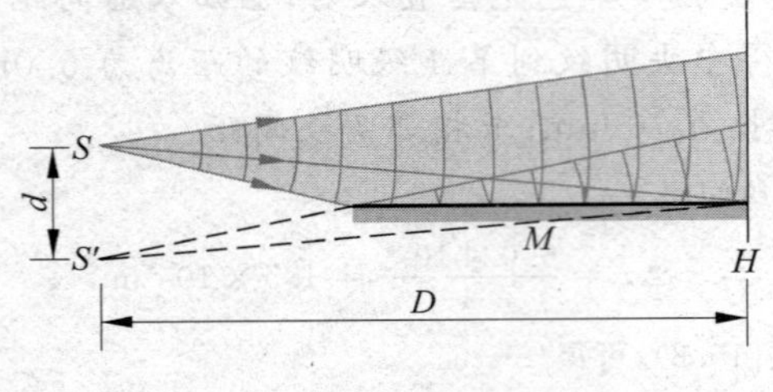

图 15.7　劳埃德镜干涉实验

劳埃德镜实验光路中只用了一个平面镜 M，如图 15.7 所示。图中 S 为与 M 平行的单色狭缝光源，光的半波损失现象最早是在劳埃德镜干涉实验中发现的。

由 S 发出的光一部分直接照射到屏 H 上，另一部分经过平面镜反射后再射到屏 H 上。这两部分光也是相干光，在屏 H 上的重叠区域也能产生干涉条纹。如果把屏 H 平移到平面镜 M 的边上，则在接触处屏上出现的是暗纹。大家可以思考一下，这是为什么？

15.4　薄膜干涉

薄膜干涉的实际应用是非常广泛的，比如摄像机和照相机镜头上都镀有一层薄膜。我们在阳光下看到的彩色肥皂泡膜以及雨后马路上看到的彩色油膜，都是薄膜干涉的典型例子。薄膜是指透明介质形成的厚度很薄的一层介质膜，对薄膜干涉现象的详细分析比较复杂，有实际意义的是厚度均匀薄膜在无穷远处的等倾干涉和厚度不均匀薄膜在表面处的等厚干涉。

如图 15.8 所示，特定光线 1 射向厚度为 e、折射率为 n_2 的透明介质薄膜，经膜的上表面反射出光线 2，光线 1 折射后经下表面反射形成光线 3。因为光线 2、3 是从同一条入射光线 1 分出来的，所以它们一定是相干光，它们的能量也是从光线 1 中分出来的。由于光的能量由振幅决定，所以这种产生相干光的方法叫**分振幅法**。由于相干光线 2、3 互相平行，所以它们在无穷远处相遇干涉，可以用透镜把干涉条纹汇聚到后焦面上。

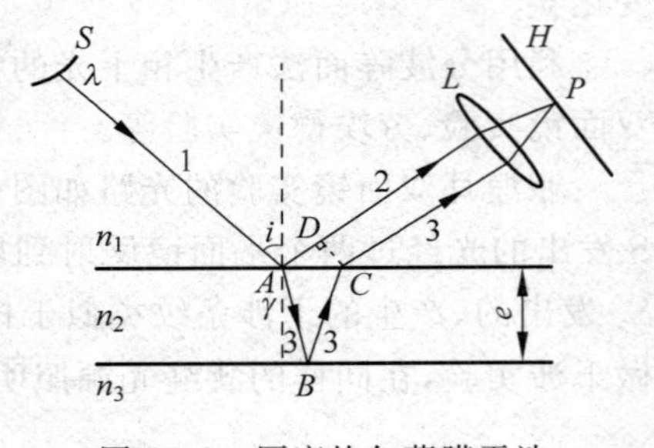

图 15.8　厚度均匀薄膜干涉

为了讨论薄膜干涉条纹的分布，我们必须要知道光程差。下面先导出光程差公式。

在图 15.8 中过 C 点作光线 2 的垂线交于 D 点。因为透镜不产生附加光程差，所以从 C、D 两点经过透镜到 P 点两光线等光程。设 $n_1 < n_2 < n_3$，光线 2、3 在 P 点的光程差 $\delta = n_2(AB+BC) - n_1 AD$。

由几何关系，可知

$$AB = BC = \frac{e}{\cos\gamma},$$

$$AD = AC\sin i = 2e\tan\gamma\sin i$$

根据折射定律

$$n_1 \sin i = n_2 \sin \gamma$$

可得，光程差为

$$\delta = 2n_2 AB - n_1 AD = 2e\sqrt{n_2^2 - n_1^2 \sin^2 i} \tag{15.10}$$

当 $n_1 < n_2, n_2 > n_3$ 时，由于1光线在 A 点反射时存在半波损失，2光线在 B 点反射时没有产生半波损失，光程差的表达式需要加上一项附加项，表示为

$$\delta = 2e\sqrt{n_2^2 - n_1^2 \sin^2 i} + \frac{\lambda}{2} \tag{15.11}$$

薄膜干涉的光程差大小取决于入射角 i 和膜厚 e 两个因素。在后面几节，我们将分别讨论厚度均匀薄膜在无穷远处形成的**等倾干涉**，以及厚度不均匀薄膜表面上形成的**等厚干涉**。

当一束单色光垂直照射($i=0$)时，折射率为 n_2 的透明介质膜上、下表面反射光发生干涉。光程差为

$$\delta = 2n_2 e\left(+\frac{\lambda}{2}\right) \tag{15.12}$$

其中括号内的附加项需要根据 n_1、n_2、n_3 的关系来确定是否加上。

当 $\delta=(2k+1)\frac{\lambda}{2}, k=0,1,2,\cdots$ 时，反射光发生相消干涉，透射光得以增强，这就是**增透膜**的工作原理。如果反射光发生相长干涉，透射光一定减弱，这种薄膜称为**高反膜**。

例 15.4　人眼和光学仪器对波长 $\lambda=550\text{nm}$ 的黄绿光最敏感。在折射率为 $n'=1.52$ 的镜头表面涂有一层折射率为 $n=1.38$ 的 MgF_2 增透膜，求 MgF_2 薄膜的最小厚度。

解　实际应用中，需要考虑近轴光线，即以入射角 $i\approx 0$ 入射薄膜表面的光线。薄膜上、下表面的两条反射光的光程差为

$$\delta = 2n_2 e = (2k+1)\frac{\lambda}{2},\quad k=0,1,2,\cdots$$

取 $k=0$，$e_{\min}=\frac{\lambda}{4n_2}=\frac{550}{4\times 1.38}\approx 100\text{nm}$

注意，增透膜(高反膜)都是针对某一波长的，如果入射光是白光，则其他波长的增透效果要相应降低。在这个例子中，因为反射光中缺少黄绿色而呈蓝紫色。

根据薄膜干涉原理，使用多层镀膜的方法，可以制成常用的透射式的干涉滤光片和反射式滤光片，以及反射率高达99%的反射面。

15.5　等倾干涉

当波长为 λ 的单色光以不同的角度入射到厚度均匀的薄膜时，设 $n_1 < n_2 < n_3$，由式(15.10)可得从薄膜上下表面反射光的光程差：

$$\delta = 2e\sqrt{n_2^2 - n_1^2 \sin^2 i}$$

此时，光程差随入射角 i 而变化。在这种情况下，凡入射倾角 i 相同的相干光线在相遇时的光程差相同，即对应同一级次的干涉条纹，这种干涉称为**等倾干涉**。

利用图15.9(a)所示装置可以观察等倾干涉条纹。图中 N 为厚度均匀的薄膜，M 为半透半反玻璃镜，与 N 成45°，S 为单色面光源，L 为透镜，H 为置于 L 焦平面的光屏。图中画出一组以同一入射角入射到薄膜上的光线，薄膜的上、下表面反射后经过透镜汇聚在光屏上

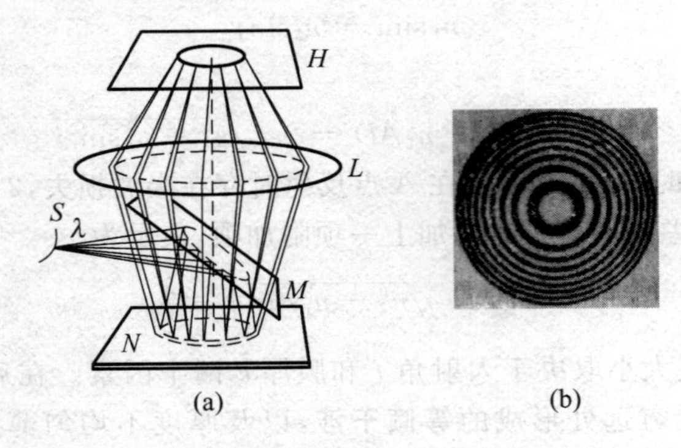

图 15.9 等倾干涉条纹

形成一个圆环。到达圆环上各点的光线的相位差都相同,圆环的半径随入射角 i 的增大而变大。图 15.9(b)是等倾干涉条纹的照片,可以看出等倾干涉条纹是一系列明暗相间内疏外密分布的同心圆环。

由式(15.10)可知,当薄膜厚度 e 和入射光波长一定时,在干涉圆条纹中心处的入射角 i 小,对应的光程差大,其条纹的级次 k 值也大。所以,等倾干涉条纹级次分布的特点是内高外低。

15.6 劈尖干涉

当波长为 λ 的单色光以相同的角度入射到厚度不均匀的薄膜时,由式(15.10)可知,薄膜上下表面反射光的光程差随膜的厚度而改变,薄膜厚度相等的地方光程差相同,反射光干涉后形成一条级次相同的条纹,这种干涉称为**等厚干涉**。

劈尖形介质膜是最简单的厚度不均匀薄膜。如图 15.10 所示,产生干涉的薄膜是一个放在空气中的劈尖形状的介质膜片。它的两个表面是平面,中间有一个很小的夹角 θ。

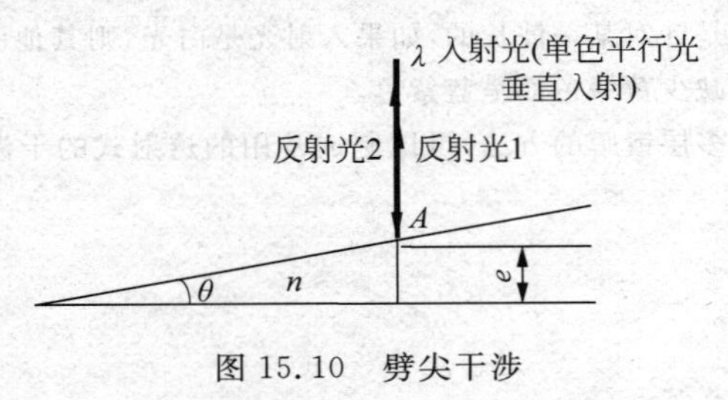

图 15.10 劈尖干涉

(1) 实验条件

θ 很小(约为 10^{-4} rad),单色光垂直入射($i=0$)。

(2) 光程差

当单色光垂直入射到 A 点时,一部分在 A 点反射,成为反射光 1,另一部分则折射入介质内部,在介质下表面反射,成为反射光 2,它们在劈尖上表面 A 点处叠加,由于 θ 角很小,入射线、透射线和反射线重合。由式(15.12)两条反射光的光程差为

$$\delta = 2ne + \frac{\lambda}{2} \tag{15.13}$$

其中 n 为介质的折射率，e 为 A 点对应的劈尖厚度。

(3) 条纹的确定

明纹中心

$$2ne+\frac{\lambda}{2}=k\lambda,\quad k=1,2,3,\cdots \tag{15.14}$$

暗纹中心

$$2ne+\frac{\lambda}{2}=(2k+1)\frac{\lambda}{2},\quad k=0,1,2,\cdots \tag{15.15}$$

在劈棱处，$e=0$，但由于有半波损失，所以劈棱处为暗纹。

(4) 条纹特点如图 15.11 所示。

① 同一级明纹(或同一级暗纹)上各点处的劈尖厚度相等，因此属于等厚条纹；

② 条纹为平行于棱边的一系列明暗相间的直条纹，且条纹间距相等。

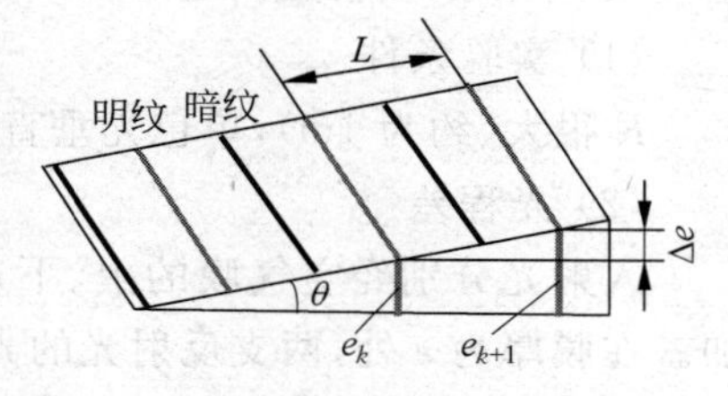

图 15.11　劈尖等厚干涉条纹

(5) 相邻明纹或相邻暗纹所在处的劈尖厚度之差

$$\Delta e=\frac{\lambda}{2n} \tag{15.16}$$

用途：可根据这一规律来分析一定劈尖厚度范围内的条纹数目等问题。

(6) 条纹间距

相邻明纹或相邻暗纹之间的距离

$$\Delta l=\frac{\lambda}{2n\sin\theta}\approx\frac{\lambda}{2n\theta} \tag{15.17}$$

例 15.5　用波长为 $\lambda=600\text{nm}$ 的光垂直照射由两块平玻璃板构成的空气劈尖薄膜，劈尖角 $\theta=2\times10^{-4}\text{rad}$。改变劈尖角，则相邻两明条纹间距缩小了 $\Delta l=1.0\text{mm}$，求劈尖角的改变量 $\Delta\theta$。

解　原间距 $l_1=\frac{\lambda}{2\theta}=\frac{600\times10^{-9}}{2\times2\times10^{-4}}=1.5\text{mm}$

改变后 $l_2=l_1-\Delta l=1.5-1.0=0.5\text{mm}$

$$\theta_2=\frac{\lambda}{2l_2}=\frac{600\times10^{-9}}{2\times0.5\times10^{-3}}=6\times10^{-4}\text{rad}$$

劈尖角的改变量为 $\Delta\theta=\theta_2-\theta=4.0\times10^{-4}\text{rad}$

【思考】　随着劈尖角的变化，劈尖干涉图样如何变化？

例 15.6　为了测量金属细丝的直径，我们可以把其夹在两块平板玻璃之间构成一个空气劈尖。现在用 $\lambda=589.3\text{nm}$ 的单色光垂直照射，测得金属丝与棱边的距离 $L=3.0\times10^{-2}\text{m}$，第 1 条明纹到第 31 条明纹的总距离为 $4.30\times10^{-3}\text{m}$。求金属丝的直径。

解　因为空气劈尖的倾角 θ 很小，则有 $\theta\approx\sin\theta$，金属丝的直径 $D\approx L\theta$。按式(15.15)

$$\theta=\frac{\lambda}{2\Delta l}$$

其中 Δl 为相邻明纹的间距。则有

$$D=L\theta=\frac{L\lambda}{2\Delta l}=\frac{3.0\times10^{-2}\times589.3\times10^{-9}}{2\times\frac{4.30\times10^{-3}}{31-1}}=6.17\times10^{-5}\text{m}$$

【思考】 如果将金属丝移向劈棱，那么在劈棱与金属丝间的条纹总数有无变化？条纹的间距有无变化？

15.7 牛顿环

在一块光学平面玻璃板 B 上放一块曲率半径 R 很大的平凸透镜 A，就构成了一个观察牛顿环的装置，如图 15.12 所示。用单色平行光垂直照射平凸透镜，在平凸透镜 A 的下表面和平面玻璃板 B 的上表面之间有一层空气膜，干涉条纹就是由这层膜干涉形成的。

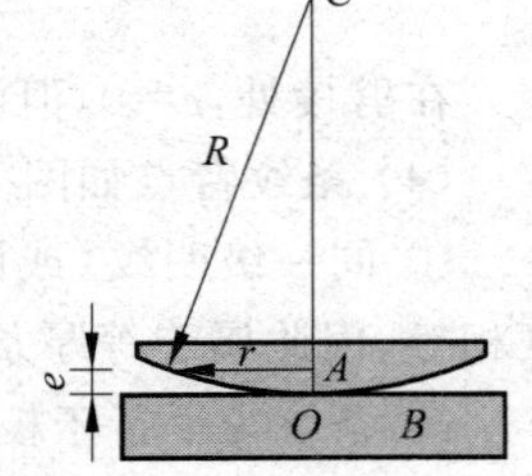

图 15.12 牛顿环

(1) 实验条件

R 很大(约为 1m)，单色光垂直入射($i=0$)。

(2) 光程差

入射光分别经空气膜的上、下表面反射后，在膜的上表面处叠加。在膜厚为 e 处，两支反射光的光程差为

$$\delta = 2e + \frac{\lambda}{2} \tag{15.18}$$

暗环条件

$$2e + \frac{\lambda}{2} = (2k+1)\frac{\lambda}{2}, \quad k = 0,1,2,\cdots \tag{15.19}$$

明环条件

$$2e + \frac{\lambda}{2} = k\lambda, \quad k = 1,2,3,\cdots \tag{15.20}$$

(3) 干涉圆环半径

为了求干涉环半径 r，按图 15.12 中的几何关系，$R^2 - r^2 = (R-e)^2$，因 $e \ll R$，略去 e^2，则有 $r^2 = 2Re$。

由式(15.19)和式(15.20)求出 e，可得

暗环半径

$$r = \sqrt{kR\lambda}, \quad k = 0,1,2,\cdots \tag{15.21}$$

明环半径

$$r = \sqrt{\left(k - \frac{1}{2}\right)R\lambda}, \quad k = 1,2,3,\cdots \tag{15.22}$$

从这两个公式可看出，r 与 k 的平方根成正比，因此条纹间距是不均匀的，越往外 k 越大，条纹越密。在透镜与平晶接触的中心点，$e=0$，但由于有半波损失，所以中心点为暗点。

(4) 条纹特点

① 同一级明纹(或同一级暗纹)上各点处的空气膜厚度相等，因此属于等厚条纹；

② 条纹间距不等，从中心向外，条纹由疏变密。

例 15.7 在牛顿环装置的平凸透镜和平板玻璃间充以某种透明液体，发现第 10 级明环的直径由充液前的 15.5cm 变成 12.8cm，求液体折射率 n。

解 充液前，明环半径 $r = \sqrt{\left(k - \frac{1}{2}\right)R\lambda}$

充液后，明环半径 $r'=\sqrt{\left(k-\dfrac{1}{2}\right)\dfrac{R\lambda}{n}}$

对于同一级 k，有 $\dfrac{r}{r'}=\sqrt{n}$

于是 $n=\left(\dfrac{r}{r'}\right)^2=\left(\dfrac{d}{d'}\right)^2=\left(\dfrac{15.5}{12.8}\right)^2=1.47$

【思考】 为什么充液后明环直径缩小？

15.8 迈克耳孙干涉仪

干涉仪是根据光的干涉原理制成的精密测量仪器，它可以精确地测量长度以及长度的微小变化。迈克耳孙干涉仪是 100 年前迈克耳孙设计制成的，它是用分振幅法产生两相干光束以实现干涉的仪器。如图 15.13 所示，其中 M_1 和 M_2 为在垂直的两臂上放置的互相垂直的两个平面反射镜，并且 M_2 固定，M_1 用精密丝杠带动可沿臂轴方向移动。在两臂相交处，放一个与两臂成 45°的光学平晶 G_1。在 G_1 的后表面镀一层半反半透的银膜，它能将入射光分成振幅近似相等的反射光束 1 和透射光束 2，因此该平晶称为**分束镜**。在透射光束 2 的光路上另加一块与 G_1 厚度相同、折射率相同的平晶 G_2，它起着补偿光路的作用，称为**补偿镜**。观察者可以在 E 处观察干涉条纹。

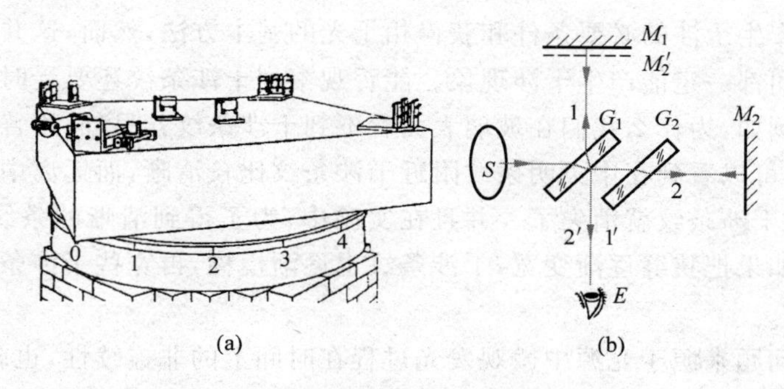

图 15.13　迈克耳孙干涉仪

由面光源 S 发出的光入射到分束镜 G_1 上，形成入射到两个反射镜 M_1 和 M_2 上的两束相干光束 1 和 2，再分别经过两个反射镜反射回分束镜 G_1 处，经过分束镜 G_1 的折射和反射，形成光束 1′和 2′在 E 处叠加。M_2'是 M_2 对于 G_1 上银膜所成的虚像，如图 15.13 所示，相干光束 11′和 22′所发生的干涉可等效为 M_2'和 M_1 之间的空气薄膜产生的干涉。

当 M_1 与 M_2 严格垂直时，M_2'和 M_1 之间的空气薄膜厚度均匀，这时可以观察到等倾条纹；当 M_1 与 M_2 不严格垂直时，M_2'和 M_1 之间形成空气劈尖，这时可以观察到劈尖的等厚条纹。当 M_1 移动时，空气薄膜厚度改变，可以方便地观察条纹变化。

如果 M_1 水平移动 x，则空气膜中光程差改变 $2x$，并且有

$$2x = m\lambda \tag{15.23}$$

其中 m 为干涉条纹移动数目，由此可以测量微小位移。

迈克耳孙干涉仪设计精巧，用途广泛，可测定光谱的精细结构、测折射率和检查光学元件的质量，还可以用光波作度量标准，对长度进行定标。1881 年迈克耳孙曾用他的干涉仪

做了著名的迈克耳孙-莫雷实验,它的否定结果是相对论的实验基础之一,迈克耳孙因发明干涉仪和测定光速而获得1907年诺贝尔物理学奖。利用迈克耳孙干涉仪的精巧原理,美国科学家还成功地制造了激光干涉引力波探测仪,并于2015年9月首次探测到引力波,由此2017年诺贝尔物理学奖授予了美国物理学家麻省理工学院的Rainer Weiss教授及加州理工学院的Kip Stephen和Barry Clark Barish教授,以表彰他们构思、设计的LIGO对直接探测引力波做出的贡献。

例15.8 迈克耳孙干涉仪的可动平面镜移动0.27300mm时,可以数出有1000条条纹移动,问该光的波长为多少?是什么颜色的光?

解 条纹移动数$m=1000$条,由$x=m\dfrac{\lambda}{2}$可知

$$\lambda=\frac{2x}{m}=\frac{2\times 0.27300\times 10^{-3}}{1000}=546\text{nm}$$

应为绿色光。

【思考】 如果在迈克耳孙干涉仪的光路中插入一个折射率为n厚度为x的介质片,所引起的光程差的改变是多少?

15.9 光源的相干性

前面讨论了产生干涉的必要条件和获得相干光的基本方法,然而,这并不意味着凡是有相干光传播的空间都一定能产生干涉现象。能否观察到干涉条纹还要受时间相干性和空间相干性的限制。例如,为什么我们在玻璃表面看不到干涉条纹?另外,用普通单色光源进行双缝实验时,我们可以看到在中央明条纹附近干涉条纹比较清晰,而远离中央明纹两侧条纹逐渐模糊,再远些干涉条纹就消失了。并且在实验中,为了得到清晰的条纹,通常是把光源狭缝开得很窄。如果把狭缝逐渐变宽,干涉条纹也逐渐模糊,再宽些干涉条纹就消失了。这是什么缘故呢?

时间相干性问题来源于光源中微观发光过程在时间上的非连续性,也就是说,从光源中发出的各个独立波列的长度是有限的。我们将光源中原子每次发光的持续时间称为**相干时间**,用τ表示,则每一波列在真空中的长度为$L=c\tau$。当光在干涉装置中分成两束光时,每个波列都被分成两部分,如图15.14中的a_1、a_2、b_1、b_2等。若两光路的光程差不太大时,由同一波列分解出来的两波列如a_1和a_2、b_1和b_2等可能相遇叠加,这时能够发生干涉,如图15.14(a)所示。若两光路的光程差太大,由同一波列分解出来的两波列不能叠加,而相互叠加的可能是由前后两波列分解出来的波列(譬如说b_1和a_2),这时就不能发生干涉,如图15.14(b)所示。能够产生干涉的最大光程差叫作相干长度,因此产生干涉的条件为

$$\delta_{\max}=L \tag{15.24}$$

这就是说,**相干长度就等于波列的长度**。我们将光源的这种相干性称为**时间相干性**。普通光源的相干长度只有毫米到厘米数量级。激光的相干长度较长,从米数量级到百米或更高数量级,所以激光光源的时间相干性好。

由于普通光源不同部位发出的光是不相干的,因而在杨氏双缝实验中,需要用点光源或线光源。实际的线光源总有一定宽度。实验表明,当光源的宽度逐渐增大时,干涉条纹的明暗对比将下降,而达到一定宽度时,干涉条纹将消失。这就是光源的**空间相干性**问题。

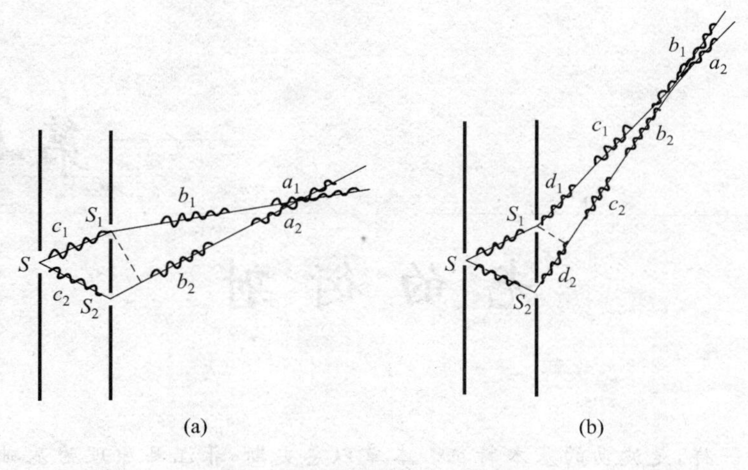

图 15.14　说明相干长度用图

如图 15.15 所示，设光源是宽度为 b 的普通带状光源，相对于双缝 S_1 和 S_2 对称放置。整个带状光源可以看成是由许多并排的线光源组成，它们发出的光是**不相干**的。显然，每个线光源在屏上都要产生一套自己的干涉条纹。由光程差分析可知，位于光源中心 M 处的线光源产生的零级干涉明条纹在屏的中心 O 处。在 M 上方的线光源，其零级干涉明条纹在 O 的下方。而在 M 下方的线光源，其零级干涉明条纹在 O 的上方。因此，这些不相干的线光源产生的干涉条纹是彼此错开的。由于这些线光源产生的相邻明纹的间距 $\Delta x=\dfrac{D}{d}\lambda$ 都相等，若 O_L 和 O_N 彼此错开半个条纹间距，总的干涉条纹明暗对比度下降；若 O_L 和 O_N 彼此错开一个条纹间距，总的光强均匀分布，干涉条纹消失。后一种情况中两边缘线光源的间距就是带状光源允许的宽度，由图中几何关系可以得出光源的最大宽度为

$$b=\frac{R}{d}\lambda \tag{15.25}$$

当光源宽度大于 b 时，就不能观察到干涉条纹。

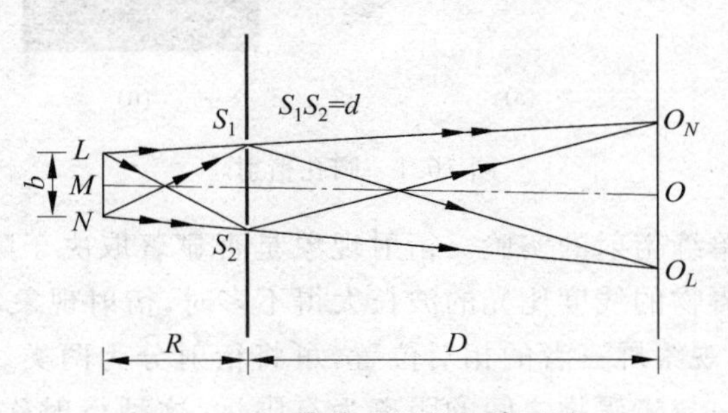

图 15.15　带状光源的双缝干涉

第16章

光的衍射

衍射和干涉一样，是波动的基本特征。本章以惠更斯-菲涅耳原理为基础，介绍光的衍射，着重讨论单缝衍射和光栅衍射的特点和规律，简要介绍圆孔衍射、光学仪器的分辨本领和X射线的衍射。

16.1 光的衍射现象和惠更斯-菲涅耳原理

光的衍射现象很容易在实验室观察到。如图16.1所示为圆孔衍射的装置和衍射图样。S是一单色点光源，G光屏上开了一个直径约为零点几毫米的小圆孔，H为一观察屏。实验中我们发现，观察屏上形成的光斑比圆孔大很多，其周围为明暗相间的圆环。这种光波遇到障碍物时偏离直线传播的现象称为**光的衍射**。

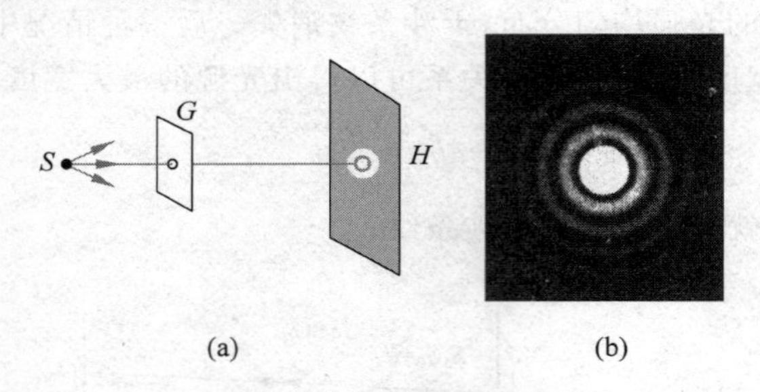

图16.1 圆孔衍射

图16.2所示的是单缝衍射的实验。衍射现象是否显著取决于障碍物的线度与光波长的相对比值，只有当障碍物的线度比光的波长大得不多时，衍射现象才显著。

根据光源、障碍物、观察屏三者的相对位置，可将衍射分为两类。一类如图16.1所示，光源与屏，或者两者之一与障碍物之间的距离为有限远，这种衍射称为**菲涅耳衍射**，或**近场衍射**。另一类如图16.2所示，光源和屏及障碍物之间的距离均为无限远，入射光与衍射光都是平行光，这种衍射称为**夫琅禾费衍射**，或**远场衍射**。夫琅禾费衍射实际上是菲涅耳衍射的极限情形。

应用惠更斯原理，可以定性地从某时刻的已知波阵面求出其后另一时刻的波阵面。但因惠更斯原理的子波假设不涉及子波的强度和相位，所以无法解释衍射形成的光强不均匀

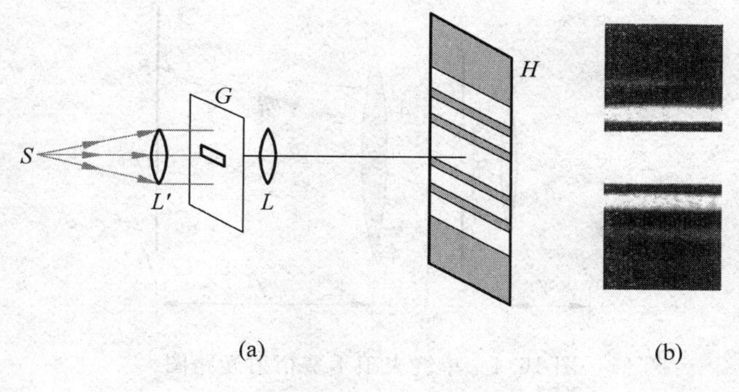

图 16.2　单缝衍射

分布现象。菲涅耳(Augustin Fresnel,1788—1827)在惠更斯的子波假设基础上,提出了"子波相干叠加"的思想,从而建立了反映光的衍射规律的惠更斯-菲涅耳原理。该原理指出:**波阵面上各点都可看作子波波源,其后任一时刻这些子波的包迹就是新的波阵面,波场中各点的强度由各子波在该点的相干叠加决定。**

根据惠更斯-菲涅耳原理,将图 16.3 中的波阵面 S 分割为无限多个面元,每个面元 $\mathrm{d}S$ 都是一个子波源,P 点的光振动取决于 S 面上所有面元发出的子波在该点的相干叠加。

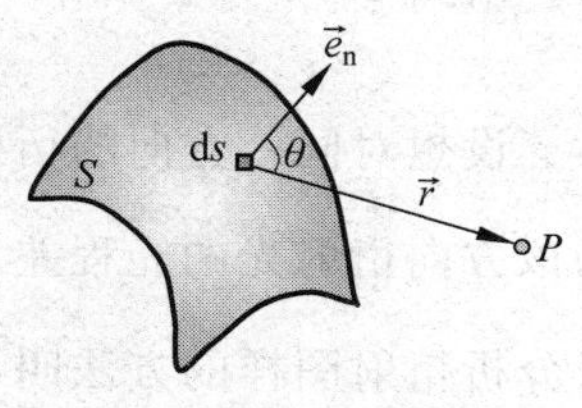

图 16.3　菲涅耳衍射公式引出用图

对于任一面元 $\mathrm{d}S$ 发出的子波在 P 点引起的光振动的振幅和相位,菲涅耳有如下假设:

(1) 面元 $\mathrm{d}S$ 发出的子波在 P 点引起的光振动的振幅与 $\mathrm{d}S$ 的大小成正比,与 $\mathrm{d}S$ 到 P 点的距离 r 成反比,并与$\vec{r}$和面元 $\mathrm{d}S$ 的法线$\vec{e}_\mathrm{n}$方向之间的夹角 θ 有关;

(2) 因波阵面 S 是一同相面,所以任一面元 $\mathrm{d}S$ 在 P 点引起的光振动的相位由 r 决定。

根据以上假设,并引入比例常数 C,$\mathrm{d}S$ 发出的子波在 P 点引起的光振动可写成

$$\mathrm{d}E = C\frac{K(\theta)}{r}\cos\left(\omega t - \frac{2\pi}{\lambda}r\right)\mathrm{d}S$$

式中 $K(\theta)$称为倾斜因子。对上式积分,可得到波阵面 S 在 P 点引起的合振动,即

$$E = \int_S C\frac{K(\theta)}{r}\cos\left(\omega t - \frac{2\pi}{\lambda}r\right)\mathrm{d}S \tag{16.1}$$

这就是惠更斯-菲涅耳原理的数学表达式,称为菲涅耳衍射积分。

利用惠更斯-菲涅耳原理,原则上可定量描述光通过各种障碍物所产生的衍射现象。但对一般衍射问题,积分计算相当复杂。为了比较简单地阐述衍射的规律,我们在本章用半波带法讨论夫琅禾费衍射。

16.2　单缝的夫琅禾费衍射

图 16.4 为单缝夫朗禾费衍射实验的光路图,为便于解释,单缝的宽度 a 在图中被扩大了。

根据惠更斯-菲涅耳原理,单缝处的波阵面上每一面元都是子波源,它们各自向各方向

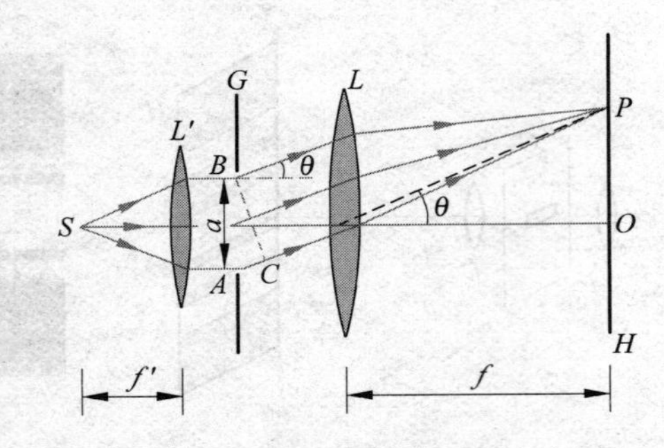

图 16.4 单缝夫琅禾费衍射光路图

发出子波,形成衍射光线。衍射角 θ 是衍射光线与缝平面法线间的夹角,衍射角为 θ 的平行光束经透镜后汇聚于 P 点。过 B 点作衍射光的波阵面 BC,$BC\perp AC$,则由 BC 面上各点到达 P 点的光程相同,因而这组平行光在 P 点的光程差仅取决于它们从缝平面各点到达 BC 面时的光程差。缝上各点发出的光在 P 点的相位差,是由从缝到 BC 面这一段光程差引起的。由图 16.4 可看出

$$AC = a\sin\theta$$

设想对同一方向的衍射光,将单缝处的波阵面用一定宽度的条带来划分,条带两侧发出的该方向衍射光的光程差为 $\frac{\lambda}{2}$,称这样的条带为**半波带**,如图 16.5 所示,利用这样的半波带来分析衍射图样的方法叫**半波带法**。由于各个半波带的面积相等,所以各个半波带在 P 点所引起的光振幅接近相等。两相邻的半波带上,任何两个对应点所发出的子波的光程差总是 $\frac{\lambda}{2}$,亦即相位差总是 π。经过透镜汇聚,由于透镜不产生附加光程差,所以到达 P 点时相位差仍然是 π。结果任何两个相邻半波带所发出的子波在 P 点所引起的光振动将完全抵消。由此可见,若单缝处的波阵面恰好划分成偶数个半波带,即 AC 是半波长的偶数倍时,该方向衍射光相干叠加后强度为零,屏幕上对应点处为暗纹中心(图 16.5(b));若恰好划分为奇数个半波带时,则 AC 是半波长的奇数倍,相互抵消的结果,还留下一个半波带的作用,屏幕上对应点处近似为明纹中心(图 16.5(a))。半波带的数目随 θ 角的不同而改变。

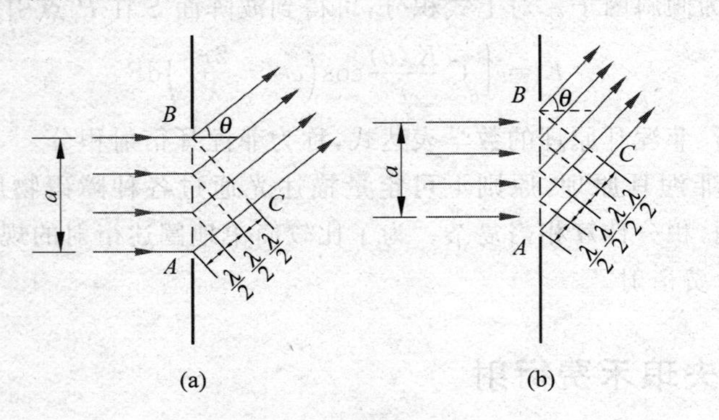

图 16.5 半波带

1. 条纹的确定

根据以上分析,在垂直入射时,单缝在衍射方向上形成明暗纹的条件是

中央明纹中心：

$$\theta = 0$$

暗纹中心：

$$a\sin\theta = \pm k\lambda, \quad k = 1,2,3,\cdots \tag{16.2}$$

明纹中心(近似)：

$$a\sin\theta = \pm (2k+1)\frac{\lambda}{2}, \quad k = 1,2,3,\cdots \tag{16.3}$$

其中，中央明纹中心和暗纹中心是准确的，其余明纹中心的位置是近似的，与准确值稍有偏离。必须强调指出，对任意衍射角 θ 来说，AB 一般不能恰巧分成整数个半波带，亦即 AC 不等于$\frac{\lambda}{2}$的整数倍。此时，衍射光束经透镜聚焦后，形成屏幕上光强介于最明和最暗的中间区域。

【思考】 该规律与杨氏双缝干涉中条纹服从的规律有何异同？原因何在？

2. 条纹特点

单缝衍射的光强分布如图 16.6 所示。可以看出单缝衍射的条纹特点：中央明纹最宽、最亮，两侧其他明纹的光强随级次的增大而迅速减弱。这是由于 θ 角越大，分成的半波带数越多，未被抵消的半波带面积越来越小。

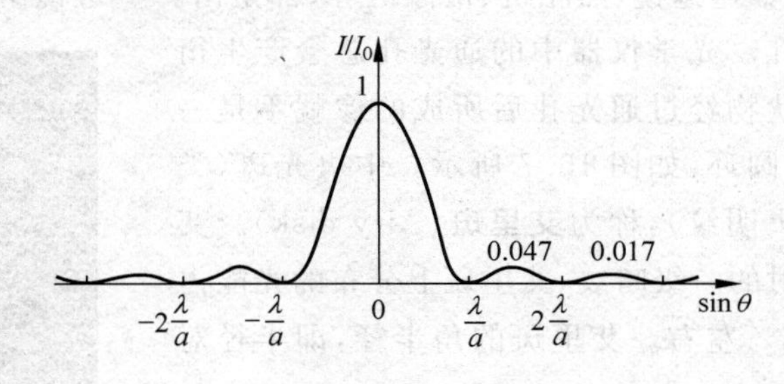

图 16.6　单缝衍射的光强分布

中央明纹的宽度是两侧其他明纹宽度的两倍。由式(16.2)取 $k=1$，可得中央明纹的**半角宽**为

$$\theta \approx \sin\theta = \frac{\lambda}{a} \tag{16.4}$$

设透镜焦距为 f，观察屏上**中央明纹的线宽度**为

$$\Delta x_0 = 2f\tan\theta_0 \approx 2f\frac{\lambda}{a} \tag{16.5}$$

上式表明，中央明纹的宽度正比于波长 λ，反比于缝宽 a。也就是说，缝越窄，衍射越显著；缝越宽，衍射越不明显。当 $a \gg \lambda$ 时，各级衍射条纹向中央靠拢，条纹过于密集而不能分辨，形成光的直线传播。因此可以说光的直线传播规律是波动光学在$\frac{\lambda}{a}\to 0$ 时的极限情形。

例 16.1　在一单缝夫琅禾费衍射实验中，缝宽 $a=0.5\text{mm}$，缝后透镜焦距 $f=50\text{cm}$，今以白光垂直照射狭缝，在观察屏上距中央明纹中心 $x=1.5\text{mm}$ 处的 P 点看到明纹极大，求：

(1) 入射光的波长及衍射级次；

(2) 单缝所在处的波面被分成的半波带数目。

解 (1) 对于 P 点,有

$$\tan\theta=\frac{x}{f}=\frac{1.5\text{mm}}{500\text{mm}}=3\times10^{-3}$$

可见 θ 角很小,因而 $\tan\theta\approx\sin\theta\approx\theta$。由单缝衍射的明纹条件

$$a\sin\theta=\pm(2k+1)\frac{\lambda}{2}$$

可得 $\lambda=\frac{2a\sin\theta}{2k+1}\approx\frac{2ax}{(2k+1)f}=\frac{2\times0.5\times1.5}{(2k+1)\times500}\text{mm}=\frac{3\times10^3}{2k+1}\text{nm}$

取白光的波长范围 400~760nm,满足上式的波长值即为所求。

$k=1$ 时,$\lambda_1=1000\text{nm}$,$k=2$ 时,$\lambda_2=600\text{nm}$,符合题意;

$k=3$ 时,$\lambda_3=430\text{nm}$,符合题意;$k=4$ 时,$\lambda_1=333\text{nm}$。

(2) 可分成的半波带数目

$k=2$ 时,$N=5$;$k=3$ 时,$N=7$。

【思考】 本题情形的明条纹,其中央明纹的宽度是多少?

16.3 光学仪器的分辨本领

大多数光学仪器,如望远镜、照相机、摄像机等,都是由一些透镜组成的光学系统,透镜实际上相当于一个圆孔。光学仪器中的通光孔总会产生衍射,这样,远处一个点状物经过通光孔后所成的像就不是一个点,而是一系列同心圆环,如图 16.7 所示。中央光斑(类似于单缝衍射中的中央明纹),称为**艾里斑**(Airy disk)。艾里斑的边缘是圆孔衍射的一级暗纹,艾里斑上分布的光能占通过圆孔总光能的 84%左右。艾里斑的角半径,即半径对圆孔中心的张角

图 16.7 夫琅禾费圆孔衍射

$$\theta_0=1.22\frac{\lambda}{D} \tag{16.6}$$

式中,λ 为入射光波长,D 为通光孔直径。

由于发生衍射,一个发光点经透镜所成的像不是几何点,而是一个艾里斑。

怎样才能分辨两个相距很近的点状物?瑞利提出一个标准判据,称为**瑞利判据:当其中一个光斑的中心位于另一个光斑的边缘时,两者恰能分辨**。如图 16.8(b)所示。这时两物点对透镜中心的张角 θ_R 称为光学仪器的最小分辨角,即 $\theta_R=\theta_0$。最小分辨角的倒数称为**光学仪器的分辨本领**,用 R 表示,有

$$R=\frac{1}{\theta_R}=\frac{D}{1.22\lambda} \tag{16.7}$$

上式表明,仪器的分辨本领与其通光孔径 D 成正比,与波长 λ 成反比。因此,大口径的物镜对提高望远镜的分辨率有利;而电子显微镜的分辨率远大于普通光学显微镜,因为电子波的波长很短(10^{-10}m 量级)。利用电子束的波动性来成像的电子显微镜具有很高的分辨率,它为研究分子、原子的结构提供了有力工具。

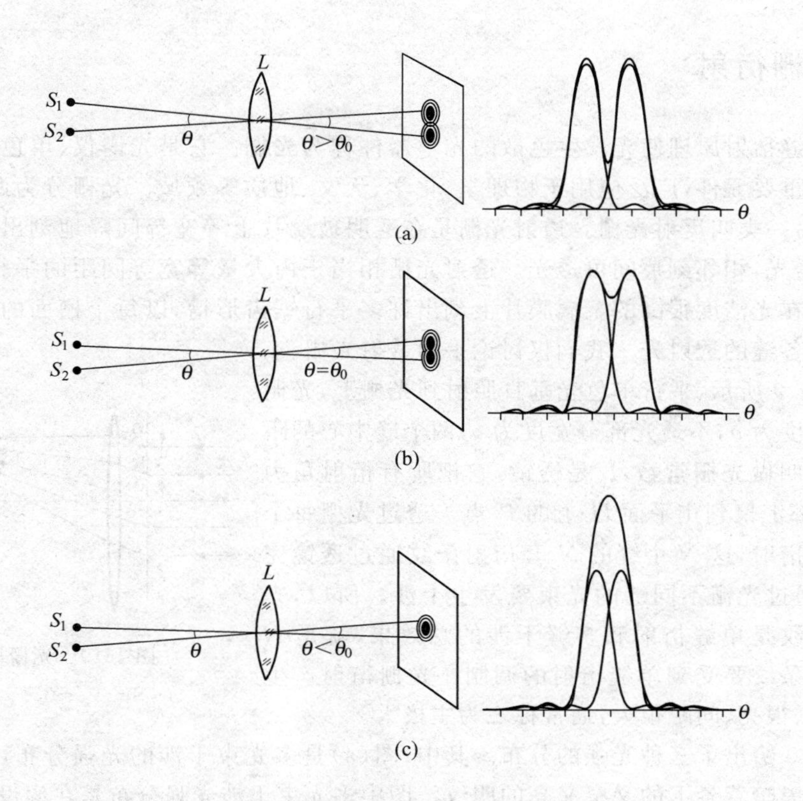

图 16.8　瑞利判据说明：对于两个不相干的点光源

(a) 分辨清晰；(b) 恰能分辨；(c) 不能分辨

例 16.2　在通常亮度下，人眼瞳孔的直径为 3mm 左右，对于可见光的平均波长 $\lambda=550\text{nm}$，人眼的最小分辨角是多少？29″电视机画面上相邻水平线的间距为 1.1mm，在距电视机多远的范围内能看清画面？

解　把人眼当作一个透镜，人眼瞳孔的最小分辨角

$$\theta_R=\frac{1.22\lambda}{D}=\frac{1.22\times550\times10^{-9}}{3.0\times10^{-3}}=2.2\times10^{-4}\,\text{rad}\approx1'$$

设人与电视机的距离为 L，则

$$\frac{\Delta x}{L}\geqslant\theta_R,\quad\rightarrow L\leqslant\frac{\Delta x}{\theta_R}=\frac{1.1\times10^{-3}}{2.2\times10^{-4}}=5\text{m}$$

例 16.3　一雷达的圆形发射天线的直径 $D=0.5\text{m}$，发射的无线电波的频率 $\nu=300\text{GHz}$。求雷达发射的无线电波束的角宽度。

解　雷达天线发射的无线电波，相当于通过天线圆孔后的衍射波。由于衍射的中央主极大(艾里斑)集中了绝大部分衍射波的能量，所以雷达波束的角宽度，等于艾里斑角半径的两倍。即

$$\theta=2\theta_0=\frac{2.44\lambda}{D}=\frac{2.44\,\dfrac{c}{\nu}}{D}=\frac{2.44\times3\times10^{8}}{0.5\times300\times10^{9}}=4.88\times10^{-3}\,\text{rad}=0.280^\circ$$

16.4 光栅衍射

利用多缝衍射原理使光发生色散的光学器件称为**光栅**。它是光谱仪、单色仪以及许多光学仪器的重要元件，广泛应用于物理学、化学、天文、地质等领域。光栅分为两类，一类叫透射光栅，另一类叫反射光栅。透射光栅是在透明玻璃片上等宽等间隔地刻出大量平行刻痕，刻痕不透光，相邻刻痕间可透光。透射光栅相当于由大量等宽等间距的平行狭缝组成。反射光栅是在光洁度很高的金属膜片上刻出许多平行锯齿形槽，以每个槽面的反射光来代替透射光栅各缝的透射光。我们仅讨论平面透射光栅。

如图16.9所示，平行单色光垂直照射到光栅上，光栅透光缝的宽度为a，不透光部分宽度为b，两个缝中心的距离$d=a+b$叫做**光栅常数**，L是透镜，它把所有衍射角为θ的平行光都汇聚到焦平面H上的P点。透过光栅每个缝的光都有衍射，这N个缝的N套衍射条纹通过透镜完全重合，即通过光栅不同缝的光束要发生干涉。所以，光栅的衍射条纹是单缝衍射和多缝干涉的总效果，就是N个缝的干涉条纹要受到单缝衍射的调制。光栅衍射产生的明纹很窄、很亮、间距很大，通常称之为主极大。

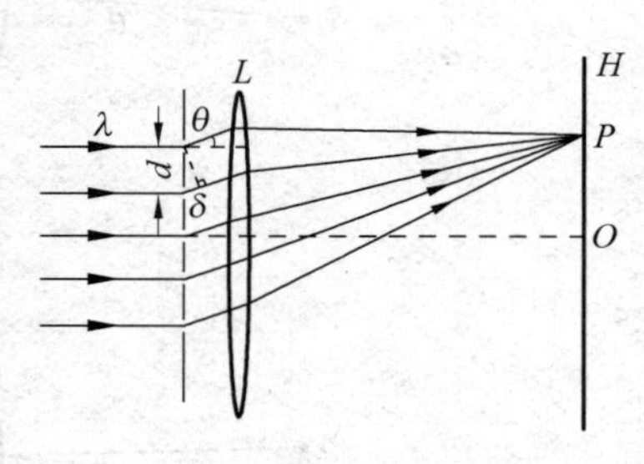

图16.9 光栅衍射

图16.10给出了三种光强的分布。其中，图(a)是多光束干涉的光强分布，它是一系列出现在几乎黑暗背景下的又窄又亮的明纹。图中多光束干涉光强分布是在假设各缝光束单独照射时，H屏上的光强均匀分布的情况下得出的。图(b)是单缝衍射的光强分布，即各缝光束单独照射时光强的实际分布。由于缝宽a小于缝间距d，所以在单缝衍射中央明纹的区域内，包括许多条干涉主极大谱线。图(c)是光栅衍射的光强分布，它综合反映了光栅衍射谱线的主要特点，就是**受单缝衍射调制的多光束干涉**。

在图16.9中，由于透镜不产生附加光程差，所以光栅相邻两缝发出的衍射角为θ的平行光，在P点的光程差是$\delta=d\sin\theta$。由振动叠加规律可知，当θ满足

$$d\sin\theta=\pm k\lambda,\quad k=0,1,2,\cdots \tag{16.8}$$

时，所有缝发出的光到达P点时将发生相长干涉而形成主极大条纹。上式称为**光栅方程**。请同学们思考：若平行单色光以入射角θ斜入射到光栅上，此时的光栅方程如何表达？设光栅的总缝数为N，则在P点的合振幅应是来自一条缝的光的振幅的N倍，而合光强将是来自一条缝的光强的N^2倍，所以光栅衍射的主极大是很亮的。可以看出，光栅衍射主极大的位置只与光栅常数d、波长λ有关，而与N无关。

图16.11是两张光栅衍射图样的照片。(a)$N=5$；(b)$N=20$。对光栅常数一定的光栅，入射波长λ越大，各级明条纹的衍射角也越大；而缝数N越多，明条纹越亮。

我们用振幅矢量$\vec{A}$表示缝数为N的光栅上每个缝对光屏上P点光振动的贡献，在P点相邻两缝的振幅矢量之间的夹角为相位差$\Delta\varphi=\dfrac{2\pi d\sin\theta}{\lambda}$。因此，图16.10(a)所示多光束干涉的光强分布，就是这N个同方向、同频率简谐振动在光屏上合成的结果。以$N=4$为例，当$\Delta\varphi=0$和2π时，四个振幅矢量的合矢量都等于一个单缝在相应位置处的振幅矢量的4

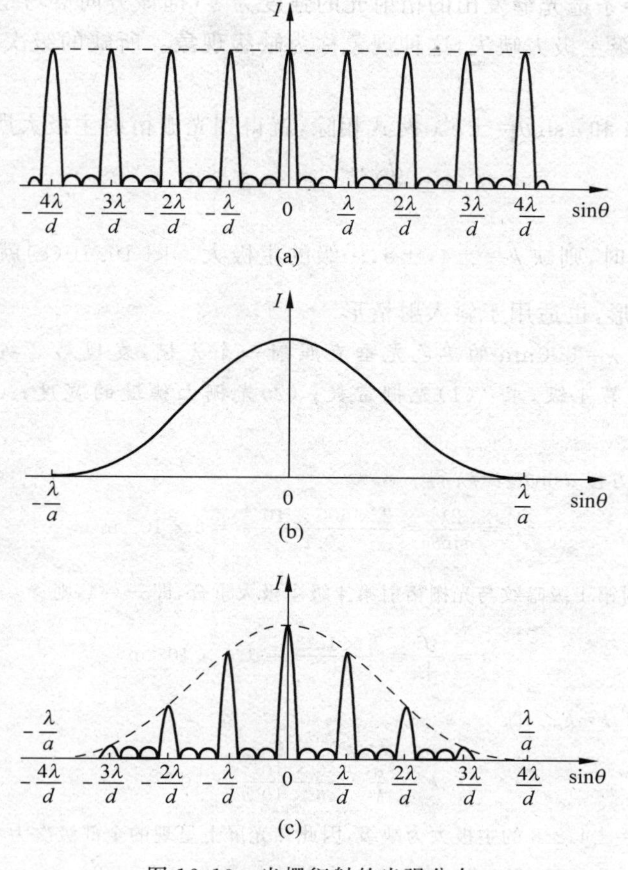

图 16.10　光栅衍射的光强分布

图 16.11　光栅衍射图样的照片

倍，分别对应零级主极大和一级主极大。在 $0\sim2\pi$ 之间，只有当 $\Delta\varphi$ 取 $\frac{\pi}{2}$，π 和 $\frac{3\pi}{2}$ 三个值时，四个振幅矢量才构成封闭的图形而使合振幅为零，这说明在相邻主极大之间只能出现三个暗纹。而在相邻两个暗纹之间还会有一个次级大。一般而言，缝数为 N 的多光束干涉的结果，是在相邻主极大之间出现 $N-1$ 个暗纹和 $N-2$ 个次级大，而且 N 越大，次级大的光强越小。实验室常用的光栅每厘米的刻痕为几千条到上万条，因此光栅衍射是在几乎黑暗的背景上产生一系列又窄又亮的主极大条纹。

还要说明的是，由于单缝衍射的光强分布在某些 θ 值可能为零，如果对应于这些 θ 值按多光束干涉出现某些级次的主极大时，这些主极大会消失。也就是说，在本应出现某一级谱线的方向上,恰巧各条透光缝发出的衍射光的强度为零(即该方向恰巧是单缝衍射的某一级暗纹方向),因而该级主极大缺失,这种现象称为**缺级现象**。所缺的级次由光栅常数 d 与缝宽 a 的比值决定。

把 $d\sin\theta=\pm k\lambda$ 和 $a\sin\theta=\pm k'\lambda$ 两式相除,就得到光栅衍射主极大所缺的级次

$$k=\pm\frac{d}{a}k',\quad k'=1,2,3,\cdots \tag{16.9}$$

例如,当 $\frac{d}{a}=4$ 时,则缺 $k=\pm4,\pm8,\cdots$ 级的主极大。图 16.10(c)就是这种情形。上式既适用于正入射情形,也适用于斜入射情形。

例 16.4 当以 $\lambda=600\text{nm}$ 的单色光垂直照射一个光栅,发现第 2 级明纹出现在 $\sin\theta=0.2$ 处,首次缺级为第 4 级,求:(1)光栅常数;(2)光栅上狭缝的宽度;(3)屏上实际呈现的全部级次。

解 (1) 由光栅方程 $d\sin\theta=\pm k\lambda$ 得

$$d=\frac{2\lambda}{\sin\theta}=\frac{2\times600\times10^{-9}}{0.2}=6\times10^{-6}\,\text{m}$$

(2) 由于单缝衍射第 1 级暗纹与光栅衍射第 4 级主极大重合,即 $\frac{d}{a}=4$,则

$$a=\frac{d}{4}=\frac{6\times10^{-6}}{4}=1.5\times10^{-6}\,\text{m}$$

(3) 当 $\theta=\pm\frac{\pi}{2}$ 时,$k=k_{\max}$,即

$$k<\frac{d}{\lambda}=\frac{6\times10^{-6}}{6\times10^{-7}}=10$$

考虑缺级条件,$k=\pm4,\pm8$ 的主极大为缺级,因此在光屏上呈现的全部级次为

$$k=0,\pm1,\pm2,\pm3,\pm5,\pm6,\pm7,\pm9$$

【思考】 谱线缺级公式 $k=\pm\frac{d}{a}k'$ 中,k' 的物理意义是什么?

例 16.5 一束平行光垂直照射到某个光栅上,该光束有两种波长的光,$\lambda_1=400\text{nm}$,$\lambda_2=600\text{nm}$。实验发现,从屏幕中心向两侧方向两种波长的谱线第二次重合于衍射角 $\theta=60^\circ$ 的方向上,求此光栅最小的光栅常数 d。

解 根据光栅方程

$$d\sin\theta_1=k_1\lambda_1$$
$$d\sin\theta_2=k_2\lambda_2$$

当两谱线重合时,$\theta_1=\theta_2$,有

$$k_1\lambda_1=k_2\lambda_2$$
$$400k_1=600k_2$$

即
$$\frac{k_1}{k_2}=\frac{3}{2}=\frac{6}{4}=\frac{9}{6}\cdots$$

两谱线第二次重合,$k_1=6$,$k_2=4$。

代入光栅方程可得 $d\sin60^\circ=6\lambda_1$

$$d=\frac{6\lambda_1}{\sin60^\circ}=2.77\times10^{-3}\,\text{mm}$$

【思考】 光栅衍射和单缝衍射有何区别?为何光栅衍射的明纹特别亮?

16.5　X 射线的衍射

X 射线是伦琴(W. K. Röntgen,1845—1923)在 1895 年发现的。图 16.12 所示的是一种产生 X 射线的真空管。K 是发射电子的热阴极,A 是由钼、钨或铜等金属制成的阳极,又称对阴极。两极之间加有数万伏的高电压,使电子流加速,向对阴极 A 撞击而产生 X 射线。

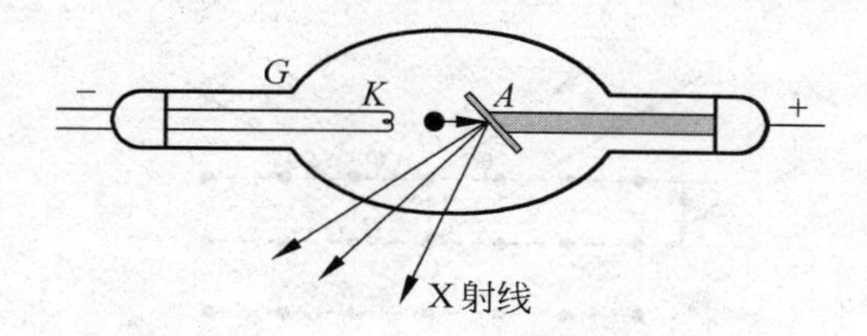

图 16.12　X 射线管

X 射线是一种波长为 0.001～10nm 数量级的电磁波,是由原子内层电子跃迁而产生的。对于这样短的波长,通常的光学光栅无法产生明显的衍射现象。例如,波长 $\lambda=0.1\text{nm}$ 的 X 射线垂直入射到光栅常数 $a+b=300\text{nm}$ 的光栅,如果还按光栅方程进行估算,第 1 级主极大出现在 $0.002°$的方向上,实际上已无法观察。

人们曾希望获得能产生 X 射线衍射的光栅,但 X 射线的波长数量级与原子直径相当,这样的光栅当然无法用机械方法来制造。1912 年德国的物理学家劳厄(M. von Lau,1879—1960)想到,晶体是由有规则排列的微粒(原子、离子或分子)组成的,它也许会构成一种适合于 X 射线的天然三维衍射光栅。他进行了实验,第一次圆满地获得了 X 射线的衍射图样,从而证实了 X 射线的波动性。劳厄实验装置简图如图 16.13 所示。图 16.13(a)中 PP' 为铅板,上有一个小孔,X 射线由小孔通过;C 为晶体,E 为照相底片。图 16.13(b)是 X 射线通过 NaCl 晶体后投射到底片上形成的衍射斑,称为劳厄斑。

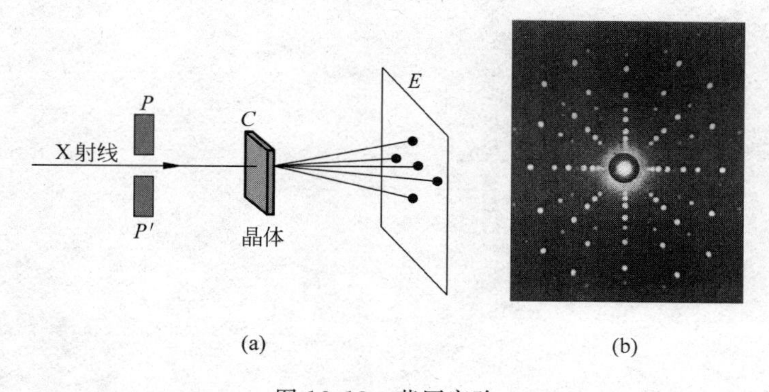

图 16.13　劳厄实验

不久,英国布拉格父子(W. H. Bragg,1862—1942 和 W. L. Bragg,1890—1971)提出另一种研究 X 射线的方法。他们把晶体的空间点阵简化,当作反射光栅处理。想象晶体是由一系列平行的原子层(称为晶面)所构成的,如图 16.14 所示。设各原子层(或晶面)之间的距离为 d,称为晶面间距。当一束单色的、平行的 X 射线,以掠射角 φ 入射到晶面上时,一部分将为表面层原子所散射,其余部分将为内部各原子层所散射。但是,在各原子层所散射的

射线中，只有沿镜式反射方向的射线强度为最大。由图可见，上下两原子层所发出的反射线的光程差为

$$\delta = AC + CB = 2d\sin\varphi$$

显然，各层散射射线相互加强而形成亮点的条件是

$$2d\sin\varphi = k\lambda,\quad k = 1,2,3,\cdots \tag{16.10}$$

此式称为布拉格公式。

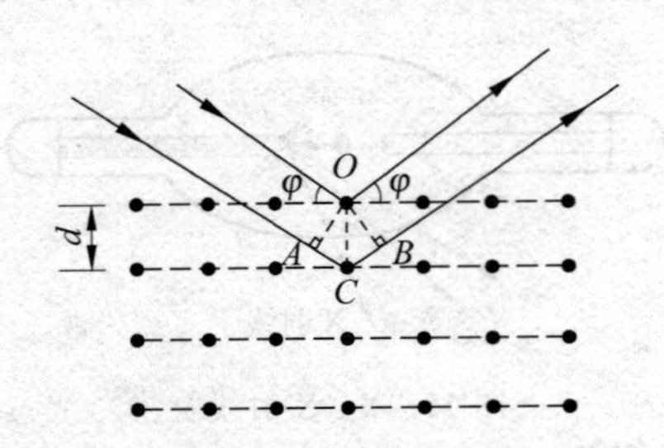

图 16.14 推导布拉格公式用图

X 射线的衍射，已广泛地用来解决下列两方面的重要问题：

(1) 如果作为衍射光栅的晶体的结构为已知，亦即晶面间距已知时，就可用来测定 X 射线的波长。这一方面的工作，发展了 X 射线的光谱分析，对原子结构的研究极为重要。

(2) 用已知波长的 X 射线在晶体上发生衍射，就可以测定晶体的晶面间距。这一应用发展为 X 射线的晶体结构分析，分子物理中很多重要结论都是以此为基础的。X 射线的晶体结构分析在工程技术上也有极大的应用价值。

劳厄获得 1914 年诺贝尔物理学奖，以表彰他发现了晶体的 X 射线衍射。由于布拉格父子在 X 射线晶体结构分析方面所作的贡献，他们获得 1915 年诺贝尔物理学奖。

第17章

光的偏振

光的干涉和衍射现象揭示了光的波动性，光的偏振现象则证明了光是横波。本章主要讨论偏振光的产生和检验，偏振光遵从的基本规律，并介绍双折射现象和偏振光的干涉。

17.1 自然光和偏振光

光波是横波，光矢量$\vec{E}$的振动方向总是与光的传播方向垂直。光矢量的这种横向振动状态，相对于传播方向不具有对称性。这种光矢量的振动对于传播方向的不对称性，称为光的偏振。偏振是横波具有的特性，纵波的振动方向总与传播方向平行，因此，纵波不存在偏振性问题。

1. 线偏振光

在垂直于传播方向的平面内，若光矢量只沿一个固定方向振动，则称为线偏振光，又称为平面偏振光。光矢量的振动方向和光的传播方向构成的平面，称为**振动面**。线偏振光的振动面是固定不动的，如图17.1(a)所示。图17.1(b)是线偏振光的图示法，短线表示光的振动与纸面平行，圆点表示振动垂直于纸面。显然，发光体中一个原子发出的一列光波是线偏振光。

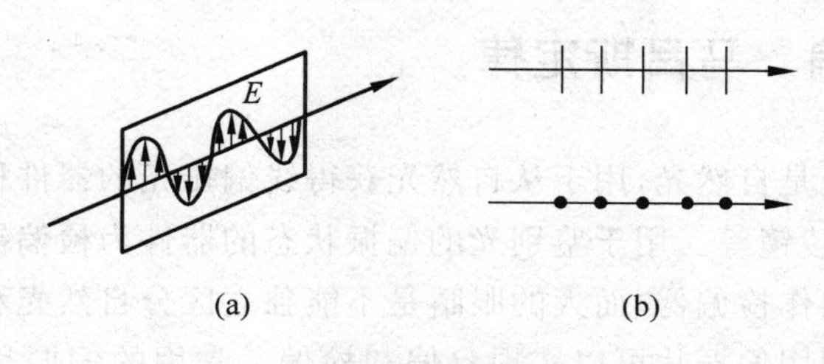

图17.1 线偏振光的图示法

2. 自然光

普通光源中有大量原子在发光，各原子发出的光的波列不仅初相位互不相关，而且振动方向也随机分布。在每一时刻，光源中大量原子发出的光的总和，实际上包含了一切可能的振动方向，而且平均而言，没有哪个方向上的振动比其他方向占有优势，因而在垂直于光的传播方向的平面内表现为不同方向有相同的振幅，显示不出任何偏振性，如图17.2(a)所示。这样的光称为自然光。

任一方向的振动都可以向两个互相垂直的方向分解，所以单色自然光可以看成是两个振动方向互相垂直、频率相同、强度相等的线偏振光的组合，但这两个线偏振光之间没有确定的相位关系。如图 17.2(b)所示，短线和圆点数量相等，均匀交替。

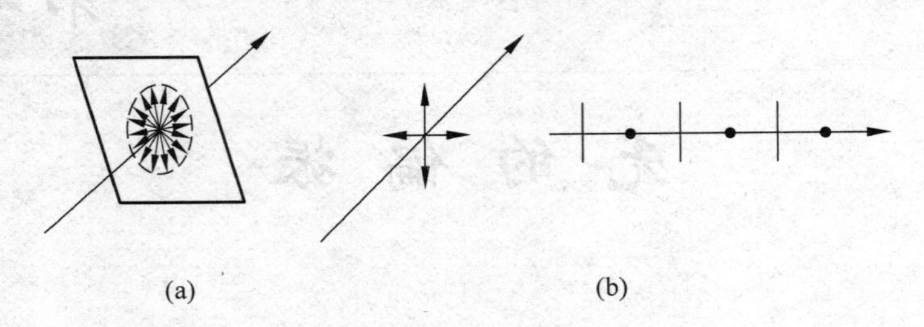

图 17.2 自然光的图示法

3. 部分偏振光

线偏振光和自然光是两种极端情形，介于两者之间的称为部分偏振光。如图 17.3 所示，部分偏振光通常可以看成是自然光和线偏振光的混合，显然，两个互相垂直的光振动也没有固定的相位关系。

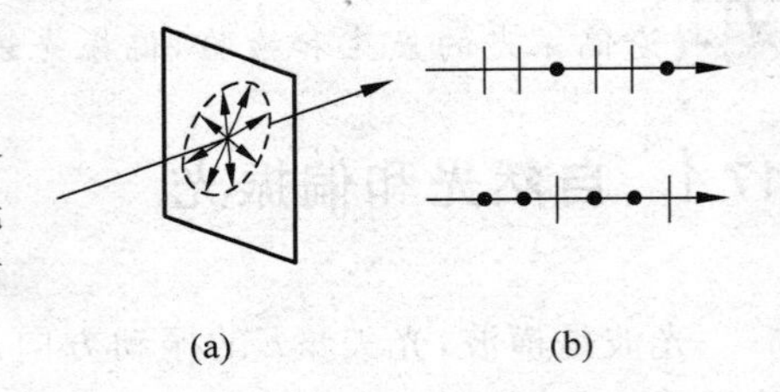

图 17.3 部分偏振光的图示法

4. 椭圆偏振光和圆偏振光

如果光矢量在沿着光的传播方向前进的同时，还绕着传播方向均匀转动。若光矢量的大小不断改变，在旋转过程中其端点描绘出一个椭圆，这种光称为椭圆偏振光。若光矢量的大小保持不变，在旋转过程中其端点描绘出一个圆，这种光称为圆偏振光。

椭圆偏振光可以表示为两束振动方向互相垂直、频率相同、相位差 $\Delta\varphi$ 恒定的线偏振光的组合。

线偏振光、椭圆偏振光和圆偏振光统称完全偏振光。

17.2 起偏和检偏 马吕斯定律

普通光源发出的光是自然光，用于从自然光获得线偏振光的器件称为**起偏器**，常用的起偏器有偏振片、尼科耳棱镜等。用于鉴别光的偏振状态的器件为**检偏器**。一般来说，能用作起偏器的器件也可以用作检偏器，而人的眼睛是不能独立区分自然光和偏振光的。

如图 17.4 所示，利用偏振片可以实现起偏和检偏。常用的偏振片是分子型的，把聚乙烯醇薄膜加热拉伸，使其中的碳氢化合物分子形成长链状分子。再把膜浸入富含碘的溶液中，碘附着在长链状分子上形成“碘链”。当光入射到膜上时，平行于碘链方向的电场振动驱使自由电子沿碘链方向运动形成电流，变成焦耳热而损耗掉。垂直于碘链方向的电场振动不形成电流，能透过膜。我们把垂直于碘链的方向称为偏振片的偏振化方向或通光方向。

利用偏振片还可以检偏。设有一束光(可能是自然光、部分偏振光、线偏振光)垂直入射到偏振片上，让偏振片绕入射方向旋转 360°。如果在旋转过程中透射光强不变，则入射光是自然光；透射光强发生变化，但不出现消光（光强为零），入射光是部分偏振光；透射光强发生变化，而且出现消光，则入射光是线偏振光。只用一个偏振片不能区分自然光和圆偏振光，也不能区分部分偏振光和椭圆偏振光。

光强为 I_0（振幅为 A_0）的线偏振光入射到偏振片上，如果入射光的偏振方向与偏振片的偏振化方向夹角为 α，如图 17.5 所示，透过偏振片的光振幅 $A=A_0\cos\alpha$。因光强与振幅的平方成正比，则透射光强与入射光强的比值

$$\frac{I}{I_0}=\frac{A^2}{A_0^2}=\frac{A_0^2\cos^2\alpha}{A_0^2}=\cos^2\alpha \tag{17.1}$$

因此，透射光强

$$I=I_0\cos^2\alpha \tag{17.2}$$

这一公式称为**马吕斯**(E. L. Malus)**定律**。可见，当 $\alpha=0°$ 或 $180°$ 时，$I=I_0$，光强最大。当 $\alpha=90°$ 或 $270°$ 时，$I=0$，这就是两个消光的位置。当 α 为其他值时，光强 I 介于 0 和 I_0 之间。

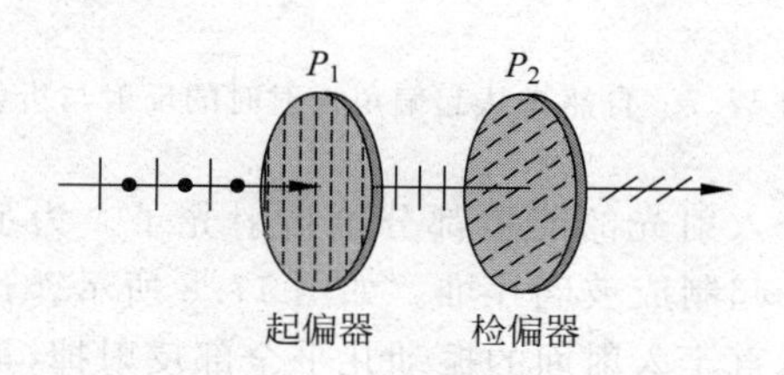

图 17.4　偏振片的应用

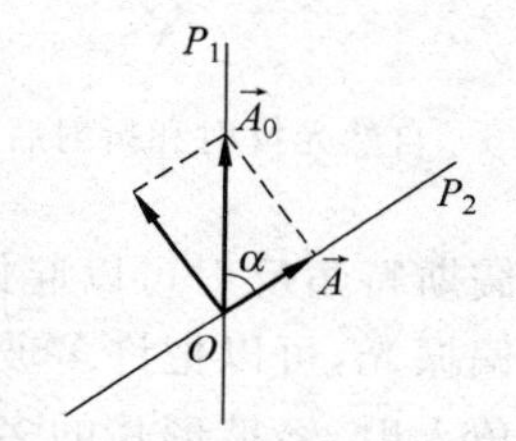

图 17.5　马吕斯定律用图

根据自然光的性质，光强为 I_0 的自然光入射到偏振片上，如果忽略反射和吸收，则有 $\frac{I_0}{2}$ 的光透过偏振片。

例 17.1　一束自然光通过两个偏振化方向之间夹角为 45°的偏振片，如果入射光强为 I_0，求透过两个偏振片的光强为多少？

解　自然光通过第一个偏振片后，成为光强为 $\frac{I_0}{2}$ 的线偏振光。根据马吕斯定律，光强为 $\frac{I_0}{2}$ 的线偏振光通过第二个偏振片后，光强为

$$I=\frac{I_0}{2}\cos^2 45°=\frac{I_0}{4}$$

17.3　反射和折射时的偏振　布儒斯特定律

早在 19 世纪初，实验就已经发现自然光在两种各向同性介质的分界面上反射和折射时，不但光的传播方向要发生变化，而且光的偏振状态也要发生变化。一般情况下，反射光和折射光不再是自然光，而是部分偏振光。其偏振状态是：在反射光中垂直于入射面的光振动多于平行于入射面的光振动，而在折射光中平行于入射面的光振动多于垂直于入射面的光振动，如图 17.6 所示。

1815 年布儒斯特(D. Brewster)发现，当入射角等于某一特定值 i_b 时，**反射光是光振动垂直于入射面的线偏振光**，而折射光仍为部分偏振光。此时，折射光线与反射光线互相垂

直,即

$$i_b + \gamma = 90^\circ$$

角度 i_b 称为**布儒斯特角**或**起偏角**,如图 17.7 所示。根据折射定律

$$n_1 \sin i_b = n_2 \sin\gamma = n_2 \cos i_b$$

因此,当自然光从折射率为 n_1 的介质射向折射率为 n_2 的介质时,布儒斯特角满足

$$\tan i_b = \frac{n_2}{n_1} \tag{17.3}$$

式(17.3)称为**布儒斯特定律**。

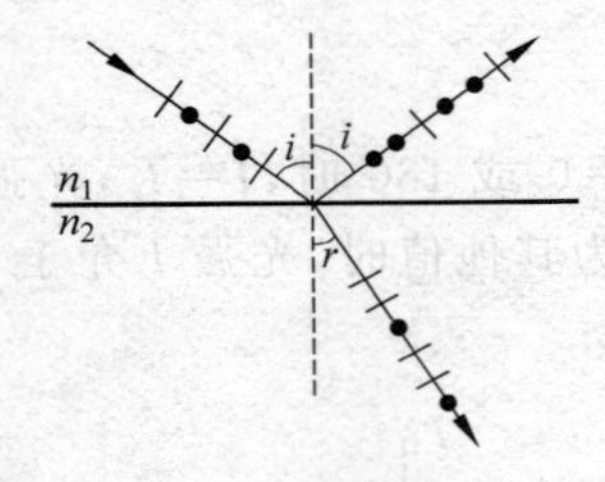

图 17.6 自然光反射和折射后

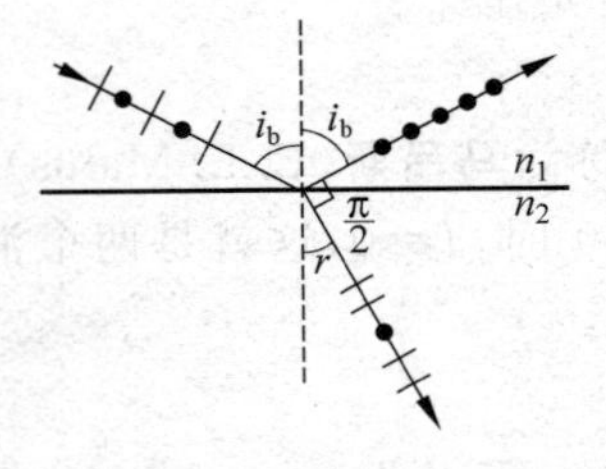

图 17.7 自然光从起偏角入射时的反射与折射

利用布儒斯特角反射可以起偏,但大部分入射光的能量都分给折射光了。为了获得足够光强的线偏振光,可以把许多玻璃片叠在一起制成玻璃片堆。如图 17.8 所示。让自然光以布儒斯特角入射,经玻璃片的多次反射把垂直于入射面的振动几乎全部反射掉,最后折射出去的光束就接近于振动方向平行于入射面的线偏振光了。

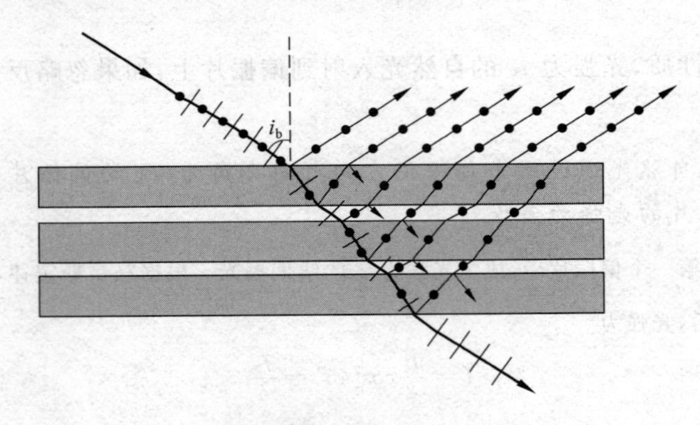

图 17.8 利用玻璃片堆产生线偏振光

17.4 双折射现象

一束自然光从空气射向水、玻璃等各向同性介质时,在这些介质中只有一束折射光。但如果射向石英晶体、方解石等各向异性介质时,其折射光有两束,如图 17.9 所示。一束入射光经折射后分成两束的现象称为**双折射**。透过这种有双折射性质的晶体看其背后的字时,将观察到该字的双重像。

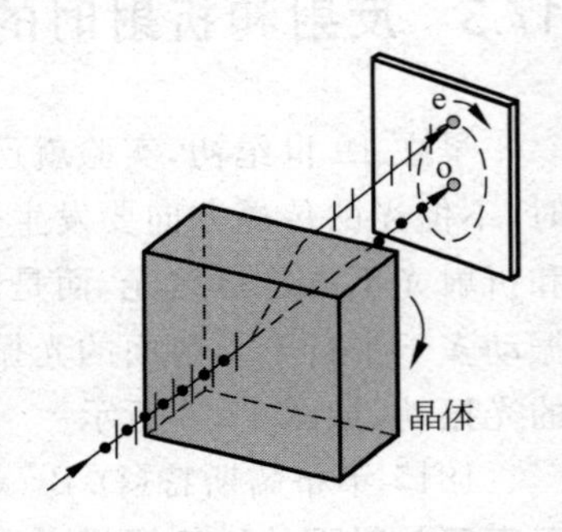

图 17.9 双折射现象

在各向异性晶体的双折射现象中，若任意改变入射光的入射角，则可发现有一条折射光线始终遵守折射定律，即 $\sin i/\sin\gamma=$常数，且折射光线总在入射面内。这条光线称为**寻常光线**，通常用 o 表示，简称 o 光。另一条折射光线不遵守折射定律，即 $\sin i/\sin\gamma\neq$常数，且折射光线不一定在入射面内。这条光线称为**非常光线**，通常用 e 表示，简称 e 光。在图 17.9 中，自然光垂直入射，如果将晶体绕入射光线旋转，o 光的传播方向不变，而 e 光将绕 o 光旋转。

用检偏器检验的结果表明，o 光和 e 光都是线偏振光。

双折射晶体内存在一个特殊方向，沿这一方向 o 光和 e 光的速度相等，不发生双折射。这一特殊方向称为晶体的**光轴**。光轴表示的是一个方向，而不是一条特定直线，凡是与此方向平行的直线都是光轴。有些晶体(如方解石、石英)只有一个光轴，称为单轴晶体。具有两个光轴的晶体(如云母)，称为双轴晶体。本章只讨论单轴晶体的双折射。

在晶体中 o 光光线与光轴所决定的平面，叫 o 光的主平面；e 光光线与光轴所决定的平面，叫 e 光的主平面。实验表明，o 光的振动方向垂直于 o 光的主平面，而 e 光的振动方向平行于 e 光的主平面。当光轴平行于入射面时，o 光和 e 光的主平面重合，这时 o 光和 e 光成为两个互相垂直的线偏振光。

假想在晶体内有一个子波源 O，由于晶体的各向异性性质，从子波源将发出两组惠更斯子波，如图 17.10 所示，一组是**球面波**，表示各方向光速相等，相应于寻常光线，称为 o 波面；另一组的波面是**旋转椭球面**，表示各方向光速不等，称为 e 波面。由于两种光线沿光轴方向速度相等，所以两波面在光轴方向相切。在垂直于光轴方向上，两光线传播速度相差最大。寻常光线的传播速度用 v_o 表示，折射率用 n_o 表示。非常光线在垂直于光轴方向上的传播速度用 v_e 表示，折射率用 n_e 表示。设真空中的光速用 c 表示，则有 $n_o=c/v_o$，$n_e=c/v_e$。n_o 和 n_e 称为**主折射率**，它们是晶体的两个重要参量。有些晶体 $v_o>v_e$，亦即 $n_o<n_e$，称为正晶体(图 17.10(a))，如石英等。另外一些晶体，$v_o<v_e$，即 $n_o>n_e$，称为负晶体(图 17.10(b))，如方解石等。

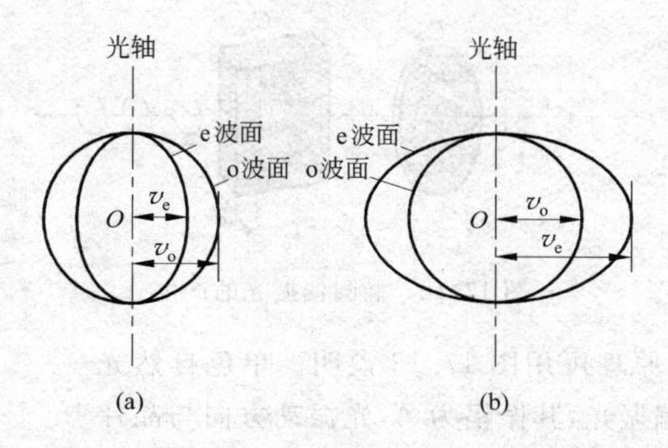

图 17.10 晶体中的子波波阵面

(a) 正晶体；(b) 负晶体

应用惠更斯作图法可以确定单轴晶体中 o 光和 e 光的传播方向，从而说明双折射现象。图 17.11 所示为在实际工作中较常用的几种情形，晶体为负晶体。

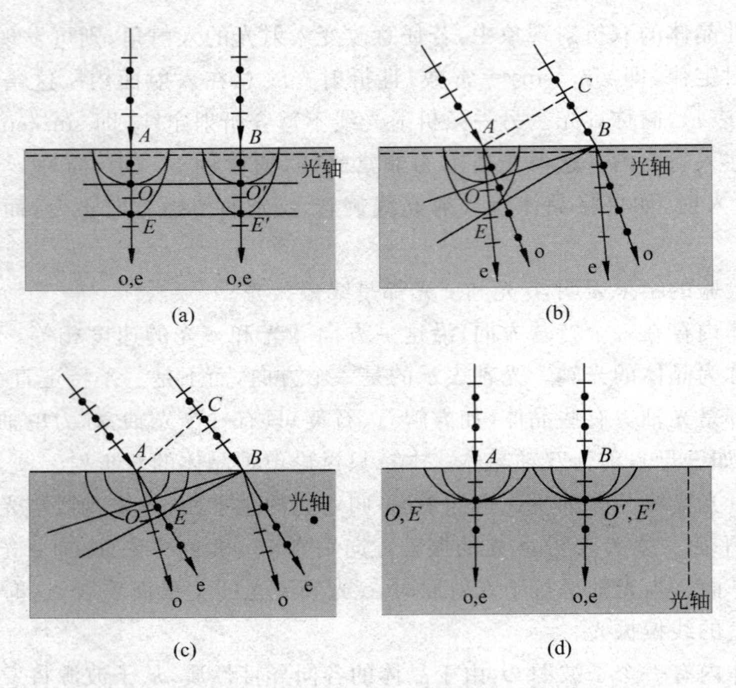

图 17.11 单轴晶体中 o 光和 e 光的传播方向

17.5 波片

利用振动方向互相垂直、频率相同的两个简谐运动能够合成椭圆或圆运动的原理,可以获得椭圆偏振光和圆偏振光,装置如图 17.12 所示。图中 P 为偏振片,C 为单轴晶片,与 P 平行放置,其厚度为 d,主折射率为 n_o 和 n_e,光轴(用平行的虚线表示)平行于晶面,并与 P 的偏振化方向成 α 夹角。

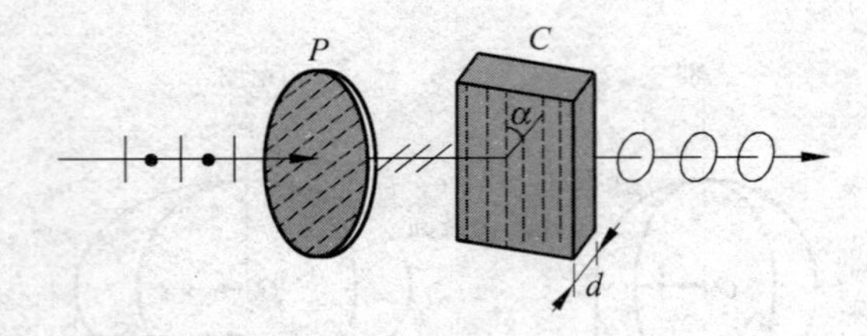

图 17.12 椭圆偏振光的产生

产生椭圆偏振光的原理可用图 17.13 说明。单色自然光通过偏振片后,成为线偏振光,其振幅为 A,光振动方向与晶片光轴夹角为 α。此线偏振光射入晶片后,产生双折射,o 光振动垂直于光轴,振幅为 $A_o = A\sin\alpha$。e 光振动平行于光轴,振幅为 $A_e = A\cos\alpha$。这种情况下,o 光、e 光在晶体中沿同一方向传播(参看图 17.11(a)),但速度不同,利用不同的折射率计算光程,可得两束光通过晶片后的相位差为

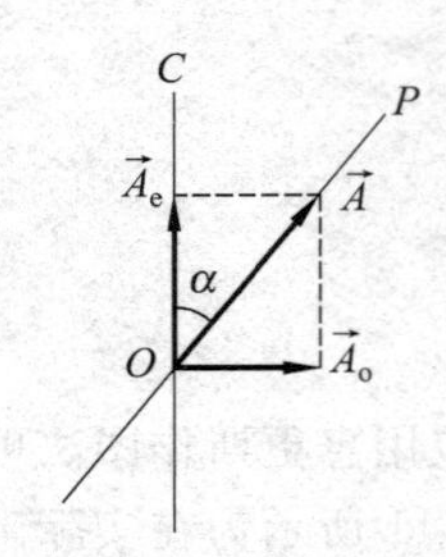

图 17.13 线偏振光的分解

$$\Delta\varphi = \frac{2\pi}{\lambda}(n_o - n_e)d$$

这样的两束振动方向相互垂直而相差一定的光互相叠加，就形成椭圆偏振光。选择适当的晶片厚度 d，使得相位差为

$$\Delta\varphi = \frac{2\pi}{\lambda}(n_o - n_e)d = \frac{\pi}{2}$$

则通过晶片后的光为正椭圆偏振光，这时相应的光程差为

$$\delta = (n_o - n_e)d = \frac{\lambda}{4} \tag{17.4}$$

而厚度

$$d = \frac{\lambda}{4(n_o - n_e)} \tag{17.5}$$

此时，若再使 $\alpha = \frac{\pi}{4}$，则 $A_o = A_e$，通过晶片的光为圆偏振光。

使 o 光和 e 光的光程差等于 $\lambda/4$ 的晶片，称为**四分之一波片**。很明显，波片起到相位延迟的作用。实际上，$\delta = |n_o - n_e|d = (2k+1)\lambda/4$ 的波片都属于四分之一波片，而式(17.4)是指 $k=0$ 时波片最薄的情况。

由图 17.13 看出，线偏振光通过四分之一波片时，如果 $\alpha = 0°$或 $90°$，则在波片内只有 e 光或 o 光，出射光仍然是线偏振光；如果 $\alpha = 45°$，在波片内 o 光和 e 光的振幅相等，那么通过波片的光为圆偏振光；当 α 为其他值时，通过波片的光是正椭圆偏振光。

在偏振片前加一个四分之一波片，就能区分自然光和圆偏振光，也能区分部分偏振光和椭圆偏振光。圆偏振光相当于两束振幅相同、振动方向互相垂直、相位差为 $\pm\pi/2$ 的同频率的线偏振光。通过四分之一波片后，这两束线偏振光的相位差附加 $\pi/2$，变为 π 或零，合成后仍然是线偏振光，旋转偏振片有消光。而自然光通过四分之一波片后仍然是自然光，旋转偏振片不出现消光。

为了区分部分偏振光和椭圆偏振光，要求波片的光轴平行于椭圆偏振光的长轴或短轴，这样椭圆偏振光通过四分之一波片后才能变成线偏振光。而部分偏振光通过四分之一波片后仍然是部分偏振光。再通过旋转偏振片，就可以把它们区分开。

如果晶片对 o 光和 e 光引起的光程差

$$\delta = |n_o - n_e|d = \frac{\lambda}{2}$$

那么该晶片称为**二分之一波片**。二分之一波片引起的相位差

$$\Delta\varphi = \pi$$

线偏振光通过二分之一波片后仍然是线偏振光，但由于附加了相位差 π，振动方向将旋转 2α 角。因此二分之一波片常用来改变或调整线偏振光的振动方向。

应当注意，波片都是针对特定波长而言的。例如，适用于 $\lambda = 560\text{nm}$ 的四分之一波片，对于 $\lambda = 280\text{nm}$ 的紫外光就是二分之一波片了。

例 17.2 氦氖激光器能发射出 $\lambda=632.8\text{nm}$ 的红光。在激光器中需要用到适用于这个波长的四分之一波片,求该波片的最小厚度。(方解石的 $n_o=1.6584, n_e=1.4864$)

解 对于四分之一波片,$|n_o-n_e|d=\lambda/4$,其最小厚度

$$d=\frac{\lambda}{4|n_o-n_e|}=\frac{632.8}{4\times|1.6584-1.4864|}=919.8\text{nm}$$

与波长的数量级相同。

第18章

波粒二象性

本章首先介绍普朗克在研究热辐射时得出的能量子概念，再介绍爱因斯坦的光电效应方程以及用光子概念对康普顿效应的解释，然后说明德布罗意引入的物质波概念，讲解概率波和不确定关系的意义；最后介绍量子力学的基本动力学方程——薛定谔方程，并将定态薛定谔方程应用于无限深方势阱中的粒子，接着说明量子力学不同于经典物理的重要特征——隧道效应。

18.1 黑体辐射 普朗克能量子假设

18.1.1 热辐射

任何物体在任何温度下都在不断地向周围空间发射电磁波，其波谱是连续的，且辐射能按波长的分布主要取决于物体的温度。这种与温度有关的电磁辐射称为热辐射。在一般温度下的物体，热辐射的大部分能量主要在红外区，因此肉眼不能看到，而太阳发出的辐射中，可见光却占了主要部分。

物体热辐射的本领用单色辐出度来描述。在单位时间内从物体表面单位面积发射的波长在 λ 附近的单位波长区间内的电磁辐射的能量，称为单色辐出度。它是热力学温度和辐射波长 λ 的函数，用 $M_\lambda(T)$ 表示，其单位是 $\mathrm{W\cdot m^{-2}}$。

单位时间内从物体表面单位面积上所发射的各种波长的总辐射能，称为物体的辐出度，用 $M(T)$ 表示。显然有

$$M(T)=\int_0^\infty M_\lambda(T)\mathrm{d}\lambda \tag{18.1}$$

对于给定的物体，辐出度只与温度有关，其单位是 $\mathrm{W\cdot m^{-2}}$。实验表明，对于不同的物体的单色辐出度和辐出度还和辐射物体的材料、表面等具体性质有关。

18.1.2 基尔霍夫辐射定律

任何一个物体向周围发射辐射能的同时，也吸收周围物体发射的辐射能。物体吸收的

能量与入射能量之比称为物体的吸收比。吸收比也是温度与波长的函数。在波长 $\lambda \sim \lambda+\mathrm{d}\lambda$ 范围内的吸收比称为单色吸收比,用 $a_\lambda(\lambda,T)$表示。

实验表明,辐射能力越强的物体吸收能力也越强。实际上,尽管 $M_\lambda(T)$与 $a_\lambda(\lambda,T)$都与材料的种类与表面情况有关,但是,在同一温度下它们的比值却为固定值,这是基尔霍夫(G. Kirchhoff,1824—1887)于 1859 年发现的,称为基尔霍夫定律。其内容为:对任何一个物体,其单色辐出度与单色吸收比的比值与物体的具体性质无关,是一个只与温度和波长有关的量,即

$$\frac{M_\lambda(T)}{a_\lambda(\lambda,T)}=I(\lambda,T) \tag{18.2}$$

其中,$I(\lambda,T)$是一个只与温度、波长有关的普适函数,与物体本身性质无关。显然,由基尔霍夫定律,物体的吸收本领越大,其辐射本领也越大,反之亦然。

18.1.3 黑体

如果一个物体在任何温度下,能够完全吸收照射到它上面的各种波长的电磁波,就称这个物体为绝对黑体,简称黑体。显然,对于任何温度和波长,黑体的单色吸收比 a_λ 都等于 1。

与质点、刚体等理想模型一样,黑体也是理想化的模型。自然界中没有真正的绝对黑体,就连吸收比很大的烟煤、黑珐琅质对太阳的吸收能力也不超过 99%。然而我们可以用人工方法制成绝对黑体的模型。如图 18.1 所示,在一个不透明材料制成的空心容器壁上开一个小孔。当射线射入小孔后,在空腔内经过多次反射,进入的辐射几乎完全被腔壁吸收。由于小孔的面积远比腔壁面积小,由小孔出射的辐射能可以忽略不计,所以可以认为小孔就像一个黑体的表面。另一方面如果均匀地将空腔容器内壁加热,腔壁将向腔内发射热辐射,其中一部分将从小孔射出,因为小孔像一个黑体的表面,那么小孔向外的辐射也可看作是黑体的辐射。日常生活中,白天观看远处建筑物的窗口是黑的,就相当于一个黑体。又如,金属冶炼炉前开的小孔,可近似为绝对黑体。

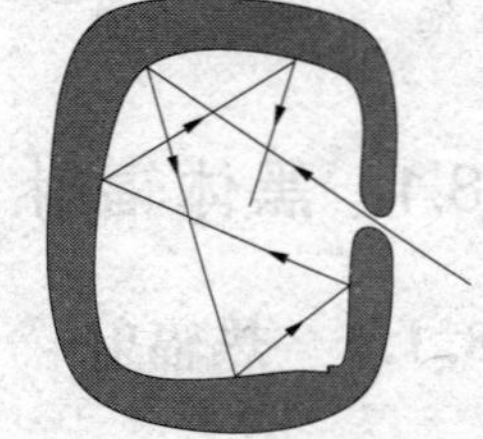

图 18.1 黑体的模型

黑体所发出的热辐射,叫做黑体辐射。黑体的单色吸收比 $a_\lambda=1$,由式(18.2)可知黑体辐射的单色辐出度 $M_{\lambda0}(T)$等于普适函数 $I(\lambda,T)$,即黑体的单色辐出度仅与温度和波长有关,而与黑体的具体性质无关,对黑体热辐射的研究是热辐射研究中重要的课题。

18.1.4 黑体辐射的实验定律

19 世纪末,欧洲的钢铁工业得到很大的发展,当时的物理学家都非常重视黑体辐射的研究,在大量的实验数据基础上,总结出有关黑体辐射的两条普遍定律。

黑体的单色辐出度 $M_{0\lambda}(T)$在一定温度下随波长 λ 变化关系的实验曲线如图 18.2 所示。根据实验曲线得出下述有关黑体辐射的两条普遍定律。

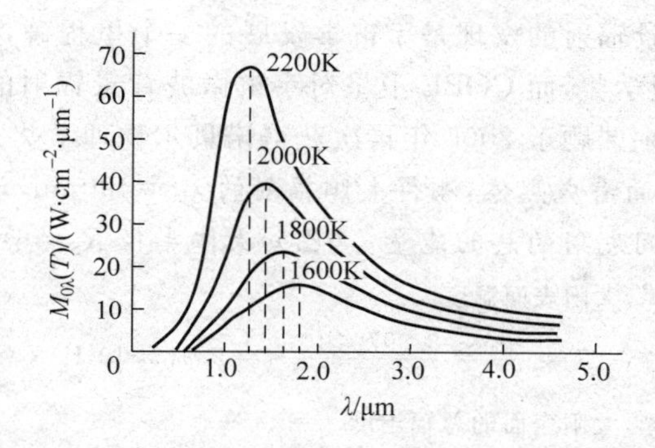

图 18.2　黑体的单色辐出度随波长变化曲线

(1) 斯特藩-玻尔兹曼定律

图 18.2 显示了黑体的单色辐出度 $M_{0\lambda}(T)$ 在一定温度下随波长 λ 变化的实验曲线，曲线下的面积为黑体的总辐出度。斯特藩(J. Stefan，1835—1893)于 1879 年由实验得出，以后又由玻尔兹曼(L. E. Boltzmann，1844—1906)于 1884 年推出黑体的总辐出度与热力学温度的关系，即斯特藩-玻尔兹曼定律：黑体的总辐出度与其热力学温度的四次方成正比

$$M_0(T) = \sigma T^4 \tag{18.3}$$

式中，$\sigma = 5.67\times10^{-8}\,\mathrm{W\cdot m^{-2}\cdot K^{-4}}$，称为斯特藩-玻尔兹曼常量。

(2) 维恩位移定律

由图 18.2 可以看出，随着温度的升高，黑体单色辐出度最大值所对应的波长 λ_m 减小。1893 年，维恩(W. Wien，1864—1928)得出维恩位移定律：黑体单色辐出度的最大值所对应的波长 λ_m 与黑体的热力学温度成反比，即

$$T\lambda_m = b \tag{18.4}$$

式中，常量 $b = 2.897\times10^{-3}\,\mathrm{m\cdot K}$，由实验测定。

总之，随着温度的升高，辐射能增大，辐射最强处所对应的波长变短。例如，被加热的铁块，当温度不太高时 λ_m 处于红外波段，我们看不到它发光而只能感觉到辐射的热量；当温度达到 500℃左右时铁块开始发出暗红的可见光；当温度达到 1500℃左右时发光呈青白色，其中还有相当多的紫外光。

热辐射的规律在现代科学技术上的应用非常广泛，它是测高温、遥感、红外追踪等技术的物理基础。例如，根据维恩位移定律，如果实验测出黑体单色辐出度的最大值所对应的波长 λ_m，就可以算出这一黑体的温度。太阳表面的温度就是用这一方法测定的。又如地面的温度约为 300K，可算得 λ_m 约为 10μm，这说明地面的热辐射主要处在 10μm 附近的波段，而大气对这一波段的电磁波吸收极少，几乎透明，故通常称这一波段为电磁波的窗口。所以，地球卫星可利用红外遥感技术测定地面的热辐射，从而进行资源、地质等各类勘探。

1964 年，美国射电天文学家彭齐亚斯(A. A. Penzias，1933—　)和威耳孙(R. W. Wilson，1869—1959)用射电望远镜进行无线电观测时，接收到一种在空间均匀分布的微波信号噪声，后来被确定为宇宙背景辐射。这种辐射的 λ_m 出现在 1.0mm 附近，恰好与黑体在 2.76K 的辐射符合。1989 年 11 月 18 日，美国发射了 COBE 卫星，对宇宙背景辐射进行了更精密观测，再度证实其能谱分布与 $T=(2.725\pm0.002)$K 的黑体辐射谱完全吻合。这证实了大爆炸宇宙论的预言，即由于初始的爆炸，在今日的宇宙中应残留温度约为 2.7K 的热

辐射。由于宇宙微波背景辐射的发现是宇宙学发展的一个里程碑,彭齐亚斯和威耳孙共同获得 1978 年诺贝尔物理学奖,而 COBE 卫星对宇宙微波背景辐射的更高观测精度的证实,也使得微波背景辐射这一课题于 2006 年再次获得诺贝尔物理学奖。

例 18.1 把太阳表面看成黑体,测得太阳辐射的 $\lambda_m=490\text{nm}$,计算它的表面温度、辐射的总辐出度以及单位时间发射的总的能量。(已知太阳半径 $R_S=6.96\times10^8\text{m}$)

解 根据维恩位移定律,太阳表面温度

$$T=\frac{b}{\lambda_m}=\frac{2.897\times10^{-3}}{490\times10^{-9}}=5.91\times10^3\text{K}$$

由斯特藩-玻尔兹曼定律,太阳表面的总辐出度

$$M=\sigma T^4=5.67\times10^{-8}\times(5.9\times10^3)^4=6.92\times10^7\text{W}\cdot\text{m}^{-2}$$

单位时间太阳辐射的总的能量,即辐射功率

$$P=M4\pi R^2=6.92\times10^7\times4\pi\times(6.96\times10^8)^2=4.21\times10^{26}\text{W}$$

18.1.5 普朗克能量子假设

图 18.2 的曲线反映了黑体的单色辐出度与 λ、T 的关系。这些曲线都是实验结果。19 世纪末许多物理学家都企图在经典物理学的基础上给予理论解释,但都失败了。其中最著名的是维恩公式和瑞利(Rayleigh,1842—1919)-金斯(L. Leans,1877—1946)公式。维恩公式为

$$M_{0\lambda}(T)=C_1\lambda^{-5}\mathrm{e}^{-\frac{C_2}{\lambda T}} \tag{18.5}$$

其中,C_1、C_2 是两个常量。这一公式给出的结果在短波区域与实验结果符合,但在长波区域有较大的偏差,如图 18.3 所示。

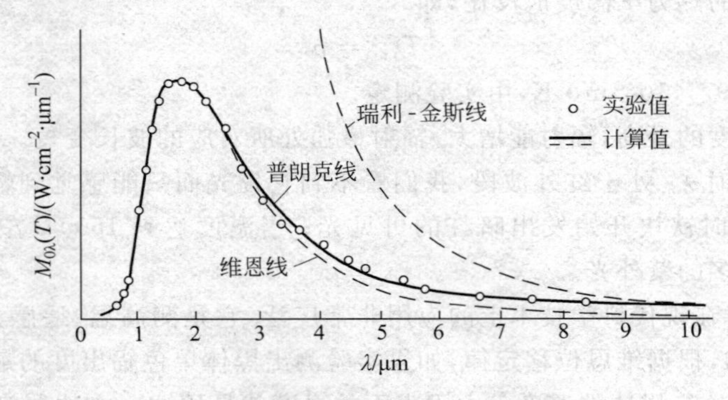

图 18.3 热辐射理论公式与实验结果的比较

瑞利把空腔内的辐射场看成是由各种波长的电磁驻波(简谐振子)组成,瑞利-金斯公式为

$$M_{0\lambda}(T)=\frac{2\pi c}{\lambda^4}kT \tag{18.6}$$

其中,c 为真空中的光速。这一公式给出的结果在长波区域与实验符合,但在短波区域明显偏离实验结果,当波长接近紫外区域时,式(18.6)中的 $M_{0\lambda}(T)$ 趋于无穷大,这在历史上被称为"紫外灾难"。"紫外灾难"的出现,给当时很和谐的经典物理带来了阴影,使许多物理学家产生困惑。

为了解决上述问题,1900 年 10 月普朗克发表了他导出的黑体辐射公式,即普朗克公式

$$M_{0\lambda}(T) = 2\pi hc^2\lambda^{-5}\ \frac{1}{e^{\frac{hc}{k\lambda T}}-1} \tag{18.7}$$

式中，c 是光速，k 是玻尔兹曼常量，h 称为普朗克常量，其值为

$$h = 6.6260755 \times 10^{-34}\,\mathrm{J \cdot s}$$

这一公式与实验结果符合得很好，利用普朗克公式在短波下可导出维恩公式，在长波下导出了瑞利-金斯公式。

普朗克之所以能导出这个公式，是他在数学上用内插法把维恩公式和瑞利-金斯公式衔接起来得到的，因此普朗克公式是一个半经验的公式。对这个“侥幸猜到”的公式，普朗克并不感到满足，反而要捍卫经典物理大厦的强烈责任心促使他去揭示真正的物理含义。

但是几经尝试普朗克都不能从经典物理能量的连续性来解决黑体辐射问题。最后他于 1900 年 12 月 14 日，“绝望地”“不惜任何代价地”提出了能量量子化的假设：辐射黑体分子、原子的振动可看作谐振子，谐振子的能量并不像经典物理学所允许的可具有任意值，一个频率为 ν 的谐振子只能处于一系列离散的状态，相应的能量是某一最小能量 $\varepsilon=h\nu$（ε 称为能量子）的整数倍，即

$$E = nh\nu \tag{18.8}$$

式中，n 为正整数，称为量子数。

按照能量子假设，简谐振子的能量是量子化的。用经典热力学统计方法可以求出在温度为 T 的平衡态下，频率为 ν 的简谐振子的平均能量

$$\bar{\varepsilon} = \frac{h\nu}{e^{\frac{h\nu}{kT}}-1} = \frac{hc}{\lambda}\frac{1}{e^{\frac{hc}{kT\lambda}}-1}$$

其中，$\lambda=c/\nu$ 为波长。用此式替换瑞利-金斯公式(18.6)中的 kT，就得到普朗克黑体辐射公式(18.7)。而此式的真正物理意义就是辐射场能量的量子化。

普朗克的能量子假设，冲破了已被神圣化的经典物理思想的束缚，是物理学史上第一次提出量子的概念，打开了人们认识微观世界的大门，在物理学发展史上起了划时代的作用。为此，普朗克获得了 1918 年诺贝尔物理学奖。

18.2 光电效应　爱因斯坦的光子理论

18.2.1 光电效应

当光照射到金属表面上，电子会从金属表面逸出。这种现象称为光电效应，逸出的电子称为光电子。光电效应是由赫兹在 1888 年进行验证电磁波的实验时发现的。

图 18.4 为光电效应的实验装置图。GD 为光电管，管内抽成真空，K 和 A 分别是阴极和阳极，K 为金属板。当光通过石英窗口照射阴极 K 时，便有光电子从其表面逸出，并在电极 A、K 间的加速电场作用下形成光电流。

实验研究表明，光电效应具有如下规律：

(1) 饱和电流　图 18.5 显示了频率相同但强度不同的光入射到阴极 K，其光电流 i 和两极间电压 U 之间的关系。从图中可看出，当入射光强、频率一定时，光电流随加速电压的增加而增加，当加速电压增加到一定值时，光电流不再增加，而达到一个饱和值 i_{m}。电流饱

和表明在单位时间内从阴极K逸出的光电子全部到达阳极。实验证明,饱和电流与光强成正比,这也说明单位时间从阴极逸出的光电子数和光强成正比。

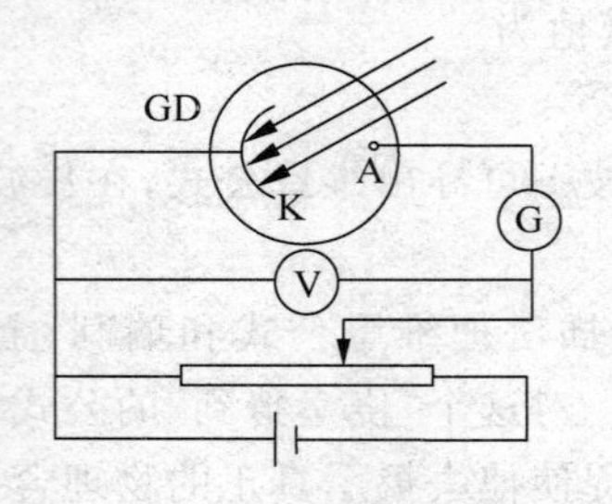

图 18.4 光电效应实验装置图

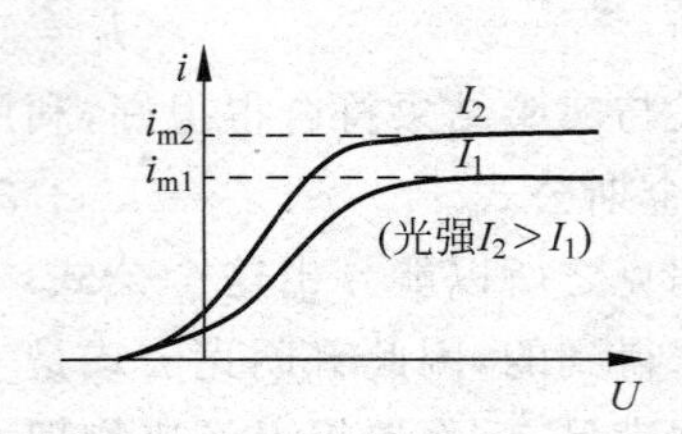

图 18.5 光电流和电压的关系曲线

(2) 截止电压 从图18.5还可看出,当加速电压减小到零并改为负值时,电极A、K间的电场使电子减速,但光电流并不为零。仅当反向电压等于U_c时,光电流才等于零。U_c称为截止电压。实验表明,截止电压U_c与光强无关。根据能量关系可得光电子逸出时的最大初动能与截止电压U_c的关系为

$$\frac{1}{2}mv_m^2 = eU_c \tag{18.9}$$

其中,m和e分别是电子的质量和电量,v_m是光电子逸出金属表面时的最大初速度。

(3) 截止频率 实验还表明,截止电压与入射光的频率之间呈线性关系,如图18.6所示,即

$$U_c = K\nu - U_0$$

其中,K是直线的斜率,是与金属种类无关的一个普适常量。U_0是一个与金属种类有关的正数,对不同金属来说,U_0的量值不同,对同一金属,U_0为恒量。将上式代入式(18.9)得

$$\frac{1}{2}mv_m^2 = eK\nu - eU_0 \tag{18.10}$$

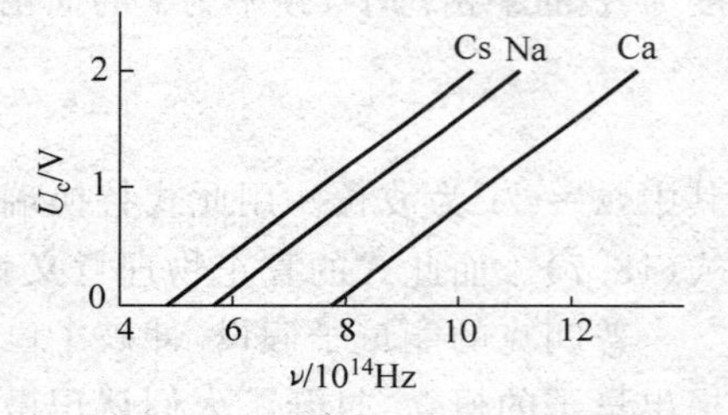

图 18.6 截止电压与入射光频率的关系

因为$\frac{1}{2}mv_m^2$必须是正值,可见要使电子逸出金属表面,入射光的频率必须满足$\nu\geqslant\frac{U_0}{K}$。$\nu_0=\frac{U_0}{K}$称为截止频率或红限频率。不同的金属存在不同的红限频率。如果入射光的频率小于ν_0,则无论光强有多大都不会产生光电效应。

(4) 弛豫时间 实验证明,无论入射光的光强多小,只要入射光照在金属上,逸出电子与入射光照射几乎是同时发生的,弛豫时间不超过10^{-9}s。

18.2.2 爱因斯坦的光子理论

上述光电效应的实验事实无法用经典物理中光的波动理论全面解释。按照光的经典电磁理论,从金属中逸出的光电子的初动能应随入射光的强度增加而增加,而与入射光的频率无关;金属中的电子在入射光的照射下,只要强度和光照时间足够,不论入射光频率如何,

总能够获得足够能量而逸出，不应该存在红限频率；金属中的电子一般需要相对较长时间的积累从入射光中吸收到足够能量才能逸出；光波的能量均匀分布在照射在金属表面的波面上，而电子吸收光能的有效面积不会大于一个原子的截面面积，即使入射光很强，电子逸出金属表面前的能量积累时间也远远大于 10^{-9}s。

为了解决经典电磁波理论在解释光电效应现象时所遇到的困难，1905 年爱因斯坦在普朗克能量子概念的基础上指出，电磁辐射不仅在被吸收和发射时能量以 $\varepsilon=h\nu$ 的量子化形式出现，而且在空间传播时，也具有粒子性。辐射由一个一个局限于空间很小体积内、不可分割的光量子组成，每一光子的能量为 $\varepsilon=h\nu$。这些粒子现称为光子，光的强度决定于单位时间内通过该单位面积的光子数 N，频率为 ν 的光的强度为 $Nh\nu$。

按照光子理论，光子是不可分割的。当频率为 ν 的光照射在金属上时，光子与电子之间相互作用，电子整个地获得一个光子的能量 $h\nu$ 后，一部分能量用于克服金属的逸出功 A，另一部分能量转换为电子逸出金属表面时的初动能。按照能量守恒定律，有

$$h\nu=\frac{1}{2}mv_{\mathrm{m}}^{2}+A \tag{18.11}$$

式中，$\frac{1}{2}mv_{\mathrm{m}}^{2}$ 是光电子的最大初动能，上式称为爱因斯坦光电效应方程。它直接说明了光电子的最大初动能与频率之间的线性关系。当入射光的强度增加时，光子的数目增加，因而单位时间内光电子数目也将随之增加，这就很自然地说明了饱和电流与光的强度之间的正比关系。这方程也说明了截止频率的存在，只有当 $h\nu\geqslant A$ 时，才有光电子逸出，因此光电效应的截止频率

$$\nu_0=\frac{A}{h} \tag{18.12}$$

同样由光子理论可以得出，当一个光子被电子吸收时，全部能量即刻被吸收，不需要积累能量的时间，这也就自然地说明了光电效应的瞬时发生问题。

也许有人会问，虽然入射光子的频率低于截止频率，但如果电子同时吸收两个或两个以上这样的光子，会发生光电效应吗？实验和理论都表明，电子同时吸收两个或两个以上光子的概率十分微小，实际上几乎不会发生。另外，电子吸收一个频率低于截止频率的光子，紧接着再吸收一个这样的光子，通过能量积累发生光电效应也是不行的。因为，电子吸收这样的光子后仍留在金属内，由于电子之间、电子与晶格点之间的频繁碰撞，电子吸收的光子能量来不及积累就损失掉了。

表 18.1 列出了几种金属的逸出功和截止频率。

表 18.1　几种金属的逸出功和截止频率

金　属	铯 Cs	铷 Rb	钾 K	钠 Na	钙 Ca	钨 W	金 Au
逸出功 A/eV	1.94	2.13	2.25	2.29	3.20	4.54	4.80
截止频率 $\nu_0/10^{14}$ Hz	4.68	5.14	5.43	5.53	7.73	10.96	11.59
波段	红	黄	绿	绿	近紫外	远紫外	远紫外

由于爱因斯坦发展了普朗克能量子的思想，提出了光子假说，成功地解释了光电效应的实验规律，荣获 1921 年诺贝尔物理学奖。

18.2.3 光的波粒二象性

光子不仅具有能量,而且还具有质量和动量等一般粒子共有的特性。根据狭义相对论中质量和能量的关系式可给出光子的质量 m 为

$$m=\frac{\varepsilon}{c^2}=\frac{h\nu}{c^2} \tag{18.13}$$

光子具有一定的质量 m 和速度 c,所以光子的动量为

$$p=mc=\frac{h\nu}{c}=\frac{h}{\lambda} \tag{18.14}$$

光子具有动量,直接说明了光压力存在的事实。1899 年俄国物理学家列别捷夫(1866—1912)观察并测量了光的压力,证明理论与实验完全符合。

光子理论不仅圆满地解释了光电效应,以后还将看到,光子理论也能说明光的波动说所不能解释的其他许多现象,这说明光确实具有粒子性。关系式(18.13)和式(18.14)把光的双重性质——波动性和粒子性联系起来,动量和能量是描述粒子性的,而频率和波长则是描述波动性的。光的这种双重性质称为光的波粒二象性。一般来说,光在传播过程中,从它的干涉、衍射和偏振等现象,明显地表现出光具有波动性;而在光电效应等现象中,当光和物质相互作用时,表现为具有质量、动量和能量的光的粒子性。

光电效应的应用极为广泛。利用光电效应原理可制成真空光电管、光电倍增管、硅光电池、硅光电二极管等光电器件。光电管的灵敏度很高,可用于记录和测量光的强度,作为光电光度计,也用于有声电影、电视、自动控制等中的光电转换。利用光电效应制成的光电成像器件,还能将可见或不可见的辐射图像转换或增强成为可观察记录、传输、储存的图像。例如,军事上用于夜视的红外变像管,就可把不可见的红外辐射图像转换成可见光图像。

例 18.2 波长 $\lambda=400\text{nm}$ 的单色光入射到逸出功 $A=1.94\text{eV}$ 的铯表面。求:(1)入射光子的能量;(2)逸出电子的最大动能;(3)铯的红限频率;(4)入射光的动量。

解 (1) 入射光子的能量

$$\varepsilon=h\nu=h\frac{c}{\lambda}=6.63\times10^{-34}\times\frac{3\times10^8}{400\times10^{-9}}=4.97\times10^{-19}(\text{J})=3.11(\text{eV})$$

(2) 逸出电子的最大初动能

$$\frac{1}{2}mv_m^2=h\nu-A=3.11-1.94=1.17(\text{eV})$$

(3) 铯的红限频率

$$\nu_0=\frac{A}{h}=\frac{1.94\times1.6\times10^{-19}}{6.63\times10^{-34}}=4.68\times10^{14}(\text{Hz})$$

(4) 入射光的动量

$$p=\frac{h}{\lambda}=\frac{6.63\times10^{-34}}{400\times10^{-9}}=1.66\times10^{-27}(\text{kg}\cdot\text{m/s})$$

18.3 康普顿散射

1923 年康普顿(A. H. Compton,1892—1962)在研究 X 射线经物质散射的实验中发现,在散射光中除了波长与入射光的波长相同的成分外,还有波长较长的成分。这种波长变长

的散射称为康普顿散射(或称康普顿效应)。

研究康普顿散射的实验装置如图18.7所示。X射线源发射一束波长为λ_0的X射线,投射到散射体石墨上,对各种散射角的散射光线的波长及相对强度可以由摄谱仪来测定。

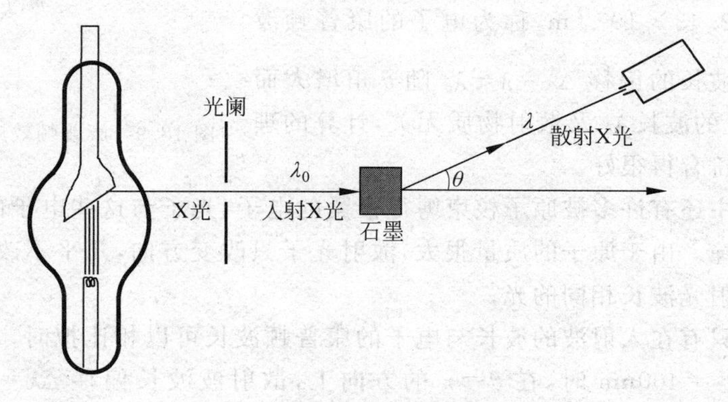

图18.7　康普顿实验

实验结果如图18.8所示,对任一散射角θ都测量到两种波长λ_0和λ的散射线,且$\Delta\lambda=\lambda-\lambda_0$随$\theta$角增大而增大,而与$\lambda_0$及散射物质无关。

按照经典电磁波理论,当电磁波通过物体时,将引起物体中带电粒子作受迫振动,带电粒子受迫振动的频率等于入射光的频率,而每个振动着的带电粒子将向四周辐射电磁波,所发射的光的频率应与入射光的频率相同。可见,光的波动理论无法解释康普顿散射。

康普顿应用光的量子理论成功地说明了康普顿散射。按照光的量子理论,每一光子都具有确定的动量和能量,X射线的散射是单个光子和单个电子发生弹性碰撞的结果,在碰撞过程中,系统的动量和能量都守恒。又由于X射线的波长很短,因此X射线光子的能量较大,远大于原子中被原子核束缚较弱的电子的束缚能。在康普顿散射中,可近似地把这些外层电子看成是静止的自由电子。图18.9表示康普顿效应中动量之间的关系。其中ν_0和ν分别为碰撞前和碰撞后光子的频率,$\frac{h\nu_0}{c}$和$\frac{h\nu}{c}$分别为入射光子和散射光子的动量,$m\vec{v}$是电子反冲动量。根据能量和动量守恒,有

$$h\nu_0+m_0c^2=h\nu+mc^2$$

$$\frac{h\nu_0}{c}\hat{n}_0=\frac{h\nu}{c}\hat{n}+m\vec{v}$$

式中,$m=m_0/\sqrt{1-v^2/c^2}$,m_0为电子静止质量。联立求解以上两式,得

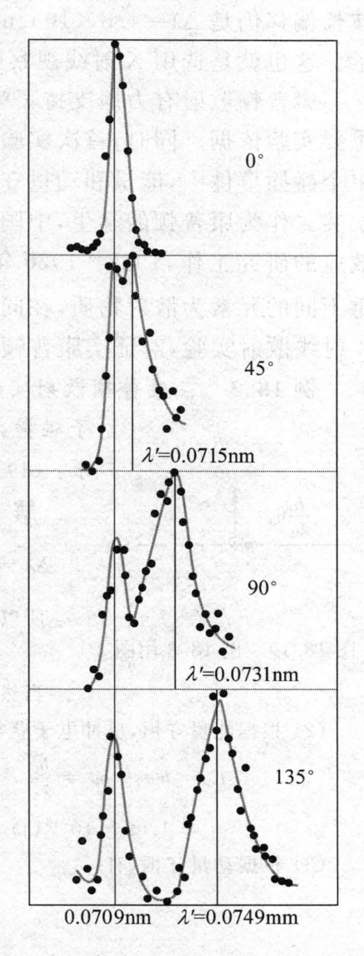

图18.8　康普顿散射实验结果

$$\Delta\lambda = \lambda - \lambda_0 = \frac{h}{m_0 c}(1-\cos\theta) = \frac{2h}{m_0 c}\cdot\sin^2\frac{\theta}{2}$$
$$= 2\lambda_c \sin^2\frac{\theta}{2} \qquad (18.15)$$

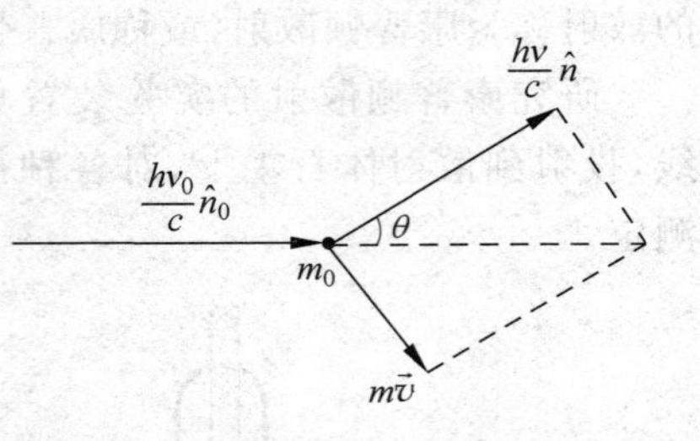

图 18.9 康普顿效应中的动量关系

式中,$\lambda_c = \frac{h}{m_0 c} = 2.43\times10^{-12}$ m,称为电子的康普顿波长。上式说明了波长的偏移 $\Delta\lambda=\lambda-\lambda_0$ 随 θ 角增大而增大,而与入射光的波长 λ_0 及散射物质无关,计算的理论值与实验结果符合得很好。

在散射物质中还有许多被原子核束缚得很紧的电子,光子与这些电子的碰撞相当于和整个原子发生碰撞。由于原子的质量很大,散射光子只改变方向,几乎不改变能量,所以散射光中还有与入射光波长相同的光。

康普顿散射只有在入射波的波长与电子的康普顿波长可以相比拟时,才是显著的。例如,入射波波长 $\lambda_0=400$nm 时,在 $\theta=\pi$ 的方向上,散射波波长偏移 $\Delta\lambda=4.8\times10^{-3}$ nm,$\Delta\lambda/\lambda_0=10^{-5}$。此时很难观察到康普顿散射。当入射波波长 $\lambda_0=0.05$nm,$\theta=\pi$ 时,散射波波长偏移仍是 $\Delta\lambda=4.8\times10^{-3}$nm,但 $\Delta\lambda/\lambda_0\approx10\%$,这时就能比较明显地观察到康普顿散射了。这也就是选用 X 射线观察康普顿散射的原因。

康普顿散射有力地支持了爱因斯坦光量子理论,与光电效应一起成为光具有粒子性的重要实验依据。同时,首次实验证实了爱因斯坦提出的“光量子”假设,并且验证了在微观的单个碰撞事件中,能量和动量守恒定律也严格成立。为此,康普顿获得 1927 年诺贝尔物理学奖。作为康普顿的学生,中国物理学家吴有训(1897—1977)于 1923 年参加了发现康普顿效应的研究工作,1925—1926 年间他用银的 X 射线($\lambda_0=5.62$nm)作为入射线,以 15 种轻重不同的元素为散射物质,在同一散射角($\phi=120°$)测量各种波长的散射光强度,作了大量 X 射线散射实验,对证实康普顿散射做出了重要贡献。

例 18.3 在康普顿散射实验中,波长 $\lambda_0=0.02$nm 的 X 射线与可以认为静止的自由电子碰撞,若从与入射方向成 90°的方向观察散射线,如图 18.10 所示,求:(1)散射线的波长;(2)反冲电子的动能;(3)反冲电子的动量。

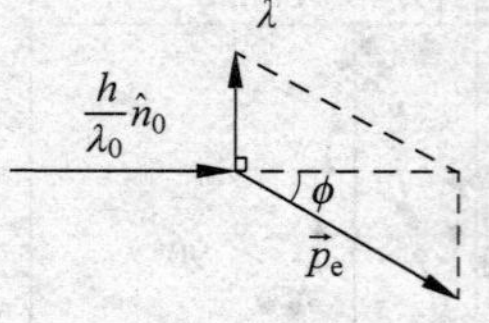

图 18.10 例 18.3 用图

解 (1) 散射后 X 射线波长的改变为

$$\Delta\lambda = \frac{2h}{m_0 c}\cdot\sin^2\frac{\theta}{2} = \frac{2\times6.63\times10^{34}}{9.1\times10^{-31}\times3\times10^8}\times\left(\frac{\sqrt{2}}{2}\right)^2 = 0.0024(\text{nm})$$

所以散射线波长为

$$\lambda = \lambda_0 + \Delta\lambda = 0.0024\text{nm} + 0.02\text{nm} = 0.022\text{nm}$$

当然,在这一散射方向上还有波长不变的散射线。

(2) 根据能量守恒,反冲电子获得的能量就是入射光子与散射光子能量之差,即

$$E_k = h\nu_0 - h\nu = \frac{hc}{\lambda_0} - \frac{hc}{\lambda} = \frac{hc\Delta\lambda}{\lambda_0\lambda} = \frac{6.63\times10^{-34}\times3\times10^8\times0.0024\times10^{-9}}{0.02\times10^{-9}\times0.022\times10^{-9}}$$
$$= 1.08\times10^{-15}(\text{J}) = 6.8\times10^3(\text{eV})$$

(3) 根据动量守恒,有

$$\frac{h}{\lambda_0} = p_e\cos\phi$$
$$\frac{h}{\lambda} = p_e\sin\phi$$

所以

$$p_e = h\left(\frac{1}{\lambda_0^2}+\frac{1}{\lambda^2}\right)^{1/2} = 6.63\times10^{-34}\left(\frac{1}{(0.02\times10^{-9})^2}+\frac{1}{(0.022\times10^{-9})^2}\right)^{1/2}$$

$$= 4.5\times10^{-23}\,(\mathrm{kg\cdot m/s})$$

$$\phi = \arctan\frac{\lambda_0}{\lambda} = \arctan\frac{0.02}{0.022} = 42°16'$$

18.4　粒子的波动性

光电效应、康普顿效应等现象，说明了光的粒子性，干涉、衍射和偏振等现象又证实了光的波动性，即光具有波粒二象性。表达式 $\varepsilon=h\nu$ 和 $p=\frac{h}{\lambda}$ 把标志波动性质的频率 ν 和波长 λ 与标志粒子性的能量 E 和动量 p，通过普朗克常量 h 定量地联系起来了。

1924 年，年轻的法国人路易·德布罗意(Louis Victor de Broglie，1892—1987)在光的波粒二象性的启发下，首次大胆地提出了与光的波粒二象性完全对称的设想，即实物粒子(如电子、质子等)也具有波粒二象性。他认为，“整个世纪以来(指 19 世纪)，在光学中，比起波动的研究方法来，如果说是过于忽略粒子的研究方法的话，那么在实物的理论中，是否发生了相反的错误呢？是不是我们把粒子的图像想象得太多，而过分地忽略了波的图像呢？”类比于光子，他在博士论文《关于量子理论的研究》中首次提出假设：实物粒子也具有波动性，与一个具有能量 E 和动量 p 的粒子相联系的波的频率 ν 和波长 λ 为

$$\nu = \frac{E}{h} \tag{18.16}$$

$$\lambda = \frac{h}{p} \tag{18.17}$$

上面两式称为德布罗意关系。这种与实物粒子相联系的波称为德布罗意波，它的波长由式(18.17)给出，称为德布罗意波长。

对于静止质量为 m_0 的实物粒子，若粒子以速度 v 运动，与该粒子相联系的平面单色波的波长为

$$\lambda = \frac{h}{p} = \frac{h}{mv} = \frac{h}{m_0 v}\sqrt{1-\frac{v^2}{c^2}} \tag{18.18}$$

以电子波长的计算为例，电子经电场加速(加速电势差为 U)后，若 $v\leqslant c$，不考虑相对论效应，则

$$eU = E_k = \frac{p^2}{2m_0}\quad 或\quad p=\sqrt{2m_0 eU}$$

因而

$$\lambda = \frac{h}{p} = \frac{h}{\sqrt{2m_0 eU}} \tag{18.19}$$

电子经电场加速(加速电势差为 U)后，若需考虑相对论效应，则

$$eU = E_k = E - E_0$$

因为

$$E^2 = E_0^2 + (pc)^2$$

所以

$$p = \frac{1}{c}\sqrt{E^2 - E_0^2} = \frac{1}{c}\sqrt{eU(eU + 2m_0c^2)}$$

因而

$$\lambda = \frac{h}{p} = \frac{hc}{\sqrt{eU(eU + 2m_0c^2)}} \tag{18.20}$$

一般当加速电压 $U > 10^4$ V 时需考虑相对论效应。

德布罗意关于物质波的假设，1927 年首先为著名的戴维孙(C. J. Davisson，1881—1958)-革末(L. A. Germer，1891—1971)实验所证实。戴维孙和革末利用镍单晶表面做电子束散射实验时，观察到了和 X 射线衍射相类似的电子衍射现象，从而证实了电子的波动性。同年，汤姆孙(G. P. Thomson，1892—1975)做了电子束穿过多晶薄膜的衍射实验，也成功地得到了和 X 射线通过多晶薄膜后产生的衍射图样极为相似的衍射图样(图 18.11)。1961 年约恩孙(C. Jonsson，1901—1982)作了电子的单缝、双缝、三缝等衍射实验(图 18.12)。这些实验都证实了电子具有与光波相同的波动性。后来的实验证明原子、分子、中子等微观粒子也具有波动性。这就说明，一切微观粒子都具有波粒二象性，德布罗意公式成为揭示微观粒子波粒二象性的基本公式。德布罗意因提出微观粒子的波粒二象性荣获 1929 年诺贝尔物理学奖，戴维孙和汤姆孙因发现电子在晶体中的衍射现象共同分享了 1937 年诺贝尔物理学奖。

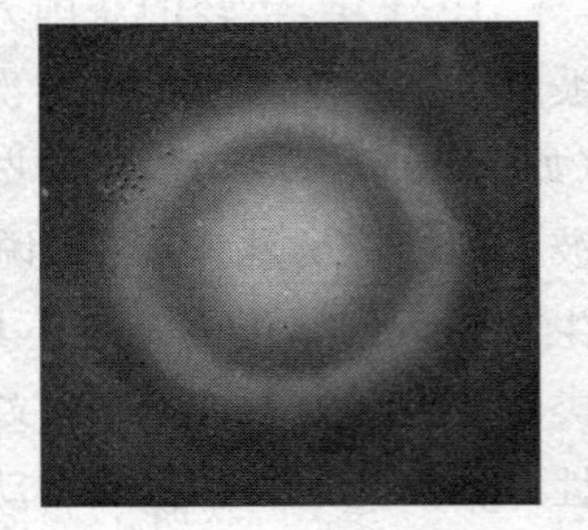

图 18.11　电子衍射图样

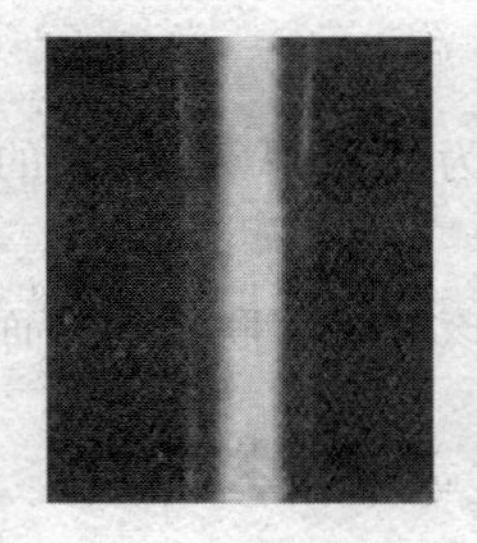

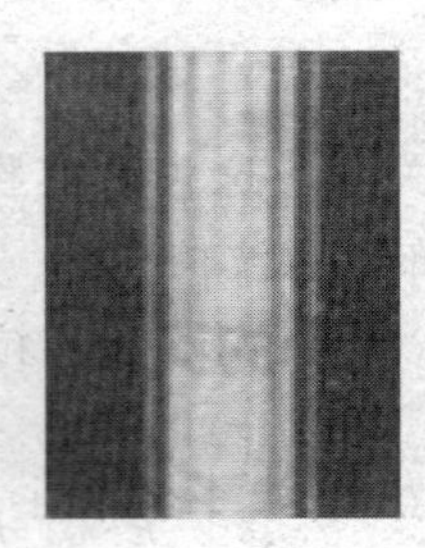

图 18.12　电子单、双、三、四缝衍射实验

微观粒子的波动性在现代科学技术中已得到了实际应用。例如，基于电子的波动性设计而成的电子显微镜。由于电子的波长很短，与 X 射线的波长在数量级上相当，而光学仪器的分辨本领与波长成反比，因而电子显微镜的分辨本领远比普通光学显微镜高，最小分辨距离可以达到 0.1nm。第一台电子显微镜是由德国鲁斯卡(E. Ruska，1906—1988)研制成功的，为此，他与扫描隧道显微镜的发明人一起分享了 1986 年诺贝尔物理学奖。

例 18.4　计算分别经过电势差 $U=150$V、$U=10^4$ V 和 $U=10^6$ V 加速的电子的德布罗意波长。

解　$U \leqslant 10^4$ V 时不需考虑相对论效应，将常量 h、m_0、e 的值以及 $U_1=150$V，$U_2=10^4$ V 分别代入式(18.19)得

$$\lambda_1 = 0.1\text{nm}, \quad \lambda_2 = 0.0123\text{nm}$$

由此可见，在这样电压加速下，电子的德布罗意波长与 X 射线的波长相当。

$U > 10^4$ V 时需考虑相对论效应，将常量 h、m_0、e 的值以及 $U_3 = 10^6$ V 代入式(18.20)得

$$\lambda_3 = 0.87 \times 10^{-3}\text{nm}$$

此时若不考虑相对论效应，算出波长为 $\lambda_3 = 1.225 \times 10^{-3}$ nm，相对误差达 41%。可见，此时必须考虑相对论效应。

例 18.5　一质量 $m = 0.01$kg 的子弹，以速率 $v = 300$m/s 运动着，其德布罗意波长是多少？

解　由德布罗意公式(18.18)得

$$\lambda = \frac{h}{p} = \frac{h}{mv} = \frac{6.63 \times 10^{-34}}{0.01 \times 300} = 2.21 \times 10^{-34}(\text{m})$$

可见，对于一般的宏观物体，其物质波波长是非常小的，很难显示波动性，因而宏观物体仅表现出粒子性。

18.5　概率波与波函数

18.5.1　概率波

按照经典理论很难把波动性和粒子性统一到一个对象上。德布罗意提出的波的物理意义究竟是什么？他本人对这种与粒子相联系的波的本质也并没有做出明确的回答。量子力学的创始人之一薛定谔曾认为电子波是一个代表电子实体的波包，这种说法与显示电子具有整体性的实验结果矛盾，很快就被否定了。还有人认为电子的波动性是大量电子之间相互作用的体现，这也不符合实验结果。

1926 年，玻恩在一篇题为《散射过程的量子力学》的论文中，认为德布罗意波的实质是概率波，物质波描述了粒子在各处被发现的概率，这种解释较好地把波动性和粒子性统一了起来。

玻恩的波粒二象性的统计解释可以用电子干涉实验结果来说明。图 18.13 是 1989 年发表的电子双路干涉(相当于双缝干涉)的实验结果，其中图(a)～图(d)是入射电子流密度逐渐增大所形成的干涉图样。开始时照片上只出现随机分布的几个小亮点，它们是一个一个的电子打在底片上形成的，说明电子的确是粒子。同时也说明，电子的去向是完全不确定的，一个电子到达何处完全是随机的。随着电子流密度的增大，亮点增多并逐渐累积成明晰的强度按一定规律分布的干涉条纹(图 18.13(d))。这说明发生了相干叠加，电子的确具有波动性。同时又说明，尽管单个电子的去向具有随机性，但其概率在一定条件下还是具有确定的规律的。

按照玻恩的观点，底片上某点的感光强度正比于电子在该点出现的概率，而与电子相联系的波是某种电子空间分布的概率波，所以底片上的干涉条纹就是这种概率波相干叠加的结果。这样既解释了电子的波动性，又保留了电子的粒子性。以后的实验进一步表明，无论是大量电子同时入射，还是长时间单个电子一个一个地入射，其干涉图样都是一致的，这充分表明电子具有波动性。

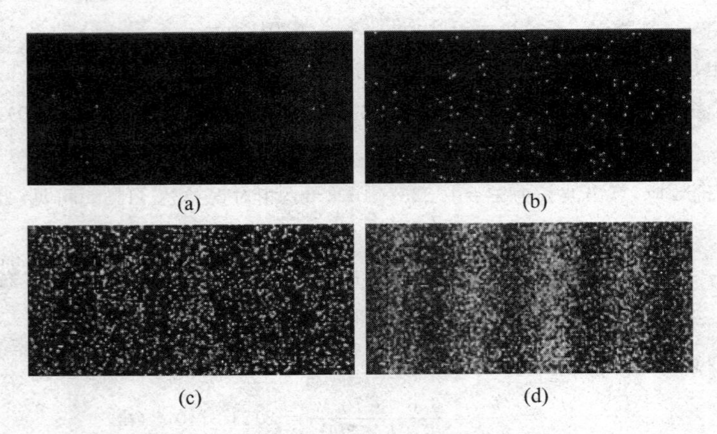

图 18.13 电子双路干涉实验结果

18.5.2 波函数及其统计解释

如何定量地描述与微观粒子相联系的概率波的状态呢？由于机械波和电磁波都可以用波函数来描述，1925 年薛定谔首先提出用物质波波函数 Ψ 描述微观粒子的运动状态。一般情况下，波函数是空间和时间的函数，即 $\Psi=\Psi(x,y,z,t)$，并且是一复函数。

我们知道，频率为 ν、波长为 λ、沿 x 轴正方向传播的平面简谐波波函数可表示为

$$y(x,t) = A\cos 2\pi\left(\nu t - \frac{x}{\lambda}\right)$$

或将上式写成复数形式

$$y(x,t) = A\mathrm{e}^{-\mathrm{i}2\pi\left(\nu t-\frac{x}{\lambda}\right)}$$

而只取其实数部分。

对与微观粒子相联系的物质波，先讨论最简单的情况，即自由粒子的运动。对自由粒子而言，由于它不受外力作用，其动量 $\vec{p}$ 和能量 E 都保持不变，由德布罗意关系式可知，其物质波的频率 ν 和波长 λ 也都不随时间变化，因此自由粒子的物质波一定是单色平面波。沿 x 轴正方向传播的自由粒子物质波的波函数可表示为

$$\Psi(x,t) = \Psi_0\mathrm{e}^{-\mathrm{i}2\pi\left(\nu t-\frac{x}{\lambda}\right)}$$

式中，Ψ_0 为物质波的振幅。将德布罗意关系式代入上式，就成为

$$\Psi(x,t) = \Psi_0\mathrm{e}^{-\mathrm{i}\frac{2\pi}{h}(Et-px)} \tag{18.21}$$

在自由粒子三维运动的情况下，其波函数可表示为

$$\Psi(\vec{r},t) = \Psi_0\mathrm{e}^{-\mathrm{i}\frac{2\pi}{h}(Et-\vec{p}\cdot\vec{r})} \tag{18.22}$$

对于在各种外力场中运动的粒子，它们的波函数是后面将要讲到的薛定谔方程的解。

那么物质波波函数的物理意义是什么呢？既然光波的强度正比于光振动的振幅的平方，与此类似，物质波的强度也应与波函数的平方成正比，而物质波的强度又正比于粒子在该点出现的概率，所以，在某一时刻，在空间某一地点，粒子出现的概率正比于该时刻、该地点的波函数的平方。1926 年玻恩对波函数提出如下统计假设：波函数 Ψ 的模的平方 $|\Psi|^2=\Psi\Psi^*$ 为 t 时刻点 (x,y,z) 附近单位体积内粒子出现的概率，即粒子出现的概率密度。波函

数 Ψ 因此称为概率幅。这是和经典波的波函数完全不同的，经典波的波函数代表的是某种实在的物理量的波动，物质波的波函数用其模的平方形式反映出来的是微观粒子运动的统计规律。

因 $|\Psi|^2$ 是概率密度，则 t 时刻点(x,y,z)附近体积元 $\mathrm{d}V$ 内发现粒子的概率为

$$|\Psi|^2\mathrm{d}V=\Psi\Psi^*\mathrm{d}V \tag{18.23}$$

在整个空间内粒子出现的总概率等于 1，所以将式(18.23)对整个空间积分，应有

$$\iiint_V|\Psi|^2\mathrm{d}V=\iiint_V\Psi\Psi^*\mathrm{d}V=1 \tag{18.24}$$

上式称为归一化条件。

只有满足归一化条件的波函数，其模的平方才代表概率密度。对未归一化的波函数，可乘以归一化因子 C 将其归一化。由于 Ψ 和 $C\Psi$ 经归一化后得到的是同一个波函数，所以在量子力学中它们描述的是同一个微观状态。这一点与经典的波函数完全不同。

由于概率密度 $|\Psi|^2$ 是坐标的单值、连续和有限的函数，所以统计解释要求波函数 Ψ 必须是单值、连续和有限的函数。单值、连续和有限，称为波函数所满足的自然条件。

由于在量子力学研究方面所做出的贡献，特别是对波函数做出统计解释，玻恩获得 1954 年诺贝尔物理学奖。

18.6　不确定度关系

在经典力学中，运动物体在任何时刻都具有完全确定的位置、动量、能量和角动量等。与此不同，微观粒子具有明显的波动性，在某位置上仅以一定的概率出现，使得它的某些成对物理量不可能同时具有确定的量值。例如位置坐标和动量、角坐标和角动量、能量和时间等，其中一个量确定越准确，另一个量的不确定程度应越大。

1927 年德国物理学家海森伯(W. Heisenberg，1901—1976)根据量子力学推出微观粒子位置不确定度(即不确定范围，也叫不确定量)与动量不确定度之间的关系满足

$$\Delta x\Delta p_x\geqslant\hbar/2,\quad \Delta y\Delta p_y\geqslant\hbar/2,\quad \Delta z\Delta p_z\geqslant\hbar/2 \tag{18.25}$$

式(18.25)称为海森伯坐标和动量的不确定关系，其中 Δx 代表粒子在 x 轴方向上坐标的不确定度，Δp_x 代表粒子在 x 轴方向上动量的不确定度，$\hbar=h/2\pi$ 称为约化普朗克常量。

式(18.25)表明 Δx 和 Δp_x 不可能同时为零，即微观粒子不可能同时具有确定的位置和动量。粒子位置的不确定度 Δx 越小，动量的不确定度 Δp_x 应越大，反之亦然。因此，对于具有波粒二象性的微观粒子，不可能用某一时刻的位置和动量描述其运动状态，轨道的概念已失去意义，经典力学规律也不再适用。

这一规律直接来源于微观粒子的波粒二象性，可以借助电子单缝衍射实验结果来说明。如图 18.14 所示，一束动量大小为 p 的电子通过宽度为 Δx 的狭缝发生衍射，θ 为衍射中央明纹的半角度宽，其大小为

$$\sin\theta=\lambda/\Delta x$$

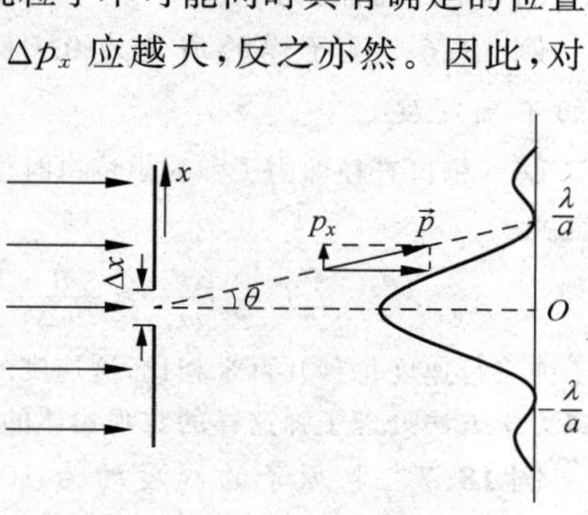

图 18.14　电子的单缝衍射

式中,λ 为电子的德布罗意波长,$\lambda=\dfrac{h}{p}$。

电子由位置 x 和动量 p 来描述。在狭缝处,电子的 x 坐标的不确定度为 Δx。如果限制电子落在屏上中央明纹区之中,则有

$$0 \leqslant p_x \leqslant p\sin\theta$$

其中,p_x 为动量在 x 轴方向上的分量。因此电子通过狭缝时,在 x 轴方向上动量的不确定度为

$$\Delta p_x = p\sin\theta = \frac{h}{\lambda} \cdot \frac{\lambda}{\Delta x} = \frac{h}{\Delta x}$$

由于电子还可能落在屏上其他高级次衍射条纹的区域,所以

$$\Delta p_x \geqslant p\sin\theta = \frac{h}{\Delta x}$$

即

$$\Delta x \cdot \Delta p_x \geqslant h$$

以上只是利用一个特例作粗略估算,严格地推导所得的关系式为(18.25)。

不确定关系是微观粒子具有波粒二象性的客观反映和必然结果,并不是由于测量仪器对粒子的干扰所造成的,也不是由于仪器本身有误差或测量方法不完善而引起的,它在量子力学中起着非常重要的作用。由于通常都是用来作数量级估算,有时也写成 $\Delta x \cdot \Delta p_x \geqslant \hbar$ 或 $\Delta x \cdot \Delta p_x \geqslant h$ 等形式。

不确定关系不仅存在于坐标和动量之间,还存在能量与时间之间。如果微观粒子处于某一状态的时间为 Δt,则其能量必有一个不确定度 ΔE,由量子力学可导出二者之关系满足

$$\Delta E \Delta t \geqslant \hbar/2 \tag{18.26}$$

式(18.26)称为能量和时间的不确定关系。将其应用于原子可以解释原子各激发态的能级宽度 ΔE 与它在该激发态的平均寿命 Δt 之间的关系。原子在某一激发态上随时都可以向低能级跃迁,因为跃迁是一种随机事件,所以电子处在激发态的时间(寿命)是一个不确定的量。原子在激发态的典型的平均寿命 $\Delta t \approx 10^{-8}\,\mathrm{s}$,根据能量和时间的不确定关系可知,相应的所处能级的能量值一定有不确定量 $\Delta E \geqslant \dfrac{\hbar}{2\Delta t} \approx 10^{-8}\,\mathrm{eV}$,这就是激发态的能级宽度。显然,基态能级的能量最确定,激发态的平均寿命越长,能级宽度越小,跃迁到基态所发射的光谱线的单色性就越好。

例 18.6 设子弹的质量为 0.01kg,枪口的直径为 0.5cm,试求子弹射出枪口时横向速度的不确定度。

解 枪口直径即为子弹射出枪口时位置的不确定度,由不确定关系得子弹射出枪口时横向速度的不确定度

$$\Delta v_x = \frac{\Delta p_x}{m} \geqslant \frac{\hbar}{2m\Delta x} = \frac{1.05 \times 10^{-34}}{2 \times 0.01 \times 0.5 \times 10^{-2}} = 1.1 \times 10^{-30}\,\mathrm{m/s}$$

与子弹飞行速度每秒几百米相比,这速度的不确定度是微不足道的,对射击瞄准没有任何实际的影响,用经典力学方法处理子弹这样的宏观物体的运动是完全可以的。

例 18.7 取原子的线度约为 $10^{-10}\,\mathrm{m}$,求原子中电子速度的不确定度。

解 原子的线度就是原子中电子的位置不确定度,$\Delta x = 10^{-10}\,\mathrm{m}$。由不确定关系得电子速度的不确定度

$$\Delta v \geqslant \frac{\hbar}{2m\Delta x} = \frac{1.05 \times 10^{-34}}{2 \times 9.11 \times 10^{-31} \times 10^{-10}} = 5.8 \times 10^{5}\,\mathrm{m/s}$$

按照牛顿力学计算，氢原子中电子的运动速度约为 10^{6} m/s，速度的不确定度 Δv 和速度 v 本身的数量级几乎相同，因此电子的速度完全不确定，从而电子的位置也就不能完全确定。因此对于原子中的电子运动，没有轨道的概念，取而代之的是电子在空间的概率分布。

不确定关系还可解释卢瑟福的核式原子结构模型。假设电子被束缚在原子核中，其位置的不确定度就会很小，因而电子的动量就会很大，电子在此动量下具有极高的速度，其相应的动能足以把原子核击碎。所以，虽然电子受原子核吸引，但它不会落在原子核上使原子坍缩，确保了原子的稳定性。

18.7　薛定谔方程

在经典力学中，质点的运动状态可用位置和速度来描述，我们可以根据初始条件利用牛顿运动方程求出质点在任一时刻的位置和速度。在量子力学中，与微观粒子相联系的物质波的运动状态是用波函数来描述的，那么，物质波波函数所满足的方程是什么呢？1926 年薛定谔提出了适用于低速情况的、描述微观粒子在外力场中运动的微分方程，也就是物质波波函数所满足的方程，称为薛定谔方程。下面介绍薛定谔方程建立的主要思路，并不是方程的理论推导。

首先考虑一维自由粒子运动的情况。我们已知，沿 x 轴方向运动的自由粒子，其物质波波函数为

$$\Psi(x,t) = \Psi_0 \mathrm{e}^{-\mathrm{i}\frac{2\pi}{h}(Et-px)}$$

将上式对 x 取二阶偏导数，得

$$\frac{\partial^2 \Psi}{\partial x^2} = -\frac{p^2}{\hbar^2}\Psi \tag{18.27a}$$

对 t 取一阶偏导数，得

$$\frac{\partial \Psi}{\partial t} = -\frac{\mathrm{i}}{\hbar}E\Psi \tag{18.27b}$$

用 $\hbar^2/2m$ 乘以式(18.27a)，用 $\mathrm{i}\hbar$ 乘以式(18.27b)，利用自由粒子非相对论的动能与动量的关系 $E=p^2/2m$，可得

$$-\frac{\hbar^2}{2m}\frac{\partial^2 \Psi}{\partial x^2} = \mathrm{i}\hbar\frac{\partial \Psi}{\partial t} \tag{18.28}$$

这就是一维运动的自由粒子的波函数所遵循的规律，称为一维自由粒子运动含时的薛定谔方程。

若粒子在势场中作一维运动，其势能为 $U(x,t)$，则粒子的总能量为

$$E = E_{\mathrm{k}} + U(x,t) = \frac{p^2}{2m} + U(x,t)$$

将式(18.27b)中的 E 用上式代替

$$\frac{\partial \Psi}{\partial t} = -\frac{\mathrm{i}}{\hbar}\left[\frac{p^2}{2m} + U(x,t)\right]\Psi$$

再由式(18.27a)，可得

$$-\frac{\hbar^2}{2m}\frac{\partial^2 \Psi}{\partial x^2} + U(x,t)\Psi = \mathrm{i}\hbar\frac{\partial \Psi}{\partial t} \tag{18.29}$$

这就是在势场中一维运动粒子的含时薛定谔方程。

若粒子在三维空间中运动,则式(18.29)可推广为

$$-\frac{\hbar^2}{2m}\left(\frac{\partial^2\Psi}{\partial x^2}+\frac{\partial^2\Psi}{\partial y^2}+\frac{\partial^2\Psi}{\partial z^2}\right)+U(x,y,z,t)\Psi=\mathrm{i}\,\hbar\frac{\partial\Psi}{\partial t}$$

如果采用拉普拉斯算符$\nabla^2\equiv\frac{\partial^2}{\partial x^2}+\frac{\partial^2}{\partial y^2}+\frac{\partial^2}{\partial z^2}$,上式也可写为

$$-\frac{\hbar^2}{2m}\nabla^2\Psi+U(x,y,z,t)\Psi=\mathrm{i}\,\hbar\frac{\partial\Psi}{\partial t} \tag{18.30}$$

这就是粒子在势场中运动的三维情况下一般的薛定谔方程。

当势能函数 U 与时间无关而只是坐标的函数时,可用分离变量法求解式(18.29),此时得到波函数应有下述形式:

$$\Psi(x,t)=\psi(x)\mathrm{e}^{-\mathrm{i}Et/\hbar} \tag{18.31}$$

式中,E 为粒子的能量,也是一个不随时间变化的量。

显然,此时粒子在空间各点出现的概率密度$|\Psi(x,t)|^2=|\psi(x)|^2$与时间无关,这样的态称为定态,定态波函数的空间部分 $\psi(x)$也叫定态波函数。

将式(18.31)代回到在势场中一维运动的含时薛定谔方程(18.29)中,可得 $\psi(x)$所满足的方程

$$-\frac{\hbar^2}{2m}\frac{\mathrm{d}^2\psi}{\mathrm{d}x^2}+U\psi=E\psi \tag{18.32}$$

方程(18.32)称为一维定态薛定谔方程。

若粒子在三维空间中运动,且势能函数 U 与时间无关,则式(18.32)可推广得到三维定态薛定谔方程

$$-\frac{\hbar^2}{2m}\nabla^2\psi+U\psi=E\psi \tag{18.33}$$

一般来说,只要知道粒子的质量和它在势场中的势能函数的具体形式,就可以写出其薛定谔方程,它是一个二阶偏微分方程。再根据给定的初始条件和边界条件求解,就可得到描述粒子运动状态的波函数,其模的平方就给出粒子在不同时刻不同位置处出现的概率密度。从数学上说,对于任何能量 E 的值,方程式(18.33)都有解,但并非对所有 E 值的解都能满足物理上的要求,因为波函数 Ψ 必须是单值、连续、有限而且归一化的。由于这些条件的限制,只有当薛定谔方程中总能量 E 具有某些特定值时才有解。这些 E 值叫做能量的本征值,而相应的波函数则称为本征解或本征波函数。

薛定谔方程是量子力学中的基本动力学方程,它在量子力学中的作用与牛顿方程在牛顿力学中的作用是一样的。如同牛顿方程,其正确性只能通过实验来检验。实际上,在分子、原子等微观领域的研究中,应用薛定谔方程所得的结果都与实验事实很好地符合。

18.8 一维无限深方势阱

本节讨论一维定态薛定谔方程在一种简单的外力场问题中的应用。粒子在这种外力场中的势能函数可表示为

$$U(x)=\begin{cases}0, & 0<x<a\\ \infty, & x\leqslant 0,x\geqslant a\end{cases}\tag{18.34}$$

其势能曲线如图 18.15 所示。由于图形的形状像一个井，这种势能分布形象地叫做势阱。又由于图 18.15 中的井深是无限的，所以叫无限深方势阱。

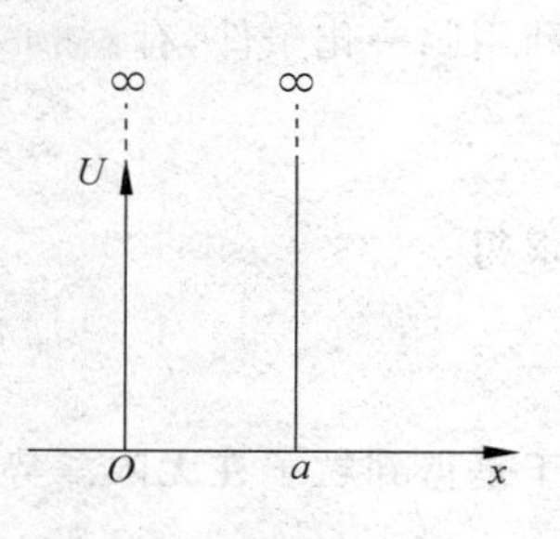

图 18.15　无限深方势阱

在金属中运动的自由电子，很难逸出金属表面，因为电子要逸出金属需克服正电荷的吸引。这种情况下，自由电子就可以看成是处于以金属表面为边界的无限深势阱中，利用无限深方势阱这一简单模型可粗略地计算金属中自由电子的运动。

按照经典理论，处于无限深势阱中的粒子，其能量可取任意有限值，粒子在势阱中各处的概率是相等的。下面应用薛定谔方程来求解粒子处于一维无限深势阱中运动的规律。由于势能与时间无关，利用定态薛定谔方程(18.31)求解 $\psi(x)$。

在阱外(包括阱壁)，由于 $U=\infty$，要使方程(18.30)有解，必须有

$$\psi(x)=0,\quad x\leqslant 0,x\geqslant a\tag{18.35}$$

$\psi(x)=0$ 说明粒子不可能到达这些区域，这是与经典结论相符的。

在阱内，由于 $U=0$，定态薛定谔方程为

$$-\frac{\hbar^2}{2m}\frac{\mathrm{d}^2\psi}{\mathrm{d}x^2}=E\psi\tag{18.36}$$

令

$$k^2=2mE/\hbar^2\tag{18.37}$$

式(18.36)变为

$$\frac{\mathrm{d}^2\psi}{\mathrm{d}x^2}+k^2\phi=0\tag{18.38}$$

该方程为二阶常系数微分方程，其通解应为

$$\psi(x)=C\sin(kx+\delta)\tag{18.39}$$

其中，两待定常数 C、δ 可由边界条件和归一化条件确定。考虑到在 $x=0$ 和 $x=a$ 处整个波函数应是单值、连续的，即在 $x=0$ 处应有

$$\psi(0)=C\sin\delta=0\tag{18.40}$$

因而得

$$\delta=0\tag{18.41}$$

式(18.39)变为

$$\psi(x)=C\sin kx\tag{18.42}$$

而在 $x=a$ 处应有

$$\psi(a)=C\sin ka=0\tag{18.43}$$

因而得

$$ka=n\pi,\quad n=1,2,3,\cdots\tag{18.44}$$

这里 n 取正整数是因为 n 取负值与 n 取正值所给出的波函数式(18.42)描述的是同一状态，而且 $n=0$，则 $\psi(x)=0$，说明不存在这种状态。

利用归一化条件，有

$$\int_0^a |\psi|^2 \mathrm{d}x = \int_0^a \left(C\sin\frac{n\pi x}{a}\right)^2 \mathrm{d}x = 1$$

求得

$$C = \sqrt{\frac{2}{a}} \tag{18.45}$$

于是得到粒子在无限深势阱中的定态波函数为

$$\psi_n(x) = \begin{cases} \sqrt{\dfrac{2}{a}}\sin\dfrac{n\pi x}{a}, & n=1,2,3,\cdots, \quad 0<x<a \\ 0, & x\leqslant 0, x\geqslant a \end{cases} \tag{18.46}$$

波函数为

$$\Psi_n(x) = \begin{cases} \sqrt{\dfrac{2}{a}}\sin\dfrac{n\pi x}{a}\mathrm{e}^{-\frac{\mathrm{i}}{\hbar}Et}, & n=1,2,3,\cdots, \quad 0<x<a \\ 0, & x\leqslant 0, x\geqslant a \end{cases} \tag{18.47}$$

由式(18.37)和式(18.44)有

$$E_n = \frac{\pi^2\hbar^2}{2ma^2}n^2 \tag{18.48}$$

显然，粒子的能量不能连续地取任意值，只能是一系列分立的值，即能量是量子化的。每一个能量值对应于一个能级，整数 n 称为粒子能量的量子数。这与经典理论能量是连续分布的完全不同。这里，能量量子化是根据波函数的要求由薛定谔方程自然地得出的，不需要人为的假设。

粒子的最小能量状态称为基态，其余能量较大的状态叫激发态。当 $n=1$ 时，对应的就是粒子的最小能量状态，此时 $E_1=\dfrac{\pi^2\hbar^2}{2ma^2}$，也称为零点能。零点能 $E_1\neq 0$ 是与不确定关系一致的。因为 Δx 为势阱的宽度所限制，根据不确定关系，Δp_x 就不能为零，因而粒子的动能也不可能为零，从而导致了最小能量的出现。这和经典理论也根本不同。按照经典理论，粒子的能量是可以为零的。许多实验证实了微观领域中能量量子化的分布规律，并证实了零点能的存在。

图 18.16 给出了势阱中粒子的波函数 $\psi_n(x)$ 和粒子的概率密度 $|\psi_n(x)|^2$ 的分布曲线。从图中可看出，粒子出现的概率随 x 变化，是不均匀的，这又和经典粒子的分布完全不同。按照经典理论，粒子在阱内作匀速直线运动，所以粒子出现的概率应是处处相等的。从图中还可看出，无限深势阱中粒子的定态波函数具有驻波的形式，即粒子的物质波在阱中形成驻波，阱壁处为波节的位置。

例 18.8 粒子在一维无限深方势阱中运动，其波函数为

$$\psi_n(x) = \sqrt{\frac{2}{a}}\sin\frac{n\pi x}{a}, \quad n=1,2,3,\cdots, \quad 0<x<a$$

若粒子处于 $n=1$ 的状态，则在 $0\sim a/4$ 区间发现该粒子的概率是多少？

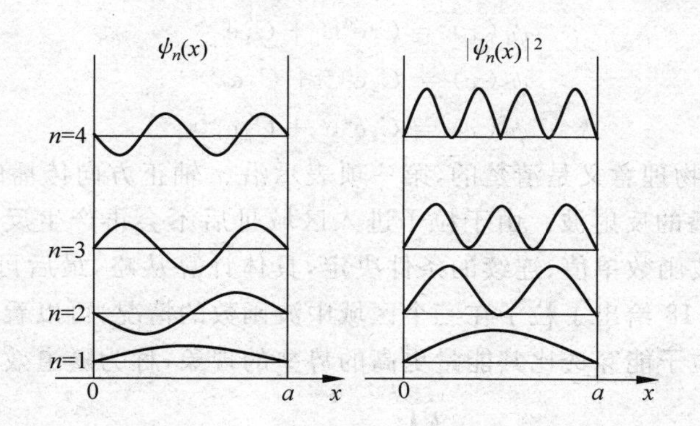

图 18.16 无限深方势阱中的波函数和概率密度

解 粒子在 x 附近出现的概率密度为 $|\psi_1(x)|^2$，则在 $x\sim x+\mathrm{d}x$ 区间出现的概率为

$$\mathrm{d}P=|\psi_1(x)|^2\mathrm{d}x$$

则在 $0\sim a/4$ 区间发现该粒子的概率

$$P=\int_0^{a/4}|\psi_1(x)|^2\mathrm{d}x=\int_0^{a/4}\frac{2}{a}\sin^2\frac{\pi x}{a}\mathrm{d}x=0.091=9.1\%$$

18.9 隧道效应

一个粒子在图 18.17 所示的力场中沿 x 方向运动，其势能分布函数为

$$U(x)=\begin{cases}U_0, & 0<x<a\\ 0, & x\leqslant 0, x\geqslant a\end{cases}\tag{18.49}$$

这种势能分布称为势垒。

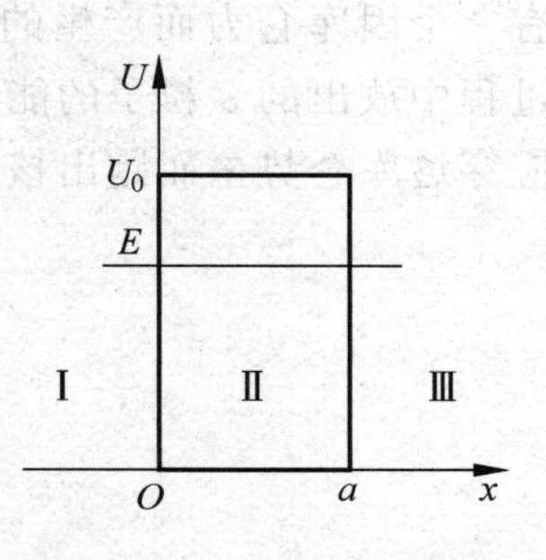

图 18.17 势垒的势能图线

当粒子的能量 $E>U_0$，对于从区域Ⅰ沿 x 方向运动的粒子，无论按经典力学理论还是量子力学，粒子都可以穿过区域Ⅱ到达区域Ⅲ，不同处在于，按量子力学观点，由于微观粒子的波动性，粒子在分界面处还有反射，故在区域Ⅰ有入射波和反射波；在区域Ⅱ有透射波和反射波；在区域Ⅲ只有透射波。当粒子能量 $E<U_0$，按经典力学理论，由于粒子动能必须是正值，粒子是不可能穿透势垒进入区域Ⅱ和区域Ⅲ的，但按量子力学理论，粒子有可能穿过区域Ⅱ而进入区域Ⅲ的。下面对 $E<U_0$ 时的情况作一简单说明。

设粒子的质量为 m，则粒子在三个区域的定态薛定谔方程可分别写为

区域 Ⅰ
$$\frac{\mathrm{d}^2\psi_1}{\mathrm{d}x^2}+k_1^2\psi_1=0\tag{18.50a}$$

区域 Ⅱ
$$\frac{\mathrm{d}^2\psi_2}{\mathrm{d}x^2}-k_2^2\psi_2=0\tag{18.50b}$$

区域 Ⅲ
$$\frac{\mathrm{d}^2\psi_3}{\mathrm{d}x^2}+k_1^2\psi_3=0\tag{18.50c}$$

其中，$k_1^2=\dfrac{2mE}{\hbar^2}$，$k_2^2=\dfrac{2m(U_0-E)}{\hbar^2}$。方程的解为

$$\psi_1(x) = C_1 e^{ik_1 x} + C_1' e^{-ik_1 x} \tag{18.51a}$$

$$\psi_2(x) = C_2 e^{k_2 x} + C_2' e^{-k_2 x} \tag{18.51b}$$

$$\psi_3(x) = C_3 e^{ik_1 x} + C_3' e^{-ik_1 x} \tag{18.51c}$$

式(18.51)中各项的物理意义是清楚的,第一项表示沿 x 轴正方向传播的平面波,第二项表示沿 x 轴负方向传播的反射波。由于粒子进入区域Ⅲ后不会再产生反射,因而 $C_3'=0$。其他几个常数可根据波函数单值、连续的条件决定,具体计算从略,最后可得粒子在三个区域中的波函数。图 18.18 给出了粒子在三个区域中波函数的情况,可以看出,粒子有一定的概率穿透势垒。这种粒子能穿透比其能量更高的势垒的现象,称为隧道效应。

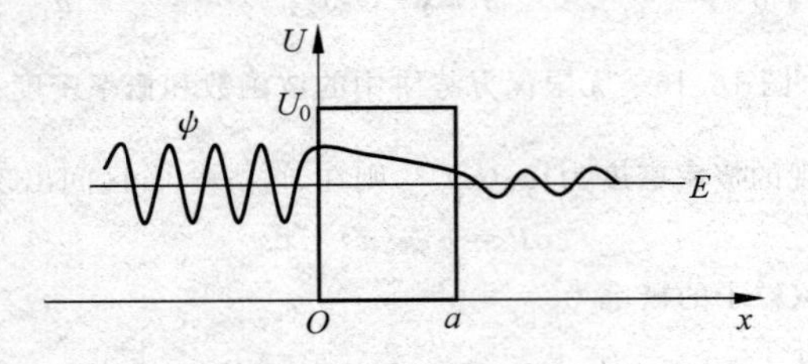

图 18.18 隧道效应

隧道效应的现象已被许多实验所证实,例如 α 粒子从放射性核中逸出,即原子核的 α 衰变。如图 18.19 所示,核半径为 R,α 粒子在核内由于核力的作用其势能很低,在核的边界有一个因库仑力而产生的势垒。对 U^{238} 核,这一库仑势垒高达 35MeV,而这种核在 α 衰变过程中放出的 α 粒子的能量 E_α 只有 4.2MeV。理论计算表明,这些 α 粒子就是通过隧道效应穿透库仑势垒而跑出核外的。

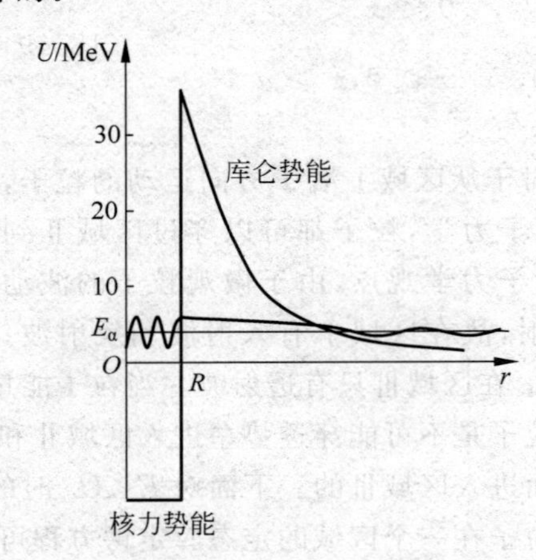

图 18.19 α 粒子的隧道效应

黑洞是一种拥有强大引力的物体,任何物质一旦掉进去,“似乎”就再不能逃出,黑洞的边界对黑洞内的物质来说就是一个绝高的势垒。然而,理论物理学家霍金(S. W. Hawking, 1942—2018)认为黑洞并不是绝对黑的,黑洞内部的物质可以通过隧道效应而逸出。

1982 年,宾尼希(G. Binnig,1947—)和罗雷尔(M. Rohrer,1933—)等人利用电子的隧道效应研制成功扫描隧道显微镜(Scanning Tunneling Microscope,STM),它是研究材料表面结构的重要工具。

图 18.20 为扫描隧道显微镜示意图。我们知道,金属的表面存在着势垒,阻止内部的电子向外逸出。但由于隧道效应,电子能够穿过势垒到达金属表面外形成一层电子云。这层电子云的密度随着与表面距离的增大而按指数规律迅速减小,STM 是通过显示这层电子云的分布而反映样品表面的微观结构的。将 STM 的扫描探针接近样品,它们的表面电子云将会重叠。这时在探针和样品之间加上电压,电子便会通过电子云形成电流。由于电子云密度随距离迅速变化,所以电流对针尖与表面间的距离极其敏感,距离改变一个原子的直径,电流会变化 1000 倍。当探针在样品表面上来回扫描时,通过控制电流保持恒定,将探针来回扫描时上下起伏运动的数据输入计算机进行处理,就可显示出样品表面的三维图像。或者保持针尖与样品表面间距离恒定,记录探针与电子云间形成电流的微小变化,就可在计算机上得到样品表面的三维图像。

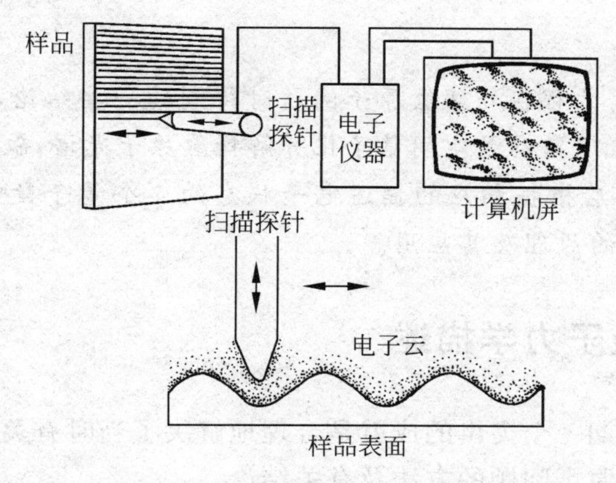

图 18.20　扫描隧道显微镜示意图

扫描隧道显微镜的发明使人类实现了操纵原子的梦想。图 18.21 是 IBM 公司的科学家利用扫描隧道显微镜制作的“量子围栏”。他们利用 STM 的针尖将 48 个铁原子放到一块铜表面上,并围成一个圆圈,圈内就形成了一个势阱,该处铜表面运动的电子被铁原子反射形成明显的圆形驻波,直观地证实了电子的波动性,与量子力学的预言极其吻合。

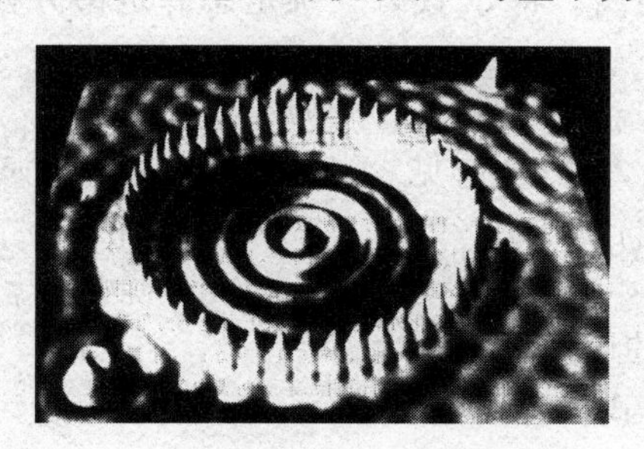

图 18.21　量子围栏

1986 年诺贝尔物理学奖一半授予了扫描隧道显微镜的发明者宾尼希和罗雷尔,另一半授予了电子显微镜的发明者鲁斯卡。

第19章

原子中的电子

本章首先介绍薛定谔方程在处理氢原子问题时得到的一些结论,包括能量量子化、轨道角动量量子化和轨道角动量空间量子化并解释氢原子光谱,叙述原子内电子的自旋及角动量空间量子化。然后根据相应的描述电子状态的4个量子数说明原子的电子壳层结构。最后介绍激光产生的原理及其应用。

19.1 氢原子的量子力学描述

量子力学在创立初期一个突出的成就是合理地解决了当时有关氢原子的问题。下面简要介绍量子力学处理氢原子问题的方法及有关结论。

1. 氢原子的薛定谔方程

氢原子是只有一个电子在原子核库仑场中运动的最简单的原子,其势能函数为

$$U = -\frac{e^2}{4\pi\varepsilon_0 r} \tag{19.1}$$

式中,r 为电子到原子核的距离。将 U 代入三维定态薛定谔方程得

$$-\frac{\hbar^2}{2m}\nabla^2\psi - \frac{e^2}{4\pi\varepsilon_0 r}\psi = E\psi \tag{19.2}$$

由于势能函数具有球对称性,为方便起见,采用球坐标系,上式可化成

$$-\frac{\hbar^2}{2m}\left[\frac{\partial^2\psi}{\partial r^2} + \frac{2}{r}\frac{\partial\psi}{\partial r} + \frac{1}{r^2\sin\theta}\frac{\partial}{\partial\theta}\left(\sin\theta\frac{\partial\psi}{\partial\theta}\right) + \frac{1}{r^2\sin^2\theta}\frac{\partial^2\psi}{\partial\varphi^2}\right] - \frac{e^2}{4\pi\varepsilon_0 r}\psi = E\psi \tag{19.3}$$

式中,波函数 ψ 为 r、θ 和 φ 的函数。

可采用分离变量法求解式(19.3),设

$$\psi(r,\theta,\varphi) = R(r)\Theta(\theta)\Phi(\varphi) \tag{19.4}$$

式中,$R(r)$、$\Theta(\theta)$、$\Phi(\varphi)$分别只是 r、θ、φ 的函数。将式(19.4)代入式(19.3),并经过数学推导,可得到三个独立函数 $R(r)$、$\Theta(\theta)$、$\Phi(\varphi)$所分别满足的三个常微分方程

$$\frac{\mathrm{d}^2\Phi}{\mathrm{d}\varphi} + m_l^2\Phi = 0 \tag{19.5}$$

$$\frac{1}{\sin\theta}\frac{\mathrm{d}}{\mathrm{d}\theta}\left(\sin\theta\frac{\partial\Theta}{\partial\theta}\right) + \left[\lambda - \frac{m_l^2}{\sin^2\theta}\right]\Theta = 0 \tag{19.6}$$

$$\frac{1}{r^2}\frac{\mathrm{d}}{\mathrm{d}r}\left(r^2\frac{\mathrm{d}R}{\mathrm{d}r}\right)+\left[\frac{2m}{\hbar^2}\left(E+\frac{e^2}{4\pi\varepsilon_0 r}\right)-\frac{\lambda}{r^2}\right]R=0 \tag{19.7}$$

其中，m_l 和 λ 是引入的常数。与前面叙述过的一维无限深势阱求解过程相仿，求解这三个方程，同时考虑波函数必须满足的单值、有限、连续和归一化及边界条件，即可得出一些量子化的结果以及波函数的形式。由于求解过程和波函数的具体形式都较复杂，下面直接给出结论。

2. 量子化条件和量子数

(1) 能量量子化和主量子数

求解式(19.7)时，为使 $R(r)$ 满足波函数的条件，得到氢原子的能量为

$$E=-\frac{me^4}{32\pi^2\varepsilon_0^2\hbar^2}\frac{1}{n^2} \tag{19.8}$$

式中，m 为电子的质量，$n=1,2,3,\cdots$，称为主量子数。由此可见，氢原子能量只能取一系列不连续的值，即能量量子化。

每一个能量的可能取值叫做一个能级。氢原子的能级可以用图 19.4 所示的能级图表示。$n=1$ 时对应的状态叫基态。将各常量代入式(19.8)，可得氢原子的基态能量为

$$E_1=-\frac{me^4}{32\pi^2\varepsilon_0^2\hbar^2}=-13.6\mathrm{eV} \tag{19.9}$$

这是氢原子的最低能级。$n>1$ 时对应的状态称为激发态，$n=2$ 所对应的状态称为第一激发态，$n=3$ 所对应的状态称为第二激发态，以此类推。由式(19.8)代入数值很容易得到，氢原子各个状态的能量值为

$$E_n=-\frac{13.6}{n^2}\mathrm{eV} \tag{19.10}$$

随着量子数 n 增大，能量 E_n 也增大，能量间隔减小。此时 $E_n<0$ 表示电子处于束缚态。$E>0$ 时表示氢原子已电离，即电子脱离了原子核的吸引成为自由电子，其能量可以具有大于零的连续值。使原子电离所必需的最小能量叫电离能，显然，氢原子基态的电离能为 13.6eV。

对类氢离子，即只有一个电子绕一个具有 Z 个质子的原子核转动的离子，如 He^+、Li^{2+}、Be^{3+} 等，其势能函数为

$$U=-\frac{Ze^2}{4\pi\varepsilon_0 r}$$

解薛定谔方程可得能量表示式为

$$E=-\frac{mZ^2e^4}{32\pi^2\varepsilon_0^2\hbar^2}\frac{1}{n^2} \tag{19.11}$$

(2) 轨道角动量量子化和角量子数

求解方程(19.5)和方程(19.6)时，要使方程有确定的解，电子绕核运动的角动量必须满足

$$L=\sqrt{l(l+1)}\,\hbar \tag{19.12}$$

式中，$l=0,1,2,\cdots,(n-1)$，称为轨道角动量量子数，简称角量子数。当 E 给定，即 n 一定时，l 的取值范围也就确定，可取 n 个值。可见，按照量子力学，氢原子中电子角动量大小是量子化的，且允许角动量为零的状态存在。这也说明原子内电子的运动符合的是量子力学

的概率描述,并不是一种轨道运动的图像。轨道运动是一个经典力学的概念,实际上,在原子中电子并没有运动的轨道,这里所谓“轨道”不过是为方便想象而借用的名词。

(3) 轨道角动量空间量子化和磁量子数

求解薛定谔方程还可得到,电子绕核运动的角动量的方向在空间的取向不能连续地改变,而只能取一些特定的方向,即角动量在外磁场方向的投影必须满足量子化条件:

$$L_z = m_l \hbar \tag{19.13}$$

其中,$m_l=0,\pm1,\pm2,\cdots,\pm l$,称为磁量子数。对于一定的角量子数 l,m_l 可取$(2l+1)$个值,这表明角动量在空间可以有$(2l+1)$个取向。例如,$l=1$,角动量大小为 $L=\sqrt{2}\hbar$,它有三个取向,相应的分量 L_z 的值为$\hbar,0,-\hbar$,如图 19.1(a)所示;$l=2$,角动量大小为 $L=\sqrt{6}\hbar$,它有五个取向,相应的分量 L_z 的值为 $2\hbar,\hbar,0,-\hbar,-2\hbar$,如图 19.1(b)所示。

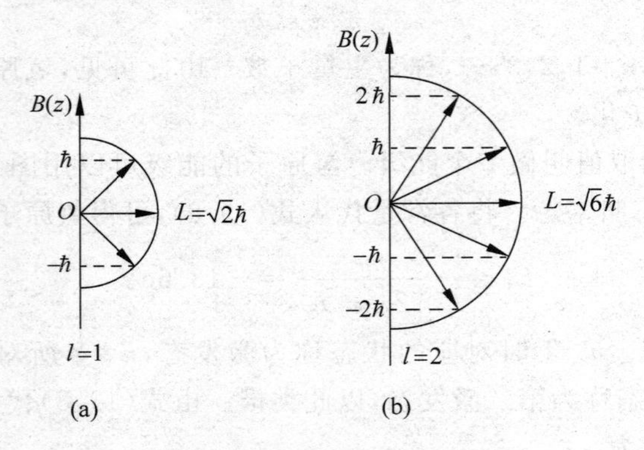

图 19.1 角动量的空间量子化图

以上三个量子化条件是在求解薛定谔方程的过程中自然地得出的,其准确性已被实验所证实。

3. 氢原子中电子的概率分布

由量子理论知,运动的电子没有确定的轨道,而是以氢原子中电子的概率分布来了解它在原子核周围空间的出现情况。上面已说到,由薛定谔方程求解波函数 ψ 必须满足上述三个量子化条件,即对应着一组量子数 n,l,m_l。因而,每一组量子数 n,l,m_l 确定了氢原子中电子的一个状态,相应地有一个表述该状态的波函数 ψ_{n,l,m_l}。根据 ψ_{n,l,m_l} 就可求出每个状态(n,l,m_l)电子的概率密度$|\psi_{n,l,m_l}|^2$,从而得到处于该状态的电子在原子中核外各处出现的概率分布。例如,对于基态,$n=1,l=0,m_l=0$,可求得其波函数为

$$\psi_{1,0,0} = \frac{1}{\sqrt{\pi}\,a_0^{3/2}}\mathrm{e}^{-r/a_0} \tag{19.14}$$

其中,$a_0=0.529\mathrm{nm}$,叫玻尔半径。此状态下的电子概率密度分布为

$$|\psi_{1,0,0}|^2 = \frac{1}{\pi a_0^3}\mathrm{e}^{-2r/a_0} \tag{19.15}$$

这是一个球对称分布。

常常形象地用电子云来表示电子的空间概率密度分布规律,点浓密的地方表示电子出现的机会多,点稀疏的地方表示电子出现的机会少。图 19.2 给出了氢原子基态的波函数曲线及电子云图,图 19.3 为氢原子 $n=2$ 的各状态的电子云图。

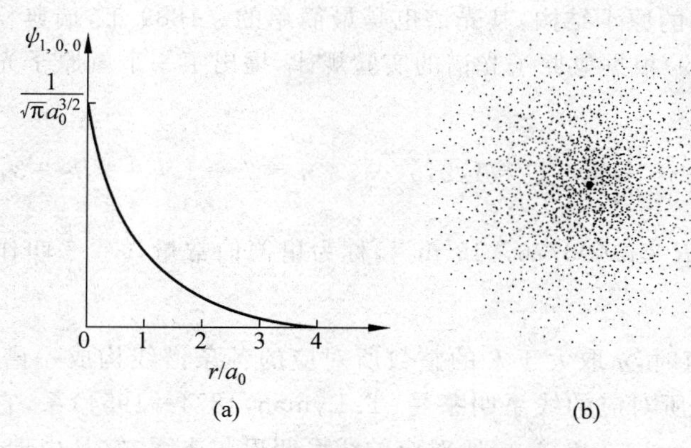

图 19.2　氢原子基态的波函数曲线及电子云图

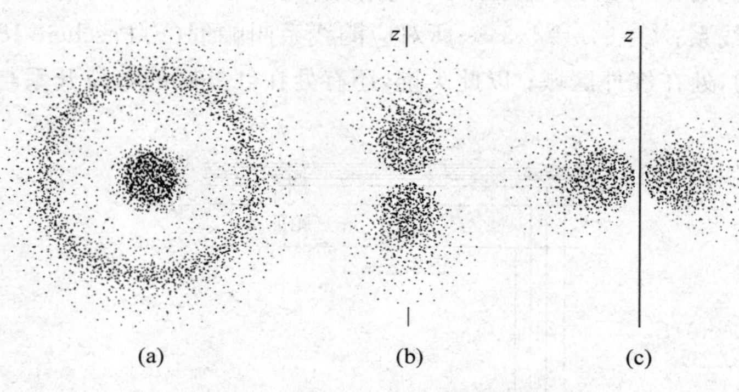

图 19.3　氢原子 $n=2$ 的各状态的电子云图

(a) $l=0, m_l=0$；(b) $l=1, m_l=0$；(c) $l=1, m_l=\pm 1$

由式(19.15)可得，处于基态的氢原子，在半径为 r 和 $r+\mathrm{d}r$ 两球面间体积内电子出现的概率为

$$P_{1,0,0}(r)\mathrm{d}r=|\psi_{1,0,0}|^2\cdot 4\pi r^2\mathrm{d}r=\frac{4}{a_0^3}r^2\mathrm{e}^{-2r/a_0}\mathrm{d}r \tag{19.16}$$

其中，$P_{1,0,0}(r)=\frac{4}{a_0^3}r^2\mathrm{e}^{-2r/a_0}$ 为径向概率密度。可求得 $P_{1,0,0}(r)$ 的极大值出现在 $r=a_0$ 处，即电子在该处出现的概率最大。在量子论发展初期的 1913 年，玻尔(N. Bohr，1885—1962)曾用半经典理论求出氢原子中电子绕核运动的最小的圆轨道半径就为 a_0，这也是把 a_0 叫做玻尔半径的原因。现在按照量子力学理论，a_0 并不是电子运动轨道的半径，而只是表示在该处电子出现的概率最大。

19.2　氢原子光谱

原子发光是重要的原子现象之一。实验表明，各种元素的原子受外界激发所发射的光，通过分光镜后形成一系列不连续的谱线。原子光谱中各谱线的组成和分布有一定的规律，这种规律与原子的结构有密切的联系，所以光谱学的数据对物质结构的研究具有重要的意义。

氢原子具有最简单的原子结构,其光谱也是最简单的。1889 年,瑞典科学家里德伯(J. R. Rydberg,1854—1919)根据氢原子光谱的实验规律,提出了一个氢原子光谱的普遍方程,这个方程是

$$\tilde{\nu}=R\left(\frac{1}{k^2}-\frac{1}{n^2}\right),\quad k=1,2,3,\cdots,\quad n=k+1,k+2,k+3,\cdots \tag{19.17}$$

称为里德伯方程,其中 $R=1.096776\times10^7\,\text{m}^{-1}$,称为里德伯常量,$\tilde{\nu}=\frac{1}{\lambda}$ 叫作波数,光谱学中常用波数来表示。

当整数 k 取一定值时,n 取大于 k 的整数所对应的各条谱线构成一谱线系,如图 19.4 所示:$k=1,n=2,3,\cdots$所对应的线系叫莱曼(T. Lyman,1874—1954)系,它是在 1914 年发现的,处在紫外区域;$k=2,n=3,4,\cdots$所对应的线系叫巴尔末系,它是由瑞士中学物理教师巴尔末(J. J. Balmer,1825—1898)在 1880 年前后发现的,由于处在可见光区域,所以是较早发现的氢原子光谱线系;$k=3,n=4,5,\cdots$所对应的线系叫帕邢(F. Paschen,1865—1947)系,它是在 1908 年发现的,处在红外区域;以此类推,还有处在红外区的布拉开系与普芳德系。

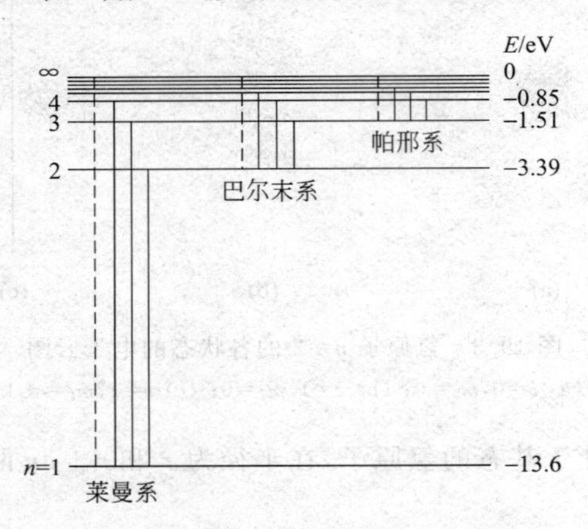

图 19.4 氢原子能级与光谱系图

如何解释氢光谱规律?它和氢原子的内部结构有何本质上的联系?1911 年卢瑟福(E. Rutherford,1871—1937)在 α 粒子散射实验的基础上提出了核式结构,即原子是由带正电的原子核和核外作轨道运动的电子组成。按照经典理论,具有加速度的带电粒子,要产生电磁辐射,因此电子能量逐渐减少,轨道半径也不断缩小,最后电子不可避免地会落在核上,这样的原子不可能是稳定的。同时,由于轨道的逐渐减小,运动周期也在逐渐改变,原子所发射的光谱应是频率连续变化的,因而经典理论根本无法解释氢原子光谱规律。而按照量子力学得到的氢原子能级以及玻尔频率条件很好地解释了氢原子光谱规律。

按照量子力学理论,如式(19.9)已表明,氢原子能量是量子化的,只能处在一些分立的能级上。一般情况下,氢原子就处在能量最低的基态。但当它吸收外界光子的能量后,可能跃迁到某一激发态。处于激发态的原子是不稳定的,它又会跃迁到能量较低的状态,同时放出光子。无论是向上还是向下跃迁,氢原子吸收或放出光子的频率必须满足

$$h\nu=E_n-E_k \tag{19.18}$$

其中,E_n 和 E_k 分别表示氢原子的高能级和低能级。式(19.18)叫玻尔频率条件。将式(19.8)

代入，经过简单变换可得

$$\tilde{\nu}=\frac{me^4}{8\varepsilon_0^2h^3c}\left(\frac{1}{k^2}-\frac{1}{n^2}\right) \tag{19.19}$$

显然式(19.19)与氢原子光谱实验规律式(19.17)是一致的。如图 19.4 所示，从高能级跃迁到基态($n=1$)的谱线形成莱曼系，从高能级跃迁到 $n=2$ 的能级形成巴尔末系，从高能级跃迁到 $n=3$ 的能级的形成帕邢系。由式(19.19)还可得里德伯常量的理论值

$$R_{理论}=\frac{me^4}{8\varepsilon_0^2h^3c}=1.0973731\times10^7\,\mathrm{m}^{-1} \tag{19.20}$$

理论值与实验值符合得很好。

例 19.1　设大量氢原子处于 $n=4$ 的激发态，它们跃迁时发射出一簇光谱线，则这簇光谱线最多可能有多少条？其中最短的波长是多少？

解　(1) 最多可能有 6 条，它们分别是从 $n=4$ 的能级跃迁到 $n=3,2,1$ 的能级，从 $n=3$ 的能级跃迁到 $n=2,1$ 的能级，以及从 $n=2$ 的能级跃迁到 $n=1$ 的能级所发出的光谱线。

(2) 由式(19.18)及 $\lambda\nu=c$ 得

$$\lambda_{\min}=\frac{hc}{E_4-E_1}=\frac{6.63\times10^{-34}\times3.0\times10^8}{\left[\left(-\frac{13.6}{4^2}\right)-(-13.6)\right]\times1.6\times10^{-19}}=9.75\times10^{-8}\,(\mathrm{m})$$

【思考】　这 6 条谱线各属于什么谱线系？

19.3　电子的自旋

1. 施特恩-盖拉赫实验

1922 年，施特恩(O. Stern，1888—1969)和盖拉赫(W. Gerlach，1899—1979)为验证电子角动量的空间量子化进行了实验。实验装置如图 19.5 所示，炉中银蒸气经过准直屏后形成很细的一束原子射线。这束原子进入很强的不均匀磁场区域后打到玻璃板上积淀下来。他们的实验思想是：原子磁矩在非均匀磁场中会受到磁力矩及磁力的作用。按经典电磁理论，设磁场$\vec{B}$的方向为 z 轴方向，磁矩与轴夹角为 θ，则磁矩在磁场方向即 z 轴方向所受的磁场力为

$$F_z=\mu\frac{\mathrm{d}B}{\mathrm{d}z}\cos\theta=\mu_z\frac{\mathrm{d}B}{\mathrm{d}z}$$

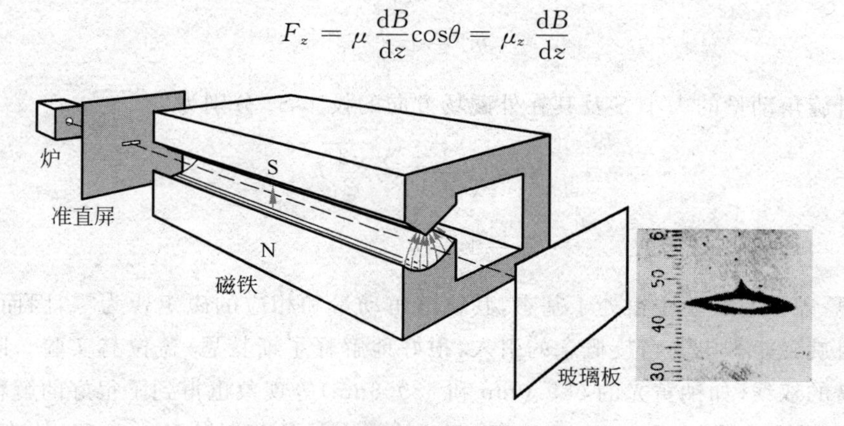

图 19.5　斯特恩-盖拉赫实验装置简图

可见 F_z 与磁矩 μ 在磁场中的取向有关。若原子磁矩的空间取向是连续的,那么原子束经过不均匀磁场发生偏转,将在玻璃板上得到连成一片的原子沉淀;若原子磁矩的空间取向是量子化的,那么原子束经过不均匀偏转后,在玻璃片上将得到分立的原子沉淀。实验结果是:当用银原子做实验时,玻璃片上出现了对称的两条痕迹,这一结果显示出原子束经过不均匀磁场后分为两束。

实验结果说明原子中电子磁矩的空间取向是分立的,原子确实存在磁矩。但实验给出的银原子的角动量在磁场中只有两个取向的事实却是电子角动量空间量子化理论所不能解释的。按照角动量的空间量子化理论,当 l 一定时,m 有 $2l+1$ 奇数个取向。处于基态的银,其轨道角量子数 $l=0$,因此通过非均匀磁场不应该分裂,在底片上只能形成一条痕迹。

2. 电子的自旋

为了说明上述施特恩-盖拉赫实验的结果,1925 年,荷兰物理学家乌伦贝克(G. E. Uhlenbeck,1900—1974)和古兹密特(S. A. Goudsmit,1902—1978)提出电子自旋假说:电子除轨道运动外,还存在一种自旋运动,具有自旋角动量 S 及相应的自旋磁矩,电子的自旋磁矩与自旋角动量成正比,而方向相反。斯特恩-盖拉赫实验表明:电子自旋角动量和自旋磁矩在磁场中都是空间量子化的,且只有两种可能取向。

与电子轨道角动量以及角动量在磁场方向上的分量完全相似,设电子的自旋角动量为

$$S=\sqrt{s(s+1)}\,\hbar \tag{19.21}$$

在外磁场方向上的分量为

$$S_z=m_s\hbar \tag{19.22}$$

其中,s 称为自旋量子数,m_s 称为自旋磁量子数。与 m_l 相似,当 s 一定时,m_s 与 m_l 相似,可取$(2s+1)$个值。又由施特恩-盖拉赫实验,m_s 只能取两个值,即 $2s+1=2$,因而可得自旋量子数和自旋磁量子数分别为

$$s=\frac{1}{2} \tag{19.23a}$$

$$m_s=\pm\frac{1}{2} \tag{19.23b}$$

从而电子自旋角动量的大小 S 及其在外磁场方向的投影 S_z 分别为

$$S=\sqrt{\frac{3}{4}}\,\hbar=\frac{\sqrt{3}}{2}\hbar \tag{19.24a}$$

$$S_z=\pm\frac{1}{2}\hbar \tag{19.24b}$$

斯特恩-盖拉赫实验中银处于基态,其轨道角动量和相应的磁矩皆为零,因而只有自旋角动量和自旋磁矩。电子自旋概念的引入,很好地解释了斯特恩-盖拉赫实验。同时,碱金属原子光谱的双线(如钠黄光的 589.0nm 和 589.6nm)等现象也得到了很好的解释。

1928 年狄拉克(P. A. M. Dirac,1902—1984)由电子的相对论波动方程,从理论上直接得出了电子具有自旋运动和自旋磁矩的结论。

19.4　原子的电子壳层结构

上一节，我们对氢原子中电子的状态用了四个量子数来确定，其中三个量子数决定电子轨道的运动状态，一个量子数决定电子自旋的运动状态。对于更复杂的多电子原子结构同样可以用这四个量子数来确定。它们是：

(1) 主量子数 n：$n=1,2,3,\cdots$，它可以大体上决定原子中电子的能量。

(2) 角量子数 l：$l=0,1,2,\cdots,(n-1)$，它决定电子轨道角动量。另外，n 相同而 l 不同的电子，其能量稍有不同。

(3) 磁量子数 m_l：$m_l=0,\pm1,\pm2,\cdots,\pm l$，它可决定轨道角动量在外磁场方向上的分量。

(4) 自旋磁量子数 m_s：$m_s=\pm1/2$，它决定电子自旋角动量在外磁场方向上的分量。

这四个量子数可唯一地确定原子中电子的运动状态。我们可以从下面的例题 19.2 中体会这四个量子数如何决定了量子态的数目。

例 19.2　原子内电子的量子态由 n、l、m_l、m_s 四个量子数表征，当 n、l、m_l 一定时，不同量子态数目为多少？当 n、l 一定时，不同量子态数目为多少？当 n 一定时，不同量子态数目又为多少？

解　当 n、l、m_l 一定时，m_s 可取两个不同的值，即不同量子态数目为 2。

当 n、l 一定时，m_l 可取$(2l+1)$个不同的值，且对于 m_l 的每个值，m_s 可取两个不同的值，所以不同量子态数目为 $2(2l+1)$。

当 n 一定时，l 可取 n 个不同的值，且对于 l 的每个值，m_l 和 m_s 共可取 $2(2l+1)$个不同的值，所以不同 l 量子态数目为

$$\sum_{l=0}^{n-1}2(2l+1)=2\cdot\frac{1+(2n-1)}{2}n=2n^2$$

原子中的电子是按原子的电子壳层结构排布的，下面给出电子在原子中按壳层分布的模型及电子原子中分布所遵从的两个基本原理。

1. 原子中电子按壳层分布的模型

1916 年，柯塞尔(W. Kossel，1888—1956)提出多电子原子中核外电子按壳层分布的形象化结构模型。他认为核外电子组成许多壳层，主量子数 n 相同的电子组成一个壳层，$n=1,2,3,4,5,6,\cdots$的各壳层分别用大写字母 K、L、M、N、O、P、…表示。在一个壳层内，又按角量子数 l 分为若干支壳层，$l=0,1,2,3,4,5,\cdots$的各支壳层分别用小写字母 s、p、d、f、g、h、…表示。显然主量子数为 n 的壳层中包含 n 个支壳层。每个电子的能量主要取决于主量子数 n，但也与角量子数 l 有关。一般来说，主量子数 n 越大的壳层，其能级越高，同一壳层中，角量子数 l 越大的支壳层能级越高。原子中电子的 n、l 这两个量子数的集合，称为原子的电子组态。由它们确定的壳层和支壳层通常这样表示：把 n 的数值写在前面，并排写出代表 l 值的字母，如 $1s$、$2s$、$2p$、$3s$、$3p$、$3d$、$4s$、…。

2. 泡利不相容原理

1925 年瑞士籍奥地利物理学家泡利(W. Pauli，1900—1958)指出：在一个原子系统内，不可能有两个或两个以上的电子处于完全相同的量子态，亦即不可能具有相同的一组量子数(n,l,m_l,m_s)，这称为泡利不相容原理。根据泡利不相容原理可算出各支壳层和各壳层

上最多可容纳的电子数分别为(参见例 19.2)

$$N_l = 2(2l+1) \tag{19.25}$$

$$N_n = \sum_{l=0}^{n-1} 2(2l+1) = \frac{2+2(2n-1)}{2} n = 2n^2 \tag{19.26}$$

对应于 $l=0,1,2,3,\cdots$ 的 s、p、d、f、…各支壳层上，最多可容纳的电子数为 2、6、10、14 个，而对应于 $n=1,2,3,4,\cdots$ 的 K、L、M、N、…各壳层上，最多可容纳的电子数为 2、8、18、32 个。

泡利不相容原理是研究微观世界物理规律的重要理论基础。由于发现不相容原理，泡利获得 1945 年的诺贝尔物理学奖。

3. 能量最小原理

泡利不相容原理只确定了每个壳层所能容纳电子的最多数目，但电子究竟填充哪个壳层，还要符合能量最小原理：原子系统处于正常状态时，每个电子都趋向于首先占有最低的能级。因此，能级越低也就是 n 越小的壳层首先被电子填满，在同一壳层内，电子先填充 l 较小的支壳层，直至所有核外电子分别填入可能占据的最低能级。

当原子序数比较大时，有些 n 较小、l 较大的支壳层的能级会高于 n 较大、l 较小的支壳层的能级，则电子排布时仍先占据能级较小的状态。这时电子能量的高低可以用我国科学家徐光宪院士(1920—2015)总结的经验公式 $n+0.7l$ 来判断：

例如，由于 $4s$ 态的能量为 4.0；而 $3d$ 态的能量为 4.4，所以 $4s$ 态比 $3d$ 态先被电子所占据。

根据泡利不相容原理和能量最低原理，原子序数为 19 的钾原子基态的电子组态可表示为 $1s^2 2s^2 2p^6 3s^2 3p^6 4s^1$。表 19.1 给出了各元素原子在基态时核外电子的排布情况。

表 19.1 各元素原子在基态时核外电子的排布

元素	Z	K	L		M			N				O				P			Q	电离能/eV
		1s	2s	2p	3s	3p	3d	4s	4p	4d	4f	5s	5p	5d	5f	6s	6p	6d	7s	
H	1	1																		13.5981
He	2	2																		24.5868
Li	3	2	1																	5.3916
Be	4	2	2																	9.322
B	5	2	2	1																8.298
C	6	2	2	2																11.260
N	7	2	2	3																14.534
O	8	2	2	4																13.618
F	9	2	2	5																17.422
Ne	10	2	2	6																21.564
Na	11	2	2	6	1															5.139
Mg	12	2	2	6	2															7.646
Al	13	2	2	6	2	1														5.986
Si	14	2	2	6	2	2														8.151
P	15	2	2	6	2	3														10.486
S	16	2	2	6	2	4														10.360
Cl	17	2	2	6	2	5														12.967
Ar	18	2	2	6	2	6														15.759

续表

元素	Z	K	L		M			N				O				P			Q	电离能/eV
		1s	2s	2p	3s	3p	3d	4s	4p	4d	4f	5s	5p	5d	5f	6s	6p	6d	7s	
K	19	2	2	6	2	6		1												4.341
Ca	20	2	2	6	2	6		2												6.113
Sc	21	2	2	6	2	6	1	2												6.54
Ti	22	2	2	6	2	6	2	2												6.82
V	23	2	2	6	2	6	3	2												6.74
Cr	24	2	2	6	2	6	5	1												6.765
Mn	25	2	2	6	2	6	5	2												7.432
Fe	26	2	2	6	2	6	6	2												7.870
Co	27	2	2	6	2	6	7	2												7.86
Ni	28	2	2	6	2	6	8	2												7.635
Cu	29	2	2	6	2	6	10	1												7.726
Zn	30	2	2	6	2	6	10	2												9.394
Ga	31	2	2	6	2	6	10	2	1											5.999
Ge	32	2	2	6	2	6	10	2	2											7.899
As	33	2	2	6	2	6	10	2	3											9.81
Se	34	2	2	6	2	6	10	2	4											9.752
Br	35	2	2	6	2	6	10	2	5											11.814
Kr	36	2	2	6	2	6	10	2	6											13.999
Rb	37	2	2	6	2	6	10	2	6			1								4.177
Sr	38	2	2	6	2	6	10	2	6			2								5.693
Y	39	2	2	6	2	6	10	2	6	1		2								6.38
Zr	40	2	2	6	2	6	10	2	6	2		2								6.84
Nb	41	2	2	6	2	6	10	2	6	4		1								6.88
Mo	42	2	2	6	2	6	10	2	6	5		1								7.10
Tc	43	2	2	6	2	6	10	2	6	5		2								7.28
Ru	44	2	2	6	2	6	10	2	6	7		1								7.366
Rh	45	2	2	6	2	6	10	2	6	8		1								7.46
Pd	46	2	2	6	2	6	10	2	6	10										8.33
Ag	47	2	2	6	2	6	10	2	6	10		1								7.576
Cd	48	2	2	6	2	6	10	2	6	10		2								8.993
In	49	2	2	6	2	6	10	2	6	10		2	1							5.786
Sn	50	2	2	6	2	6	10	2	6	10		2	2							7.344
Sb	51	2	2	6	2	6	10	2	6	10		2	3							8.641
Te	52	2	2	6	2	6	10	2	6	10		2	4							9.01
I	53	2	2	6	2	6	10	2	6	10		2	5							10.457
Xe	54	2	2	6	2	6	10	2	6	10		2	6							12.130
Cs	55	2	2	6	2	6	10	2	6	10		2	6			1				3.894
Ba	56	2	2	6	2	6	10	2	6	10		2	6			2				5.211
La	57	2	2	6	2	6	10	2	6	10		2	6	1		2				5.5770
Ce	58	2	2	6	2	6	10	2	6	10	1	2	6	1		2				5.466
Pr	59	2	2	6	2	6	10	2	6	10	3	2	6			2				5.422

续表

元素	Z	K	L		M			N				O				P			Q	电离能/eV
		$1s$	$2s$	$2p$	$3s$	$3p$	$3d$	$4s$	$4p$	$4d$	$4f$	$5s$	$5p$	$5d$	$5f$	$6s$	$6p$	$6d$	$7s$	
Nd	60	2	2	6	2	6	10	2	6	10	4	2	6			2				5.489
Pm	61	2	2	6	2	6	10	2	6	10	5	2	6			2				5.554
Sm	62	2	2	6	2	6	10	2	6	10	6	2	6			2				5.631
Eu	63	2	2	6	2	6	10	2	6	10	7	2	6			2				5.666
Gd	64	2	2	6	2	6	10	2	6	10	7	2	6	1		2				6.141
Tb	65	2	2	6	2	6	10	2	6	10	(8)	2	6	(1)		(2)				5.852
Dy	66	2	2	6	2	6	10	2	6	10	10	2	6			2				5.927
Ho	67	2	2	6	2	6	10	2	6	10	11	2	6			2				6.018
Er	68	2	2	6	2	6	10	2	6	10	12	2	6			2				6.101
Tm	69	2	2	6	2	6	10	2	6	10	13	2	6			2				6.184
Yb	70	2	2	6	2	6	10	2	6	10	14	2	6			2				6.254
Lu	71	2	2	6	2	6	10	2	6	10	14	2	6	1		2				5.426
Hf	72	2	2	6	2	6	10	2	6	10	14	2	6	2		2				6.865
Ta	73	2	2	6	2	6	10	2	6	10	14	2	6	3		2				7.88
W	74	2	2	6	2	6	10	2	6	10	14	2	6	4		2				7.98
Re	75	2	2	6	2	6	10	2	6	10	14	2	6	5		2				7.87
Os	76	2	2	6	2	6	10	2	6	10	14	2	6	6		2				8.5
Ir	77	2	2	6	2	6	10	2	6	10	14	2	6	7		2				9.1
Pt	78	2	2	6	2	6	10	2	6	10	14	2	6	9		1				9.0
Au	79	2	2	6	2	6	10	2	6	10	14	2	6	10		1				9.22
Hg	80	2	2	6	2	6	10	2	6	10	14	2	6	10		2				10.43
Tl	81	2	2	6	2	6	10	2	6	10	14	2	6	10		2	1			6.108
Pb	82	2	2	6	2	6	10	2	6	10	14	2	6	10		2	2			7.417
Bi	83	2	2	6	2	6	10	2	6	10	14	2	6	10		2	3			7.289
Po	84	2	2	6	2	6	10	2	6	10	14	2	6	10		2	4			8.43
At	85	2	2	6	2	6	10	2	6	10	14	2	6	10		2	5			8.8
Rn	86	2	2	6	2	6	10	2	6	10	14	2	6	10		2	6			10.749
Fr	87	2	2	6	2	6	10	2	6	10	14	2	6	10		2	6		(1)	3.8
Ra	88	2	2	6	2	6	10	2	6	10	14	2	6	10		2	6		2	5.278
Ac	89	2	2	6	2	6	10	2	6	10	14	2	6	10		2	6	1	2	5.17
Th	90	2	2	6	2	6	10	2	6	10	14	2	6	10		2	6	2	2	6.08
Pa	91	2	2	6	2	6	10	2	6	10	14	2	6	10	2	2	6	1	2	5.89
U	92	2	2	6	2	6	10	2	6	10	14	2	6	10	3	2	6	1	2	6.05
Np	93	2	2	6	2	6	10	2	6	10	14	2	6	10	4	2	6	1	2	6.19
Pu	94	2	2	6	2	6	10	2	6	10	14	2	6	10	6	2	6		2	6.06
Am	95	2	2	6	2	6	10	2	6	10	14	2	6	10	7	2	6		2	5.993
Cm	96	2	2	6	2	6	10	2	6	10	14	2	6	10	7	2	6	1	2	6.02
Bk	97	2	2	6	2	6	10	2	6	10	14	2	6	10	(9)	2	6	(0)	(2)	6.23
Cf	98	2	2	6	2	6	10	2	6	10	14	2	6	10	(10)	2	6	(0)	(2)	6.30
Es	99	2	2	6	2	6	10	2	6	10	14	2	6	10	(11)	2	6	(0)	(2)	6.42
Fm	100	2	2	6	2	6	10	2	6	10	14	2	6	10	(12)	2	6	(0)	(2)	6.50

续表

元素	Z	K	L		M			N				O				P			Q	电离能/eV
		1s	2s	2p	3s	3p	3d	4s	4p	4d	4f	5s	5p	5d	5f	6s	6p	6d	7s	
Md	101	2	2	6	2	6	10	2	6	10	14	2	6	10	(13)	2	6	(0)	(2)	6.58
No	102	2	2	6	2	6	10	2	6	10	14	2	6	10	(14)	2	6	(0)	(2)	6.65
Lw	103	2	2	6	2	6	10	2	6	10	14	2	6	10	(14)	2	6	(1)	(2)	8.6

* 括号内的数字尚有疑问。

19.5 激光

自1927年开始，量子力学应用于固体物理领域，促进了激光、半导体等科学技术的发展。本节简要介绍激光的产生、特性及其应用。

1. 自发辐射、受激吸收和受激辐射

激光是基于受激辐射放大原理产生的一种相干光辐射。激光的英文名为“laser”，是“light amplification by stimulated emission of radiation”第一个字母缩写而成。要了解激光原理，必须先从原子的发光过程讲起。

按照原子的量子理论，光和原子的相互作用可能引起自发辐射、受激吸收和受激辐射三种跃迁过程。

处于高能态的原子是不稳定的，在没有外界的作用下，激发态原子会自发地向低能态跃迁，并发射出一个光子，光子的能量为$h\nu=E_2-E_1$，这称为自发辐射，如图19.6(a)所示。普通光源的发光就属于自发辐射。由于发光物质中各个原子自发地、独立地进行辐射，因而各个光子的相位、偏振态和传播方向之间没有确定的关系。对大量发光原子来说，即使在同样的两能级E_2、E_1之间跃迁，所发出的同频率的光也不是相干光。

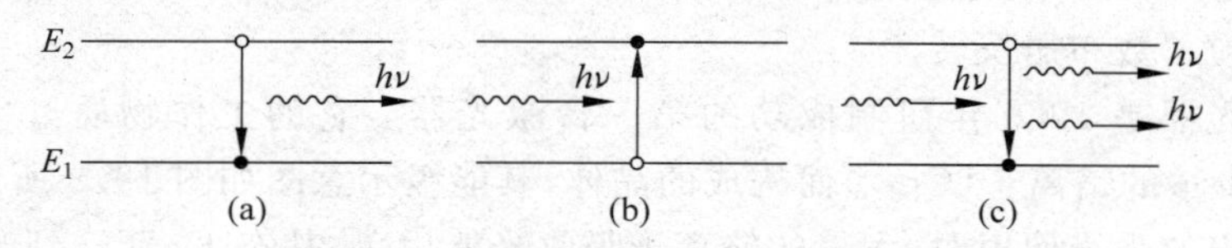

图19.6 自发辐射、受激吸收和受激辐射

原来处于低能态E_1的原子，受到频率为ν的光照射时，若满足$h\nu=E_2-E_1$，原子就有可能吸收光子向高能态E_2跃迁，这种过程称为受激吸收，如图19.6(b)所示。

处于高能态的原子，如果在自发辐射以前，受到能量为$h\nu=E_2-E_1$的外来光子的诱发作用，就有可能从高能态E_2跃迁到低能态E_1，同时发射一个与外来光子频率、相位、偏振态和传播方向都相同的光子，这一过程称为受激辐射，如图19.6(c)所示。在受激辐射中，一个入射光子作用的结果会得到两个状态完全相同的光子，如果这两个光子再引起其他原子产生受激辐射，这样继续下去，就会获得大量的特征相同的光子，这个过程叫做光放大。各原子这样连续发生受激辐射产生的光是相互联系的，它们的频率、相位、偏振态和传播方向都相同，是相干光。这种受激辐射光的放大，就形成所谓激光。

2. 产生激光的基本条件

(1) 粒子数布居反转

如上所述,受激辐射是产生激光的基础。当能量为 $h\nu=E_2-E_1$ 的光子进入原子系统时,受激吸收、自发辐射和受激辐射三种过程同时存在,一方面可能引起受激辐射,形成光放大的过程;另一方面,也可能被处于低能级 E_1 上的原子所吸收,而跃迁到能级 E_2 上去,使光子数减少,并发生自发辐射。因此,光通过物质时光子数是增加还是减少,取决于哪个过程占优势,这又取决于处于高、低能态的原子数。统计物理指出,在通常的热平衡状态下,工作物质中的原子在各能级上的分布服从玻尔兹曼分布定律,处于高能态的原子数远远小于处于低能态的原子数。因而,在这种正常分布下,当光通过物质时,受激吸收过程较受激辐射过程占优势,不可能实现光放大。要使受激辐射过程占优势,必须使处于高能态的原子数大于低能态的原子数,这种分布称为粒子数布居反转。粒子数布居反转是产生激光的必要条件。

要实现粒子数布居反转,首先要有能实现粒子数反转的物质,称为激活介质(或称工作物质),这种物质必须具有适当的能级结构。其次必须从外界输入能量,使激活介质吸收能量跃迁到高能态。这一过程称为"激励",又称为"抽运"或"光泵"。激励的方法一般有光激励、气体放电激励、化学激励、核能激励等。

具有亚稳态能级的物质是形成粒子数布居反转的必要条件。处于激发态的原子是不稳定的,平均寿命约为 10^{-8}s。有些物质存在比一般激发态稳定得多的能级,其平均寿命可达 $10^{-3}\sim1$s 的数量级,这种能级叫亚稳态能级。具有亚稳态能级的物质就有可能实现粒子数反转,从而实现光放大。一般来说,产生激光的工作物质有三能级系统和四能级系统等。现以三能级系统为例来说明粒子数布居反转。如图 19.7 所示,E_1 为基态能级,E_3 为激发态能级,E_2 为亚稳态能级。激励能源把 E_1 上的原子抽运到 E_3 上去,这些原子通过碰撞把能量转移给晶格而无辐射地跃迁到 E_2 上。由于在 E_2 态的原子寿命较长(是一般激发态的 $10^5\sim10^8$ 倍),这样使 E_2 亚稳态的原子数不断增加,而 E_1 上不断减少,于是在 E_2 和 E_1 两能级之间实现了粒子数布居反转。

红宝石激光器是 1960 年研制成功的第一台激光器。它的工作物质红宝石是一种在 Al_2O_3 中掺入少量的铬离子(Cr^{3+})而构成的晶体,其能级示意图如图 19.8 所示。当红宝石受脉冲氙灯发出的强光照射时,大量的铬离子吸收光能后,从基态 E_1 跃迁到激发态 E_3。铬离子在 E_3 上是不稳定的,大约停留 10^{-8}s,继而很快转移到亚稳态 E_2 上。铬离子在亚稳态 E_2 上停留的时间较长,大约为 10^{-3}s。外界强光不断照射,亚稳态 E_2 上的粒子不断积累,从而在 E_2 和 E_1 之间形成了粒子数布居反转。红宝石激光器产生的激光波长为 694.3nm。

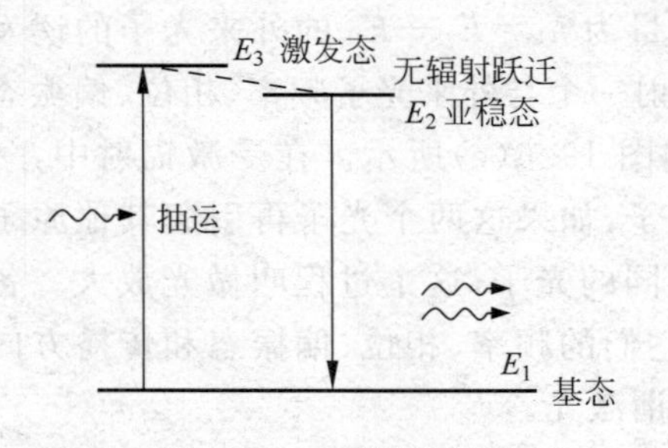

图 19.7 三能级系统

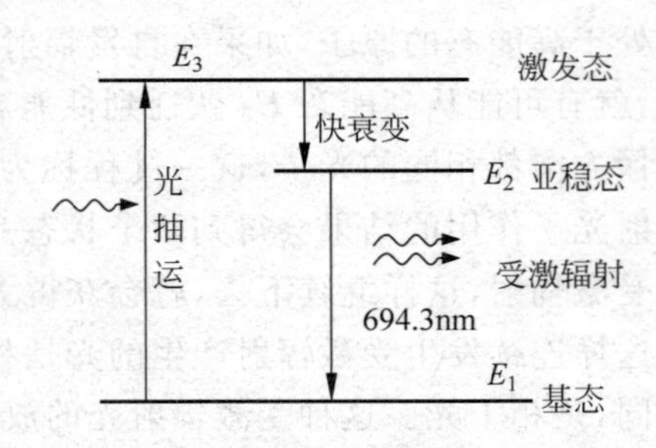

图 19.8 铬离子在红宝石中的能级

氦氖激光器是实验室中最常见的激光器。它的工作物质是比例约为 7∶1 的 He、Ne 混合气体，它的激励方式是通过气体放电进行的。He、Ne 原子能级示意如图 19.9 所示。He 原子能级图中，除了基态能级外，还有两个能量较高寿命较长的亚稳态能级，Ne 原子有两个能级 1 和 2，与 He 原子的两亚稳态能量十分接近。当激光管中气体放电时，由于 Ne 原子吸收电子能量被激发的概率比 He 原子被激发的概率小，所以被加速的电子把 He 原子激发到它的两个亚稳态上。这些 He 原子并不会跃迁回到基态，而是与 Ne 原子发生碰撞，将能量转移给 Ne 原子，使 Ne 原子被激发到 1、2 两能级。处于这两能级上的 Ne 原子，自发辐射的概率是较小的，这样就实现了 Ne 原子的能级 1 与 3 间、1 与 4 间、2 与 3 间的粒子数布居反转。这三对能级之间的跃迁，能发出波长为 632.8nm、1.15μm、3.39μm 的三条谱线。

(2) 谐振腔

工作物质产生粒子数布居反转为产生激光提供了必要条件，但还不能得到方向性和单色性很好的激光。这是因为初始诱发工作物质发生受激辐射的光子来源于自发辐射，而原子的自发辐射是随机的，因而在这样的光子激励下发生的受激辐射也是随机的，所辐射的光的相位、偏振态、频率和传播方面都是互不相关的。

利用谐振腔可实现将其他方向和频率的光子抑制住，只使某一方向和频率的光子享有最优越的条件进行放大，从而获得方向性和单色性都很好的激光。

谐振腔是一种光振荡器，它是在工作物质两端放置一对互相平行的反射镜所构成。其中一个是全反射镜，另一个是部分反射镜，如图 19.10 所示。在谐振腔中，受外来光子的诱发产生受激辐射的光子，凡偏离谐振腔轴线方向运动的光子或直接逸出腔外，或经几次来回反射最终逸出腔外，只有沿轴线方向的光子，在腔内来回反射，产生光放大，从而提高了光的方向性。因为在谐振腔中除了产生光的放大作用外，还存在由于工作物质对光的吸收和散射以及反射镜的吸收和透射等所造成的各种损耗，因此必须选择合适的谐振腔的长度，并在反射镜上镀以不同的介质薄层，使其对某一特定波长的光具有高反射率，从而获得单色性很好的激光。

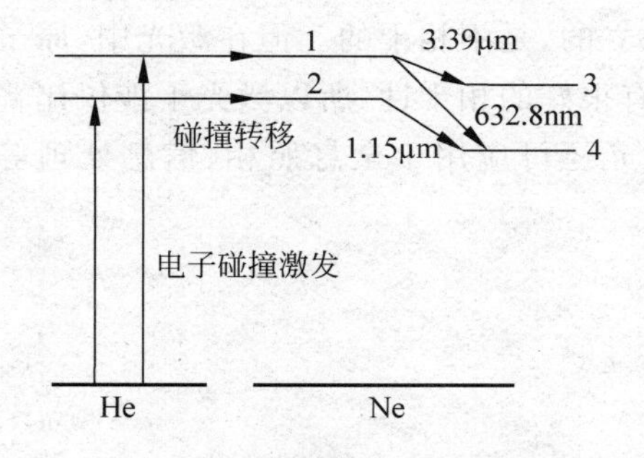

图 19.9　氦氖混合气体的能级

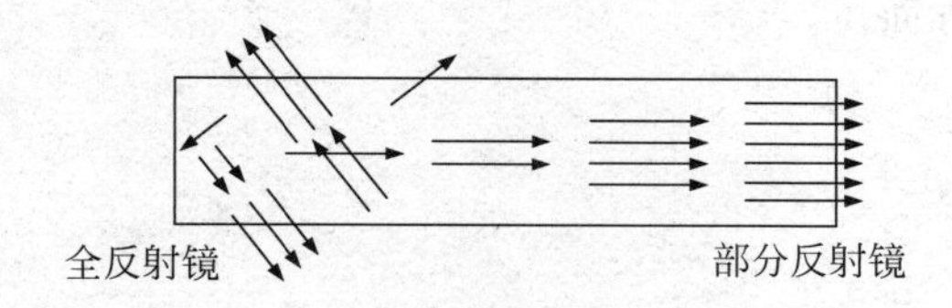

图 19.10　谐振腔对光束方向的选择性

3. 激光器的基本构成

从上述激光产生的原理来看，一个激光器由以下三个主要部分组成：

(1) 工作物质　按工作物质来分，激光器可分为气体激光器(例如氦氖激光器)、液体激光器、固体激光器(例如红宝石激光器)、半导体激光器和自由电子激光器；按光的输出方式则可分为连续输出激光器和脉冲输出激光器。

(2) 激励能源　激励能源将工作物质处于基态的粒子激发到所需要的激发态,以获得粒子数布居反转。红宝石激光器采用光激发方式,氦氖激光器采用气体放电进行激励。

(3) 谐振腔　它的结构有各种类型,工作物质两端的反射镜有平面的,球面的,也有一端是平面,另一端是球面的。

4. 激光的特性及应用

激光的产生机理决定了它与普通光源相比具有方向性好、单色性好、高亮度以及相干性好等特点,并使得它在许多领域得到广泛应用。

(1) 方向性好

激光器发出的激光几乎是不发散地沿空间极小的立体角范围(一般为 $10^{-5}\sim10^{-8}$ sr)向前传播。激光的方向性好主要是由受激辐射的光放大原理和谐振腔的方向限制作用所决定的。激光的这种方向性好的特性,可用于测距、定位、雷达和通信等方面。例如,用激光测定月地距离(约为 3.8×10^{6} km),其中误差仅为几十厘米。

(2) 单色性好

通常使用的单色光源,总是存在着一个谱线宽度,而激光的谱线宽度很小,是一种单色性很好的光源。利用激光单色性好的特性,可作为计量工作的标准光源。例如,用单色、稳频激光器作为光频计时标准,它在一年时间内的计时误差不超过 1μs,大大超过了目前采用的微波频段原子钟的计时精度。

(3) 高亮度

光源的亮度是指单位面积的光源表面在单位时间内沿给定方向上单位立体角内发射的能量。太阳表面的亮度约为 10^{3} W·cm^{-2}·sr^{-1} 数量级,而目前大功率激光器的亮度可达 $10^{10}\sim10^{17}$ W·cm^{-2}·sr^{-1}。激光光源亮度高,一方面原因是它的方向性好,另一方面原因是可以通过调 Q 技术进一步提高激光光源的亮度。利用激光高亮度的特性,激光可用于打孔、切割、焊接等,也可用于外科手术,在军事上可以制造激光武器。

(4) 相干性好

普通光源中不同原子或分子所发出的光是相互独立的,是不相干的。但在激光中,原子或分子所发出的光是相互联系的,是相干的。激光具有很好的相干性,所以激光干涉仪比普通干涉仪检测的精度更高。利用激光的这一特性,激光还可应用于全息照相、信息处理等方面。

第20章

固体中的电子

固体是一种重要的物质结构形态，通常可分为两类：一是晶体，如食盐、云母、金刚石等，二是非晶体，如玻璃、松香、沥青等。从外观上看，晶体具有规则的高度对称的几何形状；从微观结构看，构成晶体的分子、原子或离子以一定方式构成单元，并在空间遵从一定的规则呈周期性重复排列，形成空间点阵，也叫晶格。而每一个结构单元称为基元。在描述晶体结构时，常用一个点(如重心)来代表某个基元的位置，此点称为结点。一般，晶体的结构=基元+晶格。晶体的性质与晶体结构的周期性有着重要关系。本章所说的固体只指晶体。

固体的许多性质无法用经典理论解释，必须用量子理论才能说明。本章主要介绍固体能带的形成，用能带理论说明导体、绝缘体和半导体的区别，分析本征半导体和掺杂半导体的导电机构以及PN结的特征。

20.1 固体的能带

1. 电子共有化

为简单起见，现讨论只有一个价电子的原子，比如钠原子($Z=11$)。这样的原子可看成一个电子在一个正离子所形成的电场中运动。单个原子的势能曲线如图20.1(a)所示。当两个原子靠得很近时，每个价电子将会同时受到两个离子电场的作用，这时势能曲线如图20.1(b)所示，它是由图20.1(a)所示的两组曲线叠加而成。当大量原子有规则排列形成晶体时，其势能曲线如图20.1(c)所示，此时的势能曲线与晶体点阵有相同的周期性。实际的晶体是三维晶体，势场也具有三维周期性。

确定电子在晶体中周期性势场中的运动状态，可通过求解薛定谔方程，但是非常复杂，这里仅作一些定性说明。图20.1(c)中势能曲线代表着势垒，对于能量为E_1的电子来说，由于E_1小于势垒，穿过势垒的概率十分微小，这种穿透实际上是不存在的，这就是原子的内层电子被紧紧地束缚在各自的离子周围的情形。但对于能量略大于E_1的电子，虽然不能够直接越过势垒的高度，但由于存在隧道效应，有可能进入到相邻的原子中去。对于具有较大能量E_2的电子，由于它的能量超过了势垒的高度，完全可以在晶体内自由运动而不受特定离子的束缚，这就是原子的外层价电子的情形。这样，在晶体内出现了一批属于整个晶体原子所共有的电子。这种由于晶体中的原子周期性排列而使价电子不再为单个原子所有

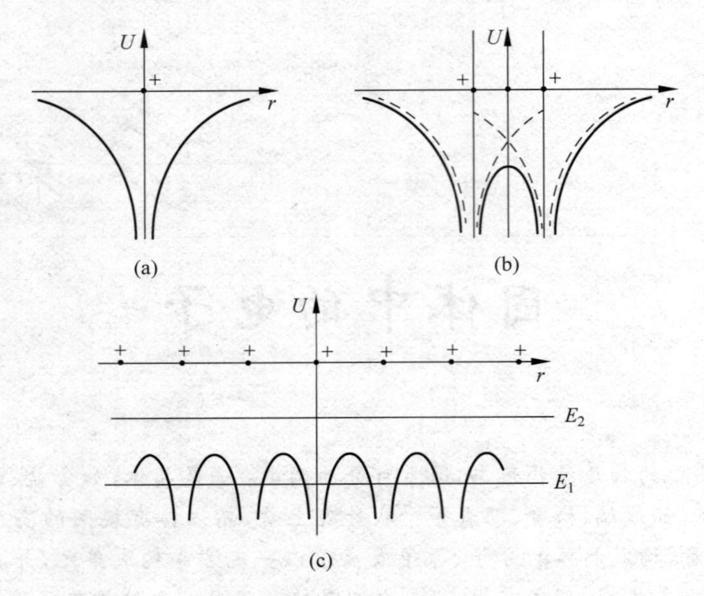

图 20.1 原子和晶体的势能

的现象，称为电子共有化。

2. 能带及能带中电子的分布

量子力学证明，晶体中由于电子的共有化，使原先每个原子中具有相同能量的能级分裂为与原来能级很接近的 N 个新能级，如图 20.2 所示。N 个新能级具有一定的能量范围，叫作能带。能带的宽度与组成晶体的原子数 N 无关，主要决定于晶体中相邻原子间的距离，距离减小时能带变宽。组成晶体的原子数 N 越多，分裂后的能级数也越多，能级越密集。通常能带宽度为几个电子伏特，而 N 个新能级中相邻两能级间的能量差的数量级为 10^{-23} eV，所以一个能带中的 N 个新能级可以看成是接近连续的。

通常采用与原子能级相同的符号来表示能带，如 1s 带、2s 带、2p 带等。原子能级与分裂成的能带的对应关系如图 20.3 所示，其中能量越低的能带越窄，能量越高的能带越宽。这是因为能量低的能带对应于内层电子的能级，内层电子共有化程度不显著，因而能带较窄；而能量高的能带对应于外层电子的能级，外层电子共有化程度显著，因而能带较宽。

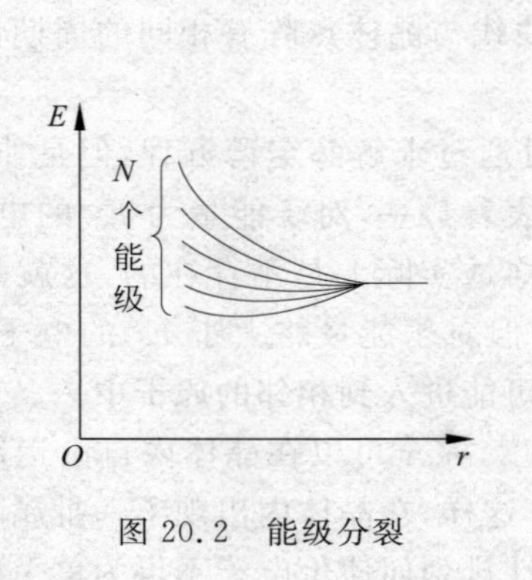

图 20.2 能级分裂

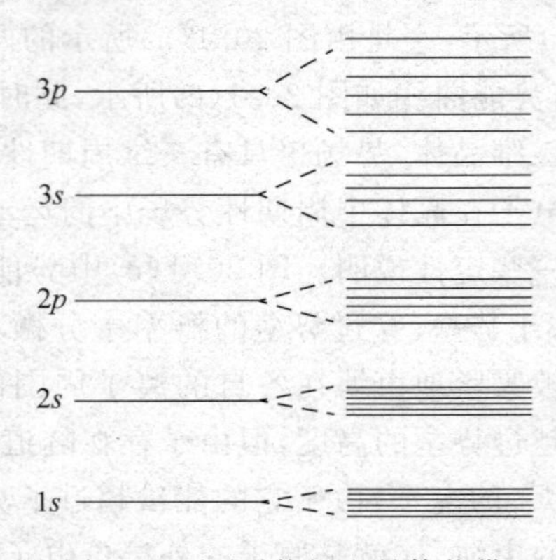

图 20.3 原子能级和晶体能带

能带中的能级数取决于组成晶体的原子数 N，而能带中电子的分布仍服从泡利不相容原理。因而，原来的 s 能级可容纳 2 个电子，由 N 个原子形成晶体后的 s 能带可容纳的电子数就为 $2N$ 个。同理可知，p 能带可容纳 $6N$ 个电子，d 能带容纳 $10N$ 个电子等。

除了泡利不相容原理，能带中电子的填充与原子的情形相似，还服从能量最小原理。一般情况下，总是先填充能量较低的能级，再填充能量较高的能级。如果一个能带中的各个能级都被电子填满，这样的能带称为满带（图 20.4）。当晶体加上外电场，满带中任一电子由原来占有的能级向这一能带中其他任一能级转移时，因受泡利不相容原理的限制，必有电子沿相反方向转移，总体上不改变电子在能带中的分布，无定向电流产生，因此满带中的电子不能起导电作用。

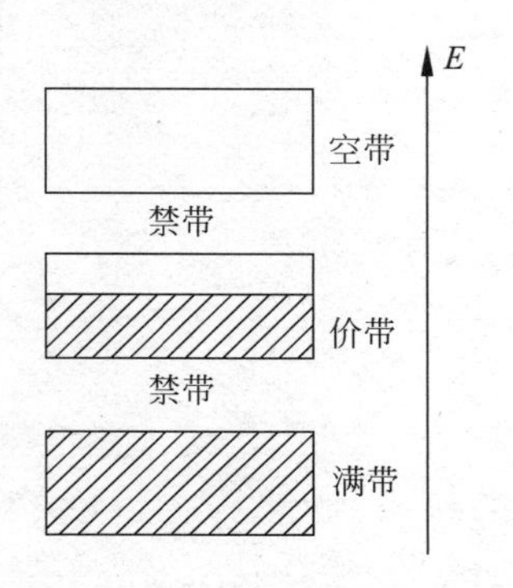

图 20.4　晶体的能带结构图

由价电子能级分裂形成的能带称为价带。价带可能被填满，成为满带，也可能未被填满。未被电子填满的价带，在外电场作用下，电子可以进入能带中未被填充的高能级，没有反向电子的转移与之抵消，可形成电流，表现出导电性。这样的能带又称为导带。被电子填满的价带不是导带。

与各原子的激发能级相应的能带，在未被激发的正常情况下没有电子填入，这样的能带称为空带。由于某种原因价带中的有些电子被激发而进入空带，在外电场作用下，这些电子可以在空带内向较高的能级跃迁，没有反向电子的转移与之抵消，可形成电流，表现出导电性。因而空带也是导带。

在两个相邻能带之间，有一个不存在电子稳定能态的能量区域，这个能量区域称为禁带。禁带的宽度对晶体的导电性起着重要作用，有的晶体两个相邻的能带互相重叠，这时禁带消失。

3. 导体、半导体和绝缘体

按导电性能的不同，固体可分为导体、半导体和绝缘体。凡是电阻率在 $10^{-8}\Omega\cdot m$ 以下的物体，称为导体，常见的导体除金属外还有电解质水溶液、熔融电解质以及电离气体等。电阻率在 $10^{8}\Omega\cdot m$ 以上的物体，称为绝缘体，NaCl、KCl、Cl_2 等都是绝缘体。电阻率介于 $10^{-8}\sim10^{8}\Omega\cdot m$ 之间的物体，称为半导体，例如锗（Ge）和硅（Si）等。能带被电子填充的情况决定着固体是导体、半导体，还是绝缘体。

导体的能带结构大致有两种形式。有的导体，如 Na、K、Cu、Al 等金属，价带未被电子充满，如图 20.5(a)所示，在外电场作用下，电子很容易在该能带中从低能级跃迁到较高能级，从而形成电流；还有一些导体，如 Mg、Be、Zn 等二价金属，虽然价带是满带，但这满带与导带重叠在一起，如图 20.5(b)所示。此时，如有外电场作用，它们的电子也很容易从一个能级跃入另一能级，表现出很强的导电性能。总之，导体最上面的价带或是未被电子填满，或是虽被填满，但这填满的能带与导带相互重叠。

绝缘体的能带结构如图 20.5(c)所示。它的价带被电子填满，成为满带。此满带与它上面最近的导带间的禁带宽度较大，为 3～6eV。通常情形下受到激发时，从满带跃迁到空带上去的电子数是很少的，表现出极微弱的导电性能。如果外电场很强，致使填满的价带中

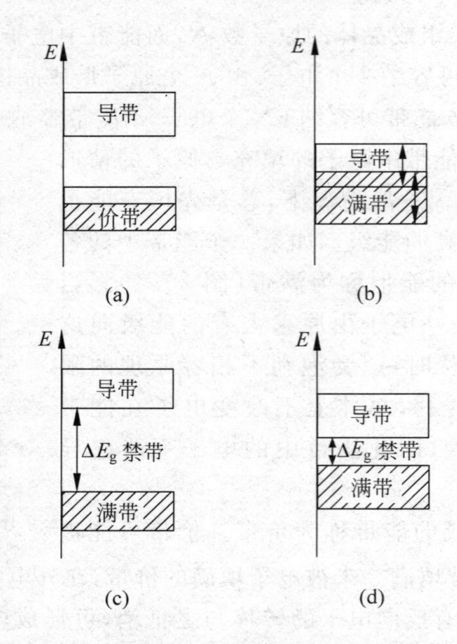

图 20.5 金属、绝缘体和半导体的能带简图

电子跃过禁带而进入空带,这时绝缘体就变成了导体,这种现象叫做"击穿"。总之,绝缘体最上面的价带被电子充满成为满带,且与相邻导带间的禁带宽度较大。

半导体的能带结构与绝缘体的能带结构相似,如图 20.5(d)所示,只是被填满的价带与它上面最近的导带间的禁带宽度较窄,为 0.1～1.5eV。此时,电子相对地易于从满带激发到导带中去,进入导带后的电子,在外电场作用下,就可向导带中较高能级跃迁而形成电流,即半导体具有导电性能。总之,半导体最上面的价带被电子充满成为满带,且与相邻导带间的禁带宽度与绝缘体相比较窄。

20.2 半导体的导电机制

1. 本征半导体

半导体满带中的电子较易进入导带,进入导带的电子在电场作用下逆着电场定向运动,参与导电,我们称之为电子导电。与此同时,满带中跑掉一部分电子而在相应的能级下留出一些空位,叫做空穴。当电子在电场作用下逆着电场方向移动时,电子将跃入相邻的空穴,而在它们原先的位置上留下了新的空穴,这些新的空穴又将被逆着电场方向运动的电子所占据。满带中电子的运动相当于空穴顺着电场方向移动,就像正电荷在电场作用下作定向运动一样。这种由于满带中存在空穴而产生的导电性,我们称之为空穴导电。值得提出的是,满带中电子向一个方向移动和空穴向相反方向移动,是对同一运动过程的两种说法。事实上,半导体中只有电子在运动。所说的电子导电或空穴导电,主要看是哪一种能带里的电子在电场作用下参与了定向运动。

对于不含杂质的纯净半导体,它兼具电子导电和空穴导电两种导电机制,称为本征导电,参与导电的电子和空穴称为本征载流子,相应的半导体称为本征半导体。

导体和半导体之间的区别,突出地表现在电阻率与温度的变化关系上。如图 20.6 所示,导体的电阻率随温度的升高而增大,半导体的电阻率却随温度的升高而急剧地下降,其原因就是由于温度升高使更多的电子被激发而跃迁到导带中去,从而使导带中参与导电的电子和原满带中参与导电的空穴增加所致。例如,禁带宽度为 1eV 的本征半导体,在室温下导带中的电子数可以是 10℃时的 2 倍。利用半导体的这种性质可做成热敏电阻,在无线电技术、自动化等许多领域都有着广泛的应用价值。有的半导体,如硒,对光很灵敏,在光照射下,电阻率大大降低,具有光电导现象。利用半导体的这种性质可做成光敏电阻,是自动化控制中的一个重要元件。

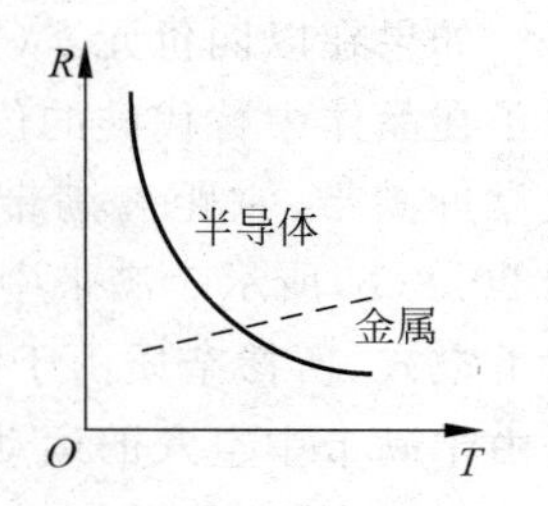

图 20.6 金属与半导体的电阻与温度的关系

2. 杂质半导体

本征半导体的导电性能并不是很好,在较高温度时才会呈现出本征半导体的特性,所以一般实用的是杂质半导体。在纯净半导体中适量掺入少量杂质,将会显著提高半导体的导电性能。掺有杂质的半导体,称为杂质半导体。

以四价元素(如硅 Si)的半导体中掺入五价杂质(如砷 As)为例。如图 20.7(a)所示,掺入的五价砷原子将在晶体中替代硅的位置,构成与硅相同的四电子结构,而多出的一个电子在杂质离子的电场范围内运动。量子力学计算表明,这种多余的价电子形成一个新的能级,叫杂质能级。它的位置在禁带中,且靠近导带,它和导带底部的能量差 E_d 比禁带宽度小得多,一般为 10^{-2}eV 数量级,如图 20.7(b)所示。处在杂质能级上的杂质价电子在受到激发时,很容易跃迁到导带上去,向导带提供自由电子。所掺杂质由于能给出电子被称为施主,杂质能级又称为施主能级。它的导电机构是由杂质中多余电子经激发后跃迁到导带而形成的。如 Si 原子浓度约为 $10^{22}\,cm^{-3}$,设所掺入的杂质 As 的含量仅为 0.01%,则原子浓度约为 $10^{18}\,cm^{-3}$,满带中空穴的浓度 $1.5\times10^{10}\,cm^{-3}$,而导带中电子浓度则为 $1.5\times10^{10}+10^{18}=10^{18}\,cm^{-3}$,即半导体导带中自由电子的浓度比同温度下纯净半导体导带中的自由电子浓度大了 10^8 数量级,大大提高了半导体的导电性能。所以在 n 型半导体中,电子是多数载流子,简称多子,空穴是少数载流子,简称少子。我们称这种杂质半导体为电子型半导体,或 n 型半导体。

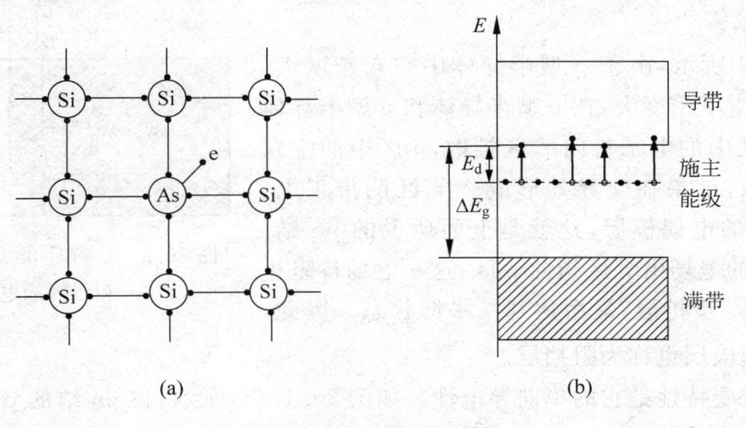

图 20.7 电子型半导体

如果在以四价元素(如硅 Si)的半导体中掺入三价杂质(如硼 B),如图 20.8(a)所示,硼原子在晶体中替代硅的位置时,尚缺少一个电子,这相当于一个空穴。它的位置在禁带中,且靠近满带,它距离满带顶部的能量差 E_d 比禁带宽度小得多,一般为 10^{-2} eV 数量级,如图 20.8(b)所示。满带中的电子在受到激发时,很容易跃迁到杂质能级上去,同时在满带中留下空穴,所掺杂质由于能接受电子被称为受主,杂质能级又称为受主能级。它的导电机构是由于满带中空穴的运动形成的。这种掺杂使半导体满带中空穴的浓度比纯净半导体空穴的浓度高出很多,类似 n 型半导体硅掺入杂质砷的计算,半导体中参与导电的空穴浓度比同温度下纯净半导体中的空穴电子浓度提高 10^8 数量级,从而大大提高半导体的导电性能。所以在 p 型半导体中,空穴是多数载流子,简称多子,电子是少数载流子,简称少子。我们称这种杂质半导体为空穴型半导体,或 p 型半导体。

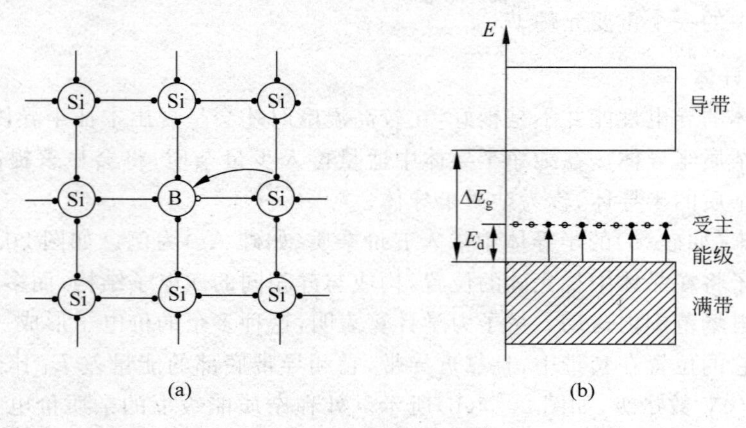

图 20.8 空穴型半导体

20.3 pn 结

现代科学技术的发展可以说和半导体的应用密不可分,而半导体器件最核心的结构就是所谓的 pn 结。它是在一块本征半导体的两部分分别掺以 3 价和 5 价杂质,使它的一部分成为 p 型半导体,一部分成为 n 型半导体,两部分的交界处称为 pn 结。

如图 20.9 所示,由于 p 型半导体中空穴密度大,n 型半导体中电子密度大,在 p 型半导体和 n 型半导体的交界处,n 区中的电子将向 p 区扩散,p 区中的空穴将向 n 区扩散,结果在交界处形成一 n 区侧带正电、p 区侧带负电的电偶极层,这就是上面所说的 pn 结。显然,pn 结处的电场由 n 区指向 p 区,这一电场将阻止电子和空穴进一步扩散,最后达到一平衡状态。因此,pn 结处的电偶极层也称为阻挡层。

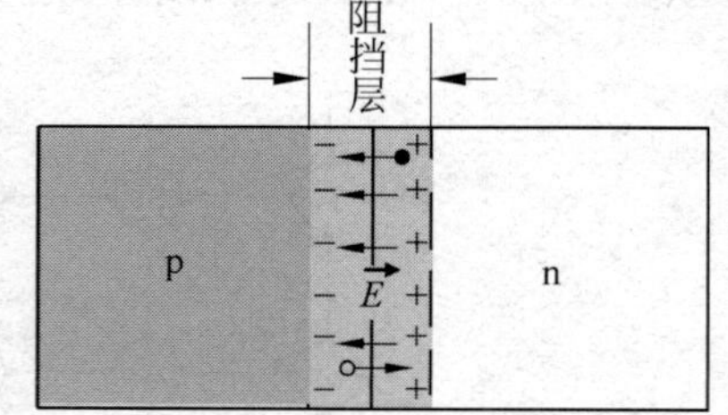

图 20.9 平衡时 pn 结处的阻挡层和层内的电场

pn 结的重要特性是它的单向导电性。如图 20.10(a)所示,将 pn 结的 p 区与电源正极相连,n 区与电源负极相连(这种连接叫正向偏置)时,电源加于 pn 结的电场与结内阻挡层电场方向相反，使阻挡层变薄，平衡被破坏，p 区内的空穴和 n 区内的电子不断向对方扩散，这就形成了正向电流。外加电压越大，电流也越大。

反之，如图 20.10(b)所示，将 pn 结的 p 区与电源负极相连，n 区与电源正极相连(这种连接叫反向偏置)时，电源加于 pn 结的电场与结内阻挡层电场方向相同，使阻挡层变厚，这使得 p 区内的空穴和 n 区内的电子更难向对方扩散而形成电流。只是 p 区内的少量电子和 n 区内的少量空穴会沿电场方向产生微弱的反向电流。图 20.10(c)给出了 pn 结中的电流与外加电压之间的关系，即 pn 结的伏安特性曲线。

由于 pn 结的单向导电性，当加交流电压时，只有一个方向的电流可以通过 pn 结，这就是 pn 结的整流作用。据此，可以制成半导体二极管，在电路中用于整流和检波。以 pn 结为核心可以制成许多不同作用的半导体器件，如发光二极管(LED)、太阳能电池、控制、开关、放大等作用的器件。

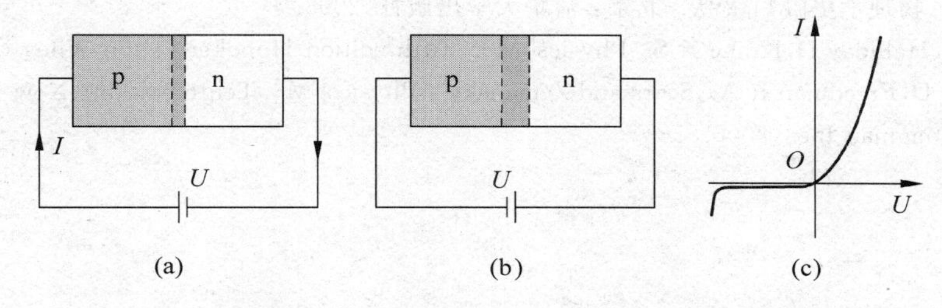

图 20.10　pn 结的正向偏置(a)和反向偏置(b)以及伏安特性曲线(c)

参 考 书 目

[1] 张三慧. 大学物理学[M]. 3版. 北京：清华大学出版社，2008.
[2] 陈信义. 大学物理教程[M]. 2版. 北京：清华大学出版社，2008.
[3] 赵凯华，等. 新概念物理教程[M]. 北京：高等教育出版社，2001.
[4] 程守洙，江之永. 普通物理学[M]. 6版. 北京：高等教育出版社，2006.
[5] 陆果. 基础物理学教程[M]. 2版. 北京：高等教育出版社，2006.
[6] 卢德馨. 大学物理学[M]. 2版. 北京：高等教育出版社，2003.
[7] 吴百诗. 大学物理学[M]. 北京：高等教育出版社，2004.
[8] 郭奕玲，等. 物理学史[M]. 2版. 北京：清华大学出版社，2005.
[9] Resnick R，Halliday D，Krane K S. Physics[M]. Fifth edition Hoboken：John Wiley & Sons，2002.
[10] Young H D，Freedman R A. Sears and Zemansky's Physics[M]. Tenth edition. New York：Addison Wesley Longman Inc.，2000.

扩展资源二维码

P1 静电章鱼

P7 电场线（模拟）

P14 高压带电操作

P17 高压静电下的怒发冲冠

P17 静电平衡导体表面的电荷分布

P18 避雷针模型

P18 电风吹烛

P18 电荷分布与曲率的关系

P18 静电摆球

P18 静电滚筒

P18 静电跳球

P18 静电转球

P19 法拉第笼

P20 电介质对平行板电容间电压的影响

P38 带电粒子在磁场中受力

P39 磁聚焦演示仪

P41 导体在磁场中受安培力

P46 热磁轮仪（居里点）

P48 电磁感应现象

P49 电磁驱动

P49 楞次跳环

P50 磁铁在铝管中下落的实验

P50 及 P53 涡流的热效应

P50 及 P53 阻尼摆和非阻尼摆

P51 动生电动势

P51 通电导线间的相互作用

P52 交流发电机原理

P53 无线充电

P56 互感现象

P56 自感现象

P64 双缝干涉
P66 薄膜干涉-肥皂膜演示
P71 迈克尔逊干涉介绍
P76 单缝衍射
P80 多缝衍射
P80 多缝衍射的缺级现象
P80 光栅衍射
P85 线偏振光模型
P85 自然光模型
P86 部分偏振光模型
P86 起偏和检偏
P86 椭圆偏振光
P86 圆偏振光模型
P87 反射与折射时的偏振
P88 双折射现象
P90 波片及偏振光的干涉
P91 显色偏振
P94 绝对黑体模型
P95 红外线接收演示装置
P100 辐射计
P103 电子射线管
P104 电子衍射
P119-120 几种气体的光谱